● 電気・電子工学ライブラリ ●
UKE-B1

電気電子材料工学

西川宏之

数理工学社

編者のことば

　電気磁気学を基礎とする電気電子工学は，環境・エネルギーや通信情報分野など社会のインフラを構築し社会システムの高機能化を進める重要な基盤技術の一つである．また，日々伝えられる再生可能エネルギーや新素材の開発，新しいインターネット通信方式の考案など，今まで電気電子技術が適用できなかった応用分野を開拓し境界領域を拡大し続けて，社会システムの再構築を促進し一般の多くの人々の利用を飛躍的に拡大させている．

　このようにダイナミックに発展を遂げている電気電子技術の基礎的内容を整理して体系化し，科学技術の分野で一般社会に貢献をしたいと思っている多くの大学・高専の学生諸君や若い研究者・技術者に伝えることも科学技術を継続的に発展させるためには必要であると思う．

　本ライブラリは，日々進化し高度化する電気電子技術の基礎となる重要な学術を整理して体系化し，それぞれの分野をより深くさらに学ぶための基本となる内容を精査して取り上げた教科書を集大成したものである．

　本ライブラリ編集の基本方針は，以下のとおりである．
1) 今後の電気電子工学教育のニーズに合った使い易く分かり易い教科書．
2) 最新の知見の流れを取り入れ，創造性教育などにも配慮した電気電子工学基礎領域全般に亘る斬新な書目群．
3) 内容的には大学・高専の学生と若い研究者・技術者を読者として想定．
4) 例題を出来るだけ多用し読者の理解を助け，実践的な応用力の涵養を促進．

　本ライブラリの書目群は，I 基礎・共通，II 物性・新素材，III 信号処理・通信，IV エネルギー・制御，から構成されている．

　書目群Iの基礎・共通は9書目である．電気・電子通信系技術の基礎と共通書目を取り上げた．

　書目群IIの物性・新素材は7書目である．この書目群は，誘電体・半導体・磁性体のそれぞれの電気磁気的性質の基礎から説きおこし半導体物性や半導体デバイスを中心に書目を配置している．

　書目群IIIの信号処理・通信は5書目である．この書目群では信号処理の基本から信号伝送，信号通信ネットワーク，応用分野が拡大する電磁波，および

電気電子工学の医療技術への応用などを取り上げた．

書目群 IV のエネルギー・制御は 10 書目である．電気エネルギーの発生，輸送・伝送，伝達・変換，処理や利用技術とこのシステムの制御などである．

「電気文明の時代」の 20 世紀に引き続き，今世紀も環境・エネルギーと情報通信分野など社会インフラシステムの再構築と先端技術の開発を支える分野で，社会に貢献し活躍を望む若い方々の座右の書群になることを希望したい．

2011 年 9 月

編者　松瀬貢規　湯本雅恵
　　　西方正司　井家上哲史

「電気・電子工学ライブラリ」書目一覧		
書目群 I（基礎・共通）		**書目群 III（信号処理・通信）**
1	電気電子基礎数学	1　信号処理の基礎
2	電気磁気学の基礎	2　情報通信工学
3	電気回路	3　無線とネットワークの基礎
4	基礎電気電子計測	4　基礎 電磁波工学
5	応用電気電子計測	5　生体電子工学
6	アナログ電子回路の基礎	**書目群 IV（エネルギー・制御）**
7	ディジタル電子回路	1　環境とエネルギー
8	ハードウェア記述言語によるディジタル回路設計の基礎	2　電力発生工学
		3　電力システム工学の基礎
9	コンピュータ工学	4　超電導・応用
書目群 II（物性・新素材）		5　基礎制御工学
1	電気電子材料工学	6　システム解析
2	半導体物性	7　電気機器学
3	半導体デバイス	8　パワーエレクトロニクス
4	集積回路工学	9　アクチュエータ工学
5	光工学入門	10　ロボット工学
6	高電界工学	別巻 1　演習と応用 電気磁気学
7	電気電子化学	別巻 2　演習と応用 電気回路
		別巻 3　演習と応用 基礎制御工学

まえがき

　皆さんは，電気電子系の学科に入学したとき，電気電子技術者がなぜ「材料」を学ぶ必要があるのか，と思ったことはないだろうか？　電気系学科に入ると必ずあるのが，材料，物性系の講義である．日頃，電気工学科に身を置いて，教育に携わる立場にあると，自分は情報通信，発電，電気自動車，ロボットに興味があるから，材料なんて関係ないという声もチラホラ聞こえる．

　そんなことを言わずに，身のまわりのことを考えてみてほしい．家電もパソコンも携帯電話も，すべて電気エネルギーで動いており，電気自動車も普及しつつある近頃では，電気のない世の中など考えられない．そして，その電気エネルギーは，物質中の電子の振舞いを制御し，電流を流したり，阻止したりすることで利用される．情報通信の分野では電磁波や光という形で物質や空間を伝搬，制御する．電気自動車を駆動するモータにおける磁性のように極めて有用な性質は，量子力学で説明される電子の軌道運動やスピンという極めて精緻な理論から説明される．それらの機能を我々が手に取れる形で収納しているのが物質であり，材料であり，その組合せによる集合体であるデバイスである．このように材料の重要性を挙げれば，枚挙にいとまがない．

　21世紀になり，情報通信に不可欠な光源や光ファイバなどの伝送路，ロボットの目はカメラで，さらにその頭脳はコンピュータで駆動される．未来に向けて，仮に世の中の人間が人型ロボットにより介護されたり，宇宙旅行をしていたりしても，便利さを求める人々のニーズや省エネルギーなど社会の要請から材料は進化し続けるだろう，あるいは進化し続ける必要がある．

　日本はモノづくり立国と言われて久しいが，近年はコストの問題から，家電からハイテク製品に至るまで，海外にその生産拠点が移りつつある．また，資源に乏しい日本は，レアアースなど重要な元素で戦略的にも厳しい状況にあるが，日本の技術者の役割は何か，基本である電気電子材料に立ち返って，これまで世の中になかったイノベーションをもたらすことと筆者は考える．

　自ら頭で考え，問題を解くことができるように章末に演習問題を配し，その

解答は数理工学社のホームページにあるサポートページに掲載し，参照できるようにした．

　本書を通じて，学生の皆さんが，電気電子材料に少しでも興味を持って，将来に向けて一歩足を踏みだすことの一助になれば幸いである．

　2013 年 8 月

西川宏之

本書で記載している会社名，製品名は各社の登録商標または商標です．
本書では，Ⓡ と ™ は明記しておりません．

本書のサポートページは
　　　　　http://www.saiensu.co.jp
にあります．

目　　　次

第1章

物質の構造と性質　　1

1.1 元素と周期表 ……………………………………… 2
1.2 原子のサイズと構造 ……………………………… 3
1.3 原子・分子の量的な取扱い ……………………… 11
1.4 化学結合と物質の成り立ち ……………………… 13
1.5 材料の種類と抵抗率 ……………………………… 21
1.6 電 気 伝 導 ………………………………………… 22
1.7 原子の磁気モーメントと磁性 …………………… 24
1.8 物理定数と単位の換算 …………………………… 26
1章の問題 …………………………………………… 27

第2章

導電体材料　　29

2.1 金属の電気伝導 …………………………………… 30
2.2 導 電 材 料 ………………………………………… 35
2.3 抵 抗 材 料 ………………………………………… 38
2.4 測温用導電体 ……………………………………… 41
2.5 透明電極材料 ……………………………………… 43
2.6 ヒューズ，ろう付け材料 ………………………… 48
2.7 陰 極 材 料 ………………………………………… 49
2章の問題 …………………………………………… 52

第3章

半導体材料   53

- 3.1 基本的性質 …………………………………… 54
- 3.2 半導体における電気伝導 ……………………… 60
- 3.3 非晶質半導体 …………………………………… 68
- 3.4 半導体結晶の精製,作製法 …………………… 69
- 3.5 半導体薄膜の形成法 …………………………… 72
- 3.6 半導体デバイスの基本構造 …………………… 76
- 3章の問題 ………………………………………… 83

第4章

誘電体材料   85

- 4.1 誘電体材料の基礎 ……………………………… 86
- 4.2 ローレンツの局所電界 ………………………… 90
- 4.3 誘 電 分 散 ……………………………………… 92
- 4.4 誘電体材料の実際 ……………………………… 96
- 4.5 強誘電体材料 …………………………………… 101
- 4章の問題 ………………………………………… 104

第5章

絶 縁 材 料   105

- 5.1 絶縁体とは ……………………………………… 106
- 5.2 絶縁体における電気伝導 ……………………… 107
- 5.3 絶縁体の応用 …………………………………… 112
- 5章の問題 ………………………………………… 124

第6章

磁 性 材 料   125

- 6.1 磁 化 現 象 ……………………………………… 126
- 6.2 常 磁 性 ………………………………………… 128

6.3 強磁性体 135
6.4 磁気ヒステリシス 139
6.5 磁気異方性と磁歪 143
6.6 軟磁性材料 146
6.7 硬磁性材料 151
6.8 磁気記録用材料 155
6.9 スピントロニクス 158
6章の問題 162

第7章

超電導材料　163

7.1 超電導体とは 164
7.2 超電導材料の開発の歴史 165
7.3 超電導体の特徴 166
7.4 超電導体の現象論 167
7.5 超電導線材の開発 172
7.6 超電導線材の応用 175
7章の問題 176

第8章

オプトエレクトロニクス材料　177

8.1 光の粒子性と波動性 178
8.2 光導波路材料 181
8.3 光半導体による受発光素子 188
8.4 受光素子 193
8.5 光制御素子 196
8.6 光メモリ材料 203
8章の問題 206

参考文献	**207**
索　　引	**208**

第1章

物質の構造と性質

　いまや電気・電子工学分野のカバーする「材料」は広範にわたる．導電性で見れば，金属，半導体，絶縁体となり，磁性で見れば，常磁性体，強磁性体と色々ある．一方で，産業の観点からは，金属，樹脂（プラスチック），無機材料（半導体，ガラス，セラミックス）といった分類もできる．

　本章では，電気電子材料の性質を決める材料の成り立ちを原子レベルから述べる．まずは，原子の多様性を規則的に整理した周期表を眺める．そして，原子の周期表における元素配列の裏側にある量子数を導入して，それらの性質を説明する．

1.1 元素と周期表

物質が「分割不可能な」**原子**（atom）からなるという事実は，古代ギリシア時代の哲学者デモクリトスにまでさかのぼるといわれる．20世紀前半，原子のモデルがトムソン（ケルビン卿）や長岡半太郎により提唱され，原子の存在が実験的に実証されたのはラザフォードによる原子核実験である．

原子には 100 以上の**元素**（element）があり，21 世紀の今日に至るまでさらに増えつつある．この原子を整然と規則的に並べたのがメンデレーエフによる**周期表** (periodic table) である．表 1.1 に示すように現在までに 118 の元素が報告されているが，これらは日々，**加速器**（accelerator）などによる実験で人工的に作られ，増えつつある．

まず，周期表において元素を特徴づける量は，**原子番号** Z（atomic number）と**質量数** M（mass number）である．周期表の中の元素は原子番号 Z の順に並んでいるが，これは原子核の中の陽子の数を表す．次に質量数は，陽子と中性子の数を合わせた整数として表される．ただし，同じ原子番号 Z でも中性子数が異なり，質量数が異なる**同位元素**（アイソトープ, isotope）が存在し，同位元素が応用上重要な場合がある．

表 1.1 元素の周期表

	1	2	3	4	5	6	7	8	9	10	11	12	13	14	15	16	17	18
1	H																	He
2	Li	Be											B	C	N	O	F	Ne
3	Na	Mg											Al	Si	P	S	Cl	Ar
4	K	Ca	Sc	Ti	V	Cr	Mn	Fe	Co	Ni	Cu	Zn	Ga	Ge	As	Se	Br	Kr
5	Rb	Sr	Y	Zr	Nb	Mo	Tc	Ru	Rh	Pd	Ag	Cd	In	Sn	Sb	Te	I	Xe
6	Cs	Ba	*	Hf	Ta	W	Re	Os	Ir	Pt	Au	Hg	Tl	Pb	Bi	Po	At	Rn
7	Fr	Ra	**	Rf	Db	Sg	Bh	Hs	Mt	Ds	Rg	Cn	Uut	Fl	Uup	Lv	Uus	Uuo

*ランタノイド	La	Ce	Pr	Nd	Pm	Sm	Eu	Gd	Tb	Dy	Ho	Er	Tm	Yb	Lu
**アクチノイド	Ac	Th	Pa	U	Np	Pu	Am	Cm	Bk	Cf	Es	Fm	Md	No	Lr

- ：アルカリ金属元素
- ：アルカリ土類金属元素
- ：遷移金属元素
- ：ハロゲン元素
- ：希ガス元素

1.2 原子のサイズと構造

1.2.1 ボーア模型

原子は**原子核** (atomic nucleus) と呼ばれる粒子とその周囲をめぐる**電子** (electron) からなる．電子は $-e$ の電荷を持つが，原子核は電荷を持たない**中性子** (neutron) と電荷 $+e$ を持つ**陽子** (proton) からなる．ここで，e は**素電荷**と呼ばれ，1.60×10^{-19} C の電荷に相当する．原子番号 Z は，原子核の持つ陽子の数を表し，陽子と同じ大きさで逆符号の負電荷 $-e$ を持つ電子の数も Z 個である．したがって，原子全体としては電気的に中性を保っている．

原子の構造として最も簡単な構造を持つのが水素原子である．その構造模型は，図1.1に示すように陽子1個からなる原子核とその周りを回る電子である．ボーアは図1.1 (a) のボーア模型に基づき，以下の仮説を立てて説明した．電子の質量を m_0 とすると

(1) 電子の角運動量 $L = m_0 vr$ は $\hbar = \frac{h}{2\pi}$ の整数倍の値を取る（量子条件）．
(2) 電子のエネルギーは量子化され，$h\nu = E_\mathrm{i} - E_\mathrm{f}$ を満たす振動数の電磁波を放出，吸収する．
(3) 電子は原子核の周りを惑星運動するが，電磁波を放出しない．

これらの仮説に基づき，量子力学の基本的な考え方である離散的なエネルギー準位を説明した．これらに基づき，エネルギーと軌道運動の半径は

$$E = E_n = -\frac{m_0 e^4}{8\varepsilon_0^2 h^2}\frac{1}{n^2}\ [\mathrm{J}] = -\frac{13.6}{n^2}\ [\mathrm{eV}] \tag{1.1}$$

$$r = \frac{4\pi\varepsilon_0 \hbar^2}{m_0 e^2} n^2\ [\mathrm{m}] \quad (n = 1, 2, 3, \ldots) \tag{1.2}$$

と表せる．これを縦軸にエネルギーを取ると図1.2のように表せる．

このように電子のエネルギーは量子数 n に対応する離散的な値のみが許容さ

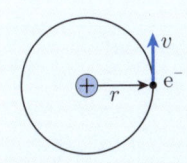
(a) ボーア模型

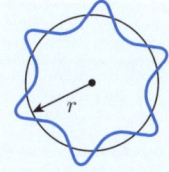
(b) 量子条件の意味 $(n = 6)$

図1.1
水素原子のボーア模型とボーアの量子条件

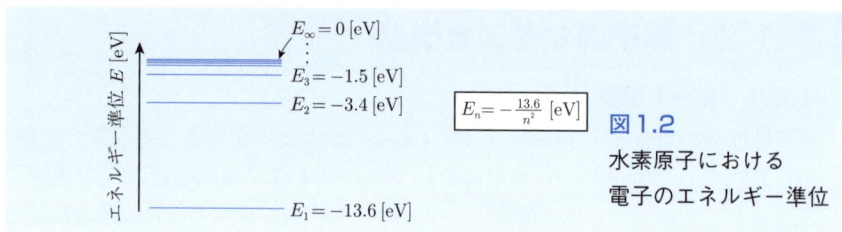

図1.2
水素原子における
電子のエネルギー準位

れることになる．ここで最低のエネルギー状態に対応する $n=1$ のとき，原子の取り得る軌道半径は最小となり，ボーア半径は

$$a_0 = \frac{4\pi\varepsilon_0\hbar^2}{m_0 e^2} \tag{1.3}$$

となり，その大きさは 5.292×10^{-11} m である．なお，このときのエネルギーの基準は，軌道半径 $r\to\infty$ ($n\to\infty$) におけるエネルギー $E_\infty=0$ に相当する，いわゆる**真空準位**である．すなわち，水素原子から電子を取り去り，水素イオン H^+ にするために必要なイオン化エネルギーは 13.6 eV である．

なお，ド・ブロイによれば，光のような電磁波に限らず，運動量 p を有するすべての物質は波動性を有すると考えて

$$\lambda = \frac{h}{p} \tag{1.4}$$

で定まる波長 λ の波が伴うと考えた．これより，ボーアの量子条件

$$m_0 v r = n\hbar \quad (n=1,2,3,\ldots) \tag{1.5}$$

にて運動量 $p=m_0 v$ と置き換えて整理すれば，次式のように書き直せる．

$$\frac{2\pi r}{\lambda} = n \tag{1.6}$$

ボーアの量子条件は，実質的に円周軌道の長さが波長の整数倍になることを意味する（**図1.1 (b)**参照）．電子の波としての性質は 1.6 節で説明する物質のエネルギーバンド構造など固体中の電子の振舞いを考える上で重要である．

■ 例題 1.1 ■

ボーアの水素原子模型に関する，下記の設問に答えなさい．
(a) 軌道運動する電子に作用する力のつり合いの式を示しなさい．
(b) ボーアの量子条件を仮定し，(a)をふまえてボーア半径を求めなさい．
(c) 電子の取り得るエネルギーが(1.1)式のようになることを導きなさい．

1.2 原子のサイズと構造

【解答】 (a) 回転運動の向心力とクーロン力のつり合いから

$$\frac{m_0 v^2}{r} = \frac{e^2}{4\pi \varepsilon_0 r^2} \tag{1}$$

(b) ボーアの量子条件

$$m_0 v r = n\hbar \tag{2}$$

を (1) 式に代入し，v を消去すると $\frac{(n\hbar)^2}{m_0 r^3} = \frac{e^2}{4\pi \varepsilon_0 r^2}$，すなわち

$$r = \frac{4\pi \varepsilon_0 (n\hbar)^2}{m_0 e^2} \tag{3}$$

を得る．ボーア半径を求めるには，(3) 式に具体的に数値を入れればよい．

$$a_0 = \frac{4 \times 3.14 \times 8.85 \times 10^{-12} \times (1.05 \times 10^{-34})^2}{9.11 \times 10^{-31} \times (1.60 \times 10^{-19})^2} = 5.29 \times 10^{-11} \text{ [m]}$$

(c) 電子の全エネルギーは運動エネルギーとポテンシャルエネルギーの和

$$E = \frac{1}{2} m_0 v^2 - \frac{e^2}{4\pi \varepsilon_0 r} \tag{4}$$

で表される．(1) 式により v を消去して，(3) 式により r を代入すれば

$$E = -\frac{e^2}{8\pi \varepsilon_0 r} = -\frac{m_0 e^4}{8\varepsilon_0^2 h^2} \frac{1}{n^2} \text{ [J]} \tag{5}$$

これを素電荷 e で割って，電子ボルト（eV）単位に変換し (1.1) 式を得る． ∎

1.2.2 電子の波動関数

上記で最も単純な水素原子のエネルギー固有値が主量子数 n で決まることを見た．しかし，より厳密には，シュレーディンガーの波動方程式

$$\left(-\frac{\hbar^2}{2m_0} \nabla^2 + V \right) \Psi = E\Psi \tag{1.7}$$

において電子の距離 r におけるクーロンポテンシャルを

$$V(r) = -\frac{e^2}{4\pi \varepsilon_0 r} \tag{1.8}$$

として，解く必要がある．ここで，Ψ は電子の波動関数，E はエネルギー固有値である．導出過程は他書に譲るが，これらを球座標系 (r, θ, ϕ) において解いたときの $n=1$ および $n=2$ に対する波動関数を **表 1.2** に示す．

これらの波動関数から水素内の電子の分布の様子を得るには，得られた波動関数 Ψ において，電子を半径 r から $r+dr$ において電子を見出す確率

$$P(r)dr = \Psi\Psi^* dv = \Psi\Psi^* 4\pi r^2 dr \tag{1.9}$$

を計算すればよい．このときの $P(r)$ を**軌道確率密度**と呼ぶ．たとえば，1s 軌

表 1.2　水素原子の波動関数の形

軌道	n, l, m	波動関数
1s	$n=1, l=0, m=0$	$\Psi_{1s} = \frac{1}{\sqrt{\pi}} \left(\frac{1}{a_0}\right)^{3/2} \exp\left(-\frac{r}{a_0}\right)$
2s	$n=2, l=0, m=0$	$\Psi_{2s} = \frac{1}{4\sqrt{2\pi}} \left(\frac{1}{a_0}\right)^{3/2} \left(2 - \frac{r}{a_0}\right) \exp\left(-\frac{r}{2a_0}\right)$
2p$_x$	$n=2, l=1, m=1$	$\Psi_{2p_x} = \frac{r}{4a_0^2\sqrt{2\pi a_0}} \exp\left(-\frac{r}{2a_0}\right) \sin\theta \cos\phi$
2p$_y$	$n=2, l=1, m=-1$	$\Psi_{2p_y} = \frac{r}{4a_0^2\sqrt{2\pi a_0}} \exp\left(-\frac{r}{2a_0}\right) \sin\theta \sin\phi$
2p$_z$	$n=2, l=1, m=0$	$\Psi_{2p_z} = \frac{r}{4a_0^2\sqrt{2\pi a_0}} \exp\left(-\frac{r}{2a_0}\right) \cos\theta$

道に関してこれを調べると，次式の r のみに依存する関数が得られる．

$$P(r) = \frac{1}{\pi} \left(\frac{1}{a_0}\right)^3 \exp\left(-\frac{2r}{a_0}\right) 4\pi r^2 \tag{1.10}$$

これは球対称な分布を持ち，半径 $r=a_0$ で極大を示す．ボーア模型で表される半径 a_0 の軌道上に電子を見出す確率が最大となる．

表 1.3 に電子の軌道の概形を示す．1s 軌道および 2s 軌道はいずれも球対称な分布を示す．ただし，2s 電子の分布は $r=2a_0$ で節を持つ．また，p 軌道は x, y, z 軸のいずれかの軸を回る定常波として表現される．

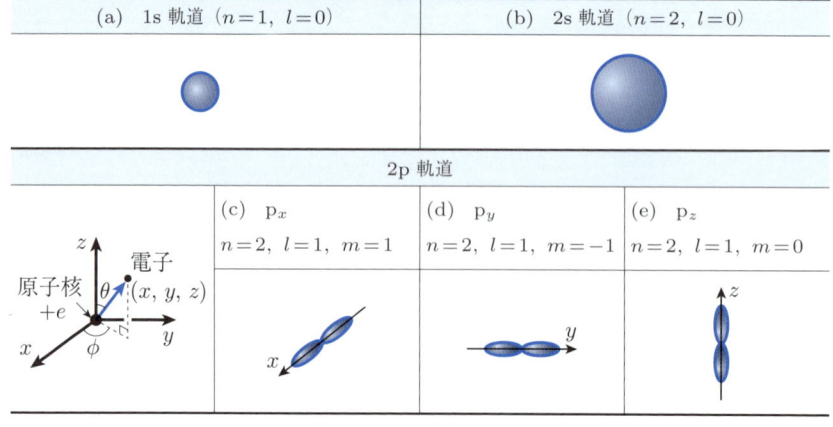

表 1.3　原子における電子の軌道の形（主量子数 $n=1, 2$ の場合）

1.2.3 電子状態の量子力学的表現

このように周期表に並ぶ多種多様な元素の性質を理解するには，主量子数 n をはじめとする，量子力学的表現の導入が必要である．原子番号 Z が順次大きくなるということは，1個の原子に含まれる電子が多くなるということである．このような多電子原子の中の電子の様子について説明する．

表1.4 に第3周期までの元素における核外電子の状態と個数を表す．表中の n および l は，原子中の電子の量子力学的表現である量子数 (quantum number, n, l, m, s) のうちの主量子数 n と方位量子数 l を表す．電子配置はパウリの排他律に従い，(n, l, m, s) がすべて異なる値を取る．このとき，電子はエネルギーの低い状態から，より高いエネルギーを有する状態に向かって，n の小さいところから順番に占めてゆく．また m, s は磁性と電子スピンに関わる磁気量子数とスピン量子数である．

電子の波動関数もしくは軌道は，1s, 2s, 2p, 3s, 3p, 3d, 4s, 4p, 4d, 4f, . . . などと表記される．表1.4 を見ると，数字 1, 2, 3, . . . は主量子数 n に対応しており，記号 s, p, d, f, . . . は軌道角運動量 $l = 0, 1, 2, 3, . . .$ に対応していることがわかる．表1.4 に基づき，H, He, Li の電子配置は，順に 1s, 1s^2, 1s^{2}2s などと表すことができる．

1.2.4 元素の電子配置と特徴

表1.1 の周期表は左から右に1族から18族，縦方向に1周期から7周期といった形で番号が振られ，似た性質を持つ元素が規則的な間隔で現れる．

最上列の第1周期を見ると，1族のHからいきなり18族のHeに飛んでいる．表1.4 に示すように，Heにおいては，1s軌道に電子はスピンの向きを上向き，下向きの2通りに埋めることで2つの電子を収めることができる．1s状態から2s状態に励起するには大きなエネルギーが必要なので，化学的に安定である．これに比べて水素原子は，1s軌道を半分のみ電子が占めており，化学的に不安定で H$_2$ 分子を作ることで安定な状態になる．(1.1) 式より水素原子のイオン化エネルギーは 13.6 eV と大きい．

第2および第3周期になると1, 2族を埋めた後，3族から12族を飛ばして，13族から18族までの元素が示される．これは $n = 2$ では s 軌道だけでなく，p 軌道が関与するため，それだけ収容可能な電子が増えるからである．原子番号 3, 4 の Li, Be では，外殻の電子配置が 2s^1, 2s^2 となったのち，2p 軌道に電子が収容される．

表1.4 第4周期までの核外電子の状態と個数

Z	元素	$n=1$	$n=2$		$n=3$			$n=4$			
			$l=0$	$l=1$	$l=0$	$l=1$	$l=2$	$l=0$	$l=1$	$l=2$	$l=3$
		1s	2s	2p	3s	3p	3d	4s	4p	4d	4f
1	H	1									
2	He	2									
3	Li	2	1								
4	Be	2	2								
5	B	2	2	1							
6	C	2	2	2							
7	N	2	2	3							
8	O	2	2	4							
9	F	2	2	5							
10	Ne	2	2	6							
11	Na	2	2	6	1						
12	Mg	2	2	6	2						
13	Al	2	2	6	2	1					
14	Si	2	2	6	2	2					
15	P	2	2	6	2	3					
16	S	2	2	6	2	4					
17	Cl	2	2	6	2	5					
18	Ar	2	2	6	2	6					
19	K	2	2	6	2	6		1			
20	Ca	2	2	6	2	6		2			
21	Sc	2	2	6	2	6	1	2			
22	Ti	2	2	6	2	6	2	2			
23	V	2	2	6	2	6	3	2			
24	Cr	2	2	6	2	6	5	1			
25	Mn	2	2	6	2	6	5	2			
26	Fe	2	2	6	2	6	6	2			
27	Co	2	2	6	2	6	7	2			
28	Ni	2	2	6	2	6	8	2			
29	Cu	2	2	6	2	6	10	1			
30	Zn	2	2	6	2	6	10	2			
31	Ga	2	2	6	2	6	10	2	1		
32	Ge	2	2	6	2	6	10	2	2		
33	As	2	2	6	2	6	10	2	3		
34	Se	2	2	6	2	6	10	2	4		
35	Br	2	2	6	2	6	10	2	5		
36	Kr	2	2	6	2	6	10	2	6		

第4周期に入るとその状況が変わる．3d, 4s両軌道のエネルギーが近く，電子雲が重なっているために，電子の詰まり方が変則的である．たとえばK ($Z=19$) およびCa ($Z=20$) の場合，表1.4より3d軌道ではなく，まず4s軌道が占有される．その後3d軌道が満たされて，$Z=21$から30に至るScからZnまでの10種の元素からなる3d**遷移金属**系列ができる．これらの金属は電気伝導性と熱伝導性が高く，磁性を有する，融点が高いなどの特徴を示す．電気伝導性と磁性をそれぞれ4s電子と3d電子が担う．第5, 6周期についても，同様に4d, 5d遷移金属系列存在する．

さらに4f軌道においても同様の効果から14種の**希土類金属**系列が導かれる．このような不規則性はs電子が核の位置に有限の存在確率を有することによる．すなわち，s電子は他の電子からの遮蔽効果を受けることなく，原子核からの引力エネルギーを得ることができる．

次に縦方向に並んだ族を見てみる．18族には**希ガス元素**と呼ばれる性質の似かよった元素が現れる．これは最外殻のs軌道もしくはp軌道がすべて占有され，**閉殻構造**を取る．次の周期のs軌道とのエネルギー差が大きく原子単体で化学的に安定な性質を示す．閉殻構造を取る原子は常温では気体として安定に存在し，He, Ne, Ar, Xeなどは**不活性ガス**とも呼ばれる．

これ以外の族に属する元素は，**開殻構造**を取るために不安定であるが，他の原子とより安定な結合を取る場合がある．

まず1族は**アルカリ金属元素**と呼ばれ，上述の希ガスの電子配置にさらに1個の電子を加えたものであり，ns^1という電子配置を取る．したがって，電子を放出することで安定な閉殻構造を取るため，+1価の正イオンになりやすい．一方で，17族は**ハロゲン元素**と呼ばれ，アルカリ金属の場合とは逆に，希ガスの電子配置から電子を1個除いた電子配置を取るが，電子を受け取ることでより安定な閉殻構造を取ることができることから，-1価の負イオンになりやすく化学的活性も高い．これらの理由から，1族元素と17属元素はイオン結合による安定な化合物（ハロゲン化アルカリ）を作ることが知られ，NaClなどが有名である．

14族については，最外殻がns^2np^2という電子配置を取り，価電子が4個になる．このような電子配置を持つC ($Z=6$), Si ($Z=14$), Ge ($Z=32$) などの元素は**sp混成軌道**を取る．

> **例題 1.2**
>
> 電子配置は，$Z = 14$ の Si を例に取れば $1s^2 2s^2 2p^6 3s^2 3p^2$ のように表せる．表1.4 を参照し，3d 遷移金属元素の電子配置を表記しなさい．

【解答】 $1s^2 2s^2 2p^6 3s^2 3p^6$ を [Ar] と略記すると，以下のようになる．

Sc：$[Ar]3d4s^2$，　Ti：$[Ar]3d^2 4s^2$，　V：$[Ar]3d^3 4s^2$，　Cr：$[Ar]3d^5 4s$，
Mn：$[Ar]3d^5 4s^2$，　Fe：$[Ar]3d^6 4s^2$，　Co：$[Ar]3d^7 4s^2$，　Ni：$[Ar]3d^8 4s^2$，
Cu：$[Ar]3d^{10} 4s$，　Zn：$[Ar]3d^{10} 4s^2$

1.2.5 電気電子材料と元素

周期表に示された元素の並びを導電性の視点から**金属元素**，**非金属元素**，**半金属元素**に分けることができる．これらは金属であるかどうかという単純な分類である．しかしながら，今日の高度情報化社会を支える電気電子材料は，単一の原子のみからなるわけではなく化合物も多い．機能面から見れば，単なる導電性だけでなく，絶縁体のように電流を遮断したり，半導体のように導電率を制御するといった多様な機能がある．

これらの電気電子材料の持つ多くの機能は，20 世紀中頃までに固体の電気伝導が量子力学の立場から理解されるようになり，大きな進歩を遂げた．その基礎は固体結晶に対する**エネルギーバンド**（energy band）**理論**である．今日の電気電子材料を利用する立場から考えると，1.6 節で後述するようにエネルギーバンド理論に立脚し，金属，半導体，絶縁体と分けるのが適切である．

また，導電性以外にも重要な物性として**磁性**がある．磁性は電子の軌道運動とスピンに由来するものであるが，これは表1.4 には表れていない量子数である磁気量子数 m とスピン量子数 s によるものである．たとえば，物質を構成する電子は，磁性に関わるスピンを持っている．また原子核については，同じ元素でも同位体によってスピンを持つ場合と持たない場合がある．例えば ^{12}C は核スピンを持たない（$I = 0$）が，^{13}C は核スピンを持つ（$I = \frac{1}{2}$）．電子のスピンの状態を特に反映する物質が**磁性体**である．周期表にて，d 軌道や f 軌道に開殻構造を持つ遷移金属や希土類などが重要である．また，近年は，**スピントロニクス**と呼ばれるスピンを利用したエレクトロニクス分野の発展も著しい．さらに，今日の情報社会は光による情報伝送や記録に基づくもので，**オプトエレクトロニクス材料**の重要性は極めて高い．

1.3 原子・分子の量的な取扱い

電気電子材料を量的（quantitative）に取り扱う上で，いくつかの基本単位を確認したい．

まず原子1個分の重さを考えると 10^{-23} kg オーダーになるので，これを取り扱うには kg は直観的にも実用的にも小さすぎる．そこで ^{12}C を基準にその質量を 12 として表したのが**相対質量**である．

さらに同位体の存在比も考慮すると**原子量** A が得られる．たとえば，^{12}C 以外に ^{13}C もあるから，それぞれの天然存在比を考慮して平均を取ると原子量は

$$A = 12 \times \frac{98.9}{100} + 13 \times \frac{1.1}{100}$$
$$= 12.01$$

などと求められる．

例題1.3

Si の原子量を求めなさい．同位体の相対質量と存在比は，^{28}Si (27.98, 92.23%)，^{29}Si (28.98, 4.67%)，^{30}Si (29.97, 3.1%) として求めなさい．

【解答】 $A = 27.98 \times \frac{92.23}{100} + 28.98 \times \frac{4.67}{100} + 29.97 \times \frac{3.1}{100}$
$= 28.09$

電気電子材料は多くの場合，原子が**アボガドロ数** N_A 個以上集まった固体としての性質を示す．固体をその形態から議論するとき，**結晶**と非結晶に分類される．結晶とは原子や分子が規則正しく並び，**並進対称性**を持った周期構造である．しかしながら，工学的に重要な物質がすべて結晶であるとは限らない．多くの有機物は非結晶であり，非結晶や結晶が混在したもの，あるいは微細な結晶が結合した**多結晶**もある．

工業的に有用な材料は，複数の原子からなる**分子**（molecule）や化合物であるため，**分子量**（molecular weight）や化学式量という量も用いられる．これらを計算するには，構成元素を比率で表した組成式の原子量を足し合わせればよい．身近な物質でいえば，SiO_2 の分子量は

$$28.09(Si) + 2 \times 16.00(O) = 60.09$$

である．

絶縁体として電力ケーブルなどにおいて有用な**高分子**（polymer）にいたって

は，その名前が示すように分子量が数万〜数百万といった大きな値を示す．我々に身近な DNA やタンパク質も高分子の一種であるが，これを電子デバイスに利用しようという考え方すらある．

物質は 1 個，2 個と数えられる原子からなるので，その量を重さではなく，個数で数えることもある．たとえば，物質の密度 ρ がわかれば，原子量 A とその体積 V から

$$N = N_\mathrm{A} \times \rho \frac{V}{A}$$

と求めることができる．アボガドロ数を単位 [mol] として個数を表現したものを**モル数**と呼ぶ．分子や化合物の場合，上式で原子量 A を分子量や化学式量でおきかえればよい．

アボガドロ数は，物質 1 mol の中に含まれている構成要素の総数である．アボガドロ数は，2019 年 5 月 20 日の国際単位系（SI）の改定により定数として

$$N_\mathrm{A} = 6.022\,140\,76 \times 10^{23} \,[\mathrm{mol}^{-1}]$$

と定められた．この SI 単位系の改定においては，キログラム，アンペア，ケルビン，モルの定義が改定された．この結果，プランク定数，素電荷，ボルツマン定数，アボガドロ数は不確かさのない基礎物理定数となったことによる．

● 原子を操作する ●

原子のサイズはおよそ 10^{-10} m であるが，今やその状態を走査型トンネル顕微鏡（STM）や**原子間力顕微鏡（AFM）**と呼ばれる特殊な顕微鏡で見ることができ，その上，1 個 1 個を操作することすらできる．これは，その名の通り先端をとがらせた微細な探針を用いた**走査型プローブ顕微鏡**という技術であり，トンネル電流や原子間力という微小な電流や力を検出する．STM は 1978 年に IBM の研究者ビニッヒ（Binnig）とローラー（Rohrer）により開発された（1986 年ノーベル物理学賞）．以来，原子像を見ることだけでなく，1 個 1 個つまんで操作することすら可能になってきている．

このようなナノテクノロジーの時代の到来をファインマン（Feynman, 1965 年ノーベル物理学賞）は 1960 年代に予測していた．その 40 年後，2000 年，米国ではクリントン大統領が NNI を打ち上げ，世界はナノテクブームを迎え，ファインマンの予言した世界は現実になりつつある．

1.4 化学結合と物質の成り立ち

電気電子材料で扱う物質の性質は，表 1.1 に示した元素が多数集まって初めて液体や固体などの「もの（物質）」としての形態や性質を示す．原子と原子の結びつきを決める基本は**化学結合**（chemical bonding）である．この化学結合により多数集まった物質が，電気的性質のみならず，比熱，融点，硬度などの物理的，化学的，機械的な基本的の性質を決める．

1.4.1 原子間の相互作用

孤立していた原子を徐々に近づけてゆくと，図 1.3 **(a)** の電子の状態から図 **(b)** に示すように原子同士の相互作用により，エネルギー準位の分裂が起こる．さらに図 1.3 **(e)** の現実の固体に相当するサイズの**バルク**（bulk）では，10^{23} オーダーのアボガドロ数個の原子からなるため，電子の取り得るエネルギー準位は準連続的に分布するようになり，後述するエネルギーバンドが形成される．また，その中間に位置する，**(c) クラスター**や **(d) ナノ結晶**の場合，バルクや分子とも異なる特異な性質（**量子サイズ効果**）を示すことが知られている．特にナノ結晶は，半導体量子ドットとして太陽電池への応用開発が検討されている．

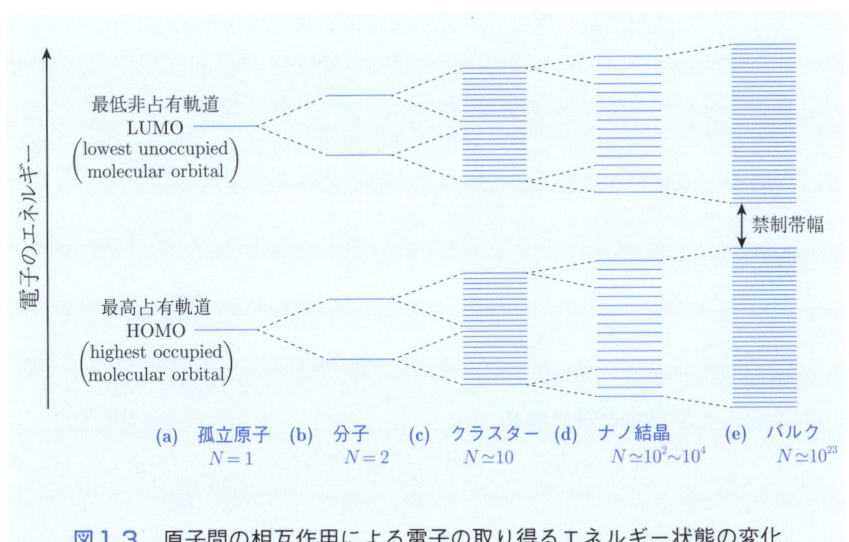

図 1.3　原子間の相互作用による電子の取り得るエネルギー状態の変化

図 1.4 に第 2 周期の元素の原子同士が近接し，電子の占有する 1s, 2s, 2p 軌道が重なる場合のエネルギー準位の変化を示す．結合の性質やエネルギーバンドの幅は，軌道の重なり方に依存する．このとき，1s の内殻軌道内の電子にあまり影響はないが，最高の占有準位である 2s 軌道，2p 軌道のエネルギーの分裂幅は大きく，エネルギー的に重なった価電子帯を形成する様子が示されている．

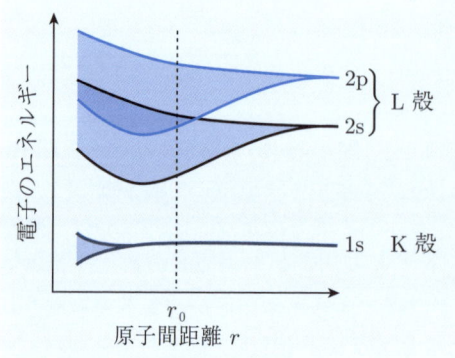

図 1.4
第 2 周期の原子からなる結晶において，原子間の相互作用による電子の取り得るエネルギー準位が変化する様子の模式的な図

価電子帯（valence band）という言葉は，これらのバンドを占める原子が化学結合に関与することから来る．このようにエネルギー準位の広がりにより電子エネルギーの減少が起こり，全エネルギーは低下し，平衡原子間距離 r_0 で最小になる．この波動関数の重なり具合が物質の結合形態を決める．

2 原子間の結合において，波動関数の重なりの程度は原子間距離と結合の角度に依存するので，結合に方向性がある．これを**共有結合**と呼ぶ．

一方，原子の波動関数の広がりが原子間距離よりも大きい場合，できるだけ多くの原子との重なりを得ることで系のエネルギーが低下する．このとき，原子の方向性は意味を持たず，充填密度が優先され，結合に方向性はない．これが**金属結合**の特徴である．

また，波動関数の広がりが極めて小さいが，金属結合と同様に方向性を持たない結合様式として**イオン結合**がある．

1.4.2 化学結合と結晶構造

物質の化学結合は，金属結合，イオン結合，共有結合，ファンデルワールス結合に分類できる．固体原子の結合の形を決めているのは，前述のように関与する原子間の波動関数の重なりである．金属結合，イオン結合，共有結合の様子を模式的に**図 1.5 (a)〜(c)** に示し，以下で解説する．

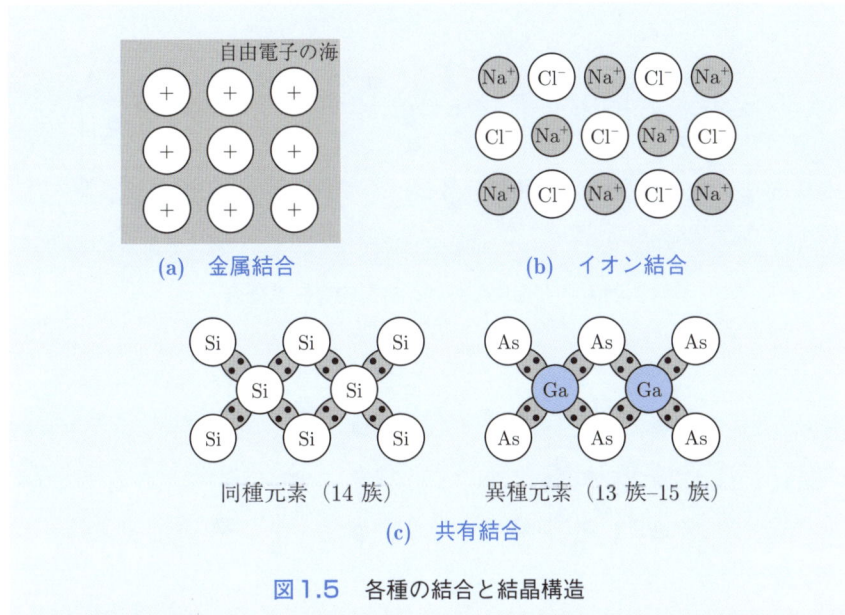

図 1.5　各種の結合と結晶構造

(1) **金属結合**　周期表にある元素のうち 7 割の元素は単体で金属となる．具体的には表 1.1 に示す元素のうち，1 族のアルカリ金属，2 族のアルカリ土類金属，3d〜5d 遷移金属やランタノイド，アクチノイドといった元素は金属となる．金属は電気と熱の良導体で，延性，展性を示し，多くの金属は磁性を示す．

　金属の導電性や熱伝導性を担うのは，伝導電子となる最外殻の s 電子である．金属結合の特徴は自由電子の海に金属原子の正イオンが浮いた状態に例えられ，自由電子は電気伝導を担うので**伝導電子**とも呼ばれる．たとえば，Na の電子配置は $1s^2 2s^2 2p^6 3s^1$ であるが，図 1.6 (a) に示すような**体心立方格子**と呼ばれる結晶構造を取る．原子間の結合距離は，原子の最外殻の軌道半径の 0.4 nm よりも小さい 0.37 nm 程度となり，互いの 3s 電子軌道が重なり合う．空間的に広がった 3s 電子が自由に動き回れるので，金属結合の結晶は高い導電性を示す．その他の金属の典型的な結晶構造として，図 1.6 (b) および (c) に示す**面心立方格子や六方細密格子**と呼ばれる構造がある．それぞれ最近接原子の数が 8 ないし 12 と多く，原子同士が密に詰まった構造を取る．

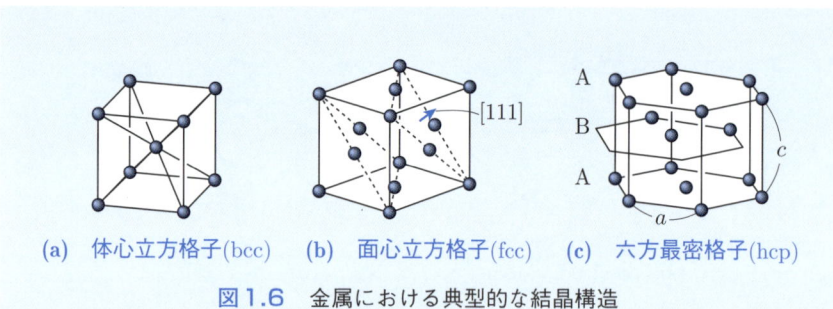

(a) 体心立方格子(bcc) **(b)** 面心立方格子(fcc) **(c)** 六方最密格子(hcp)

図 1.6 金属における典型的な結晶構造

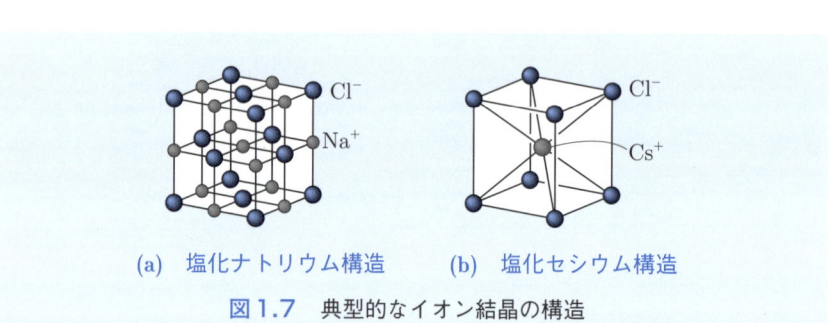

(a) 塩化ナトリウム構造 **(b)** 塩化セシウム構造

図 1.7 典型的なイオン結晶の構造

(2) **イオン結合** アルカリ金属元素は正イオン，ハロゲン元素は負イオンになりやすく，異符号の電荷を有するイオンは静電引力により結合する．NaCl が代表例である．異符号のイオンは引き合うが，同符号のイオンは反発してなるべく離れた位置に配置を取るため，図 1.7 **(a)** に示すように多数の正負のイオンが交互に並んだ結晶構造になる．その他にも 図 1.7 **(b)** の塩化セシウム構造を示すものもある．イオン結晶中の電子は閉殻構造を作っており，電気伝導に寄与することがないため，イオン結晶は電気の絶縁体である．

(3) **共有結合** 図 1.5 **(c)** に示す価電子が 4 個の Si においては，近接する 4 つの Si と電子を共有し，結合を形成する．また，異種原子の 13 族の Ga と 15 族の As 原子がそれぞれ 3 個および 5 個の電子を出し合い，計 8 個の電子により 4 つの共有結合電子対を作る．立体的には 図 1.8 **(a)** および **(b)** に示す構造を取る．共有結合の特徴は結合力が強く，電子が各結合にて電子対を形成し安定な状態を取る．共有結合結晶は半導体もしくは絶縁体である．

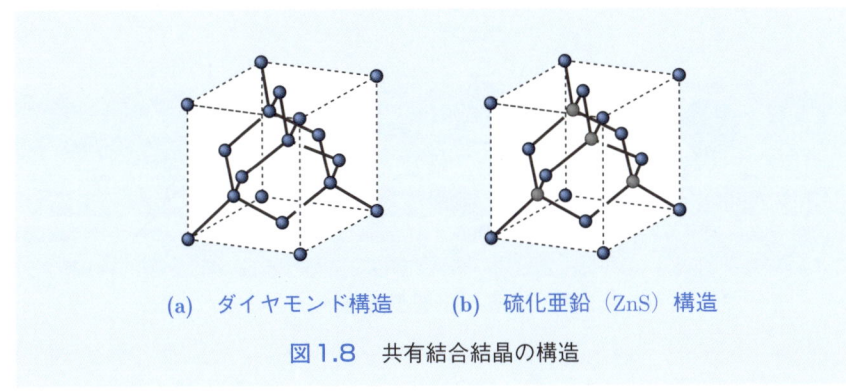

(a) ダイヤモンド構造　　**(b) 硫化亜鉛（ZnS）構造**

図 1.8　共有結合結晶の構造

共有結合における電子対のスピンの向きは反平行である．**パウリの排他律**によれば，量子数が同じ (n, l, m) の状態を取る電子は 2 個までしか入れない．電子対が反平行であれば，隣り合った原子間に電子密度の高い領域ができることで，それを介した原子の**結合軌道**が生じる．スピンが平行な向きを取ると，パウリの排他律で電子は互いに退け合うため，中間領域の電子密度は低くなり，エネルギー的に不安定な**反結合軌道**となる．

(4) <u>混成軌道</u>　前述のように共有結合は原子間に負電荷を蓄積し，原子同士を結び付ける．ここで波動関数の空間的な重なりがエネルギー的に有利な向きを持つとき，新たに軌道を混成することでエネルギーを下げることができる．

炭素原子を例に考える．その電子配置が $1s^2 2s^2 2p^2$ であるから，電子 1 個で占められた 2 つの 2p 軌道が 2 つの軌道と重なるより，4 つの結合手の重なりによる方がより大きなエネルギー効果を期待できる．その結果，図 1.8 (a) に示すようなダイヤモンド構造を取る．図 1.9 (a) に示すように，1 個の電子が 2s 軌道から空の 2p 軌道に励起することで，1 個だけの電子で占められた 4 つの原子軌道（2s, p_x, p_y, p_z）ができ，正四面体構造を取る．これらの波動関数の線形結合により，新たに **sp^3 混成軌道** と呼ばれる 4 つの軌道の波動関数を作り，最近接原子との軌道の重なりを最大にする．これによるエネルギー低下で，2s から 2p 軌道へのエネルギー上昇分を補っている．

図 1.9 (b) に示すように，炭素原子は 1 つの 2s 軌道と 2 つの 2p 軌道の混成により，平面上に互いに $120°$ の角度をなす **sp^2 混成軌道** を取ることもできる．p_z 軌道は混成軌道の面に対して垂直方向に伸び，隣接原子と π 結合を作る．

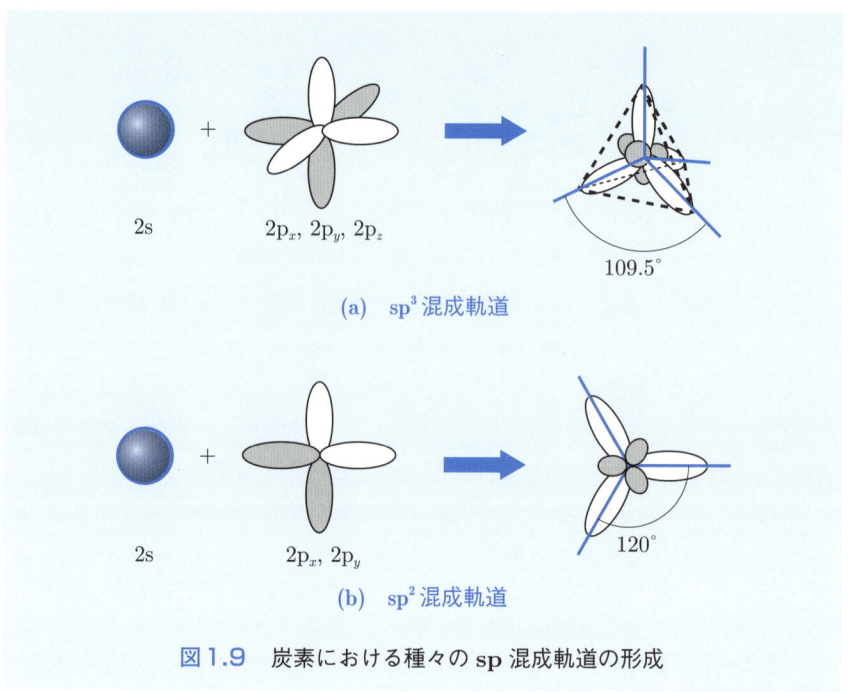

図1.9 炭素における種々のsp混成軌道の形成

　このような結合からなる物質の例としてグラファイトが挙げられ，黒鉛の基本構造となる結晶体である．その構造はsp^2混成軌道による共有結合により炭素原子の正六角形構造を成し，隣接する層とファンデルワールス力で弱く結合する．この単層シートは**グラフェン**（graphene）と呼ばれ，1960年代からその電子状態について理論的に調べられてきた．それから40年以上も後の2004年には**スコッチテープ法**と呼ばれるきわめて簡易な方法で単離できることが「発見」された．その研究に関わったガイム（Geim）らは2010年にノーベル物理学賞を受賞している．また，それより以前に1985年にはクロトー（Kroto）らによりC_{60}を典型とするフラーレンが報告され，1996年にノーベル化学賞を受けた．1991年には飯島らによりカーボンナノチューブが報告され，次世代のナノ材料として注目を集めている．これらの**ナノカーボン**と呼ばれる物質の構造を図1.10に示す．

1.4 化学結合と物質の成り立ち

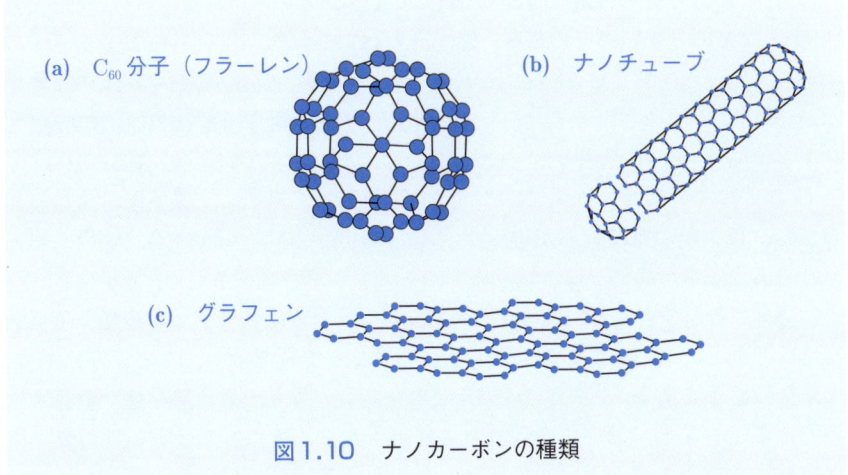

図1.10　ナノカーボンの種類

例題 1.4

図 1.10 (c) のような構造を取る単層グラフェン 1g を広げたときの面積を求めなさい．炭素原子の作る六角形の 1 辺の長さ a は 0.142 nm と仮定しなさい．

【解答】　炭素原子が作る正六角形の面積は

$$S = 6 \times \tfrac{1}{2} a \tfrac{\sqrt{3}}{2} a$$
$$= \tfrac{3\sqrt{3}}{2} a^2$$

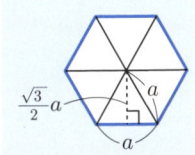

である．炭素原子は隣接する 3 つの六角形と共有され，1 つの六角形の面積 S 当たりの原子の数 N は $6 \times \tfrac{1}{3} = 2$ 個なので，面積は以下の通り求まる．

$$\left(\tfrac{m}{M} \times N_A \div 2\right) \times S = \tfrac{m N_A}{2M} \left(\tfrac{3\sqrt{3}}{2} a^2\right)$$
$$= \tfrac{1 \times 6.02 \times 10^{23}}{2 \times 12} \times \left\{\tfrac{3\sqrt{3}}{2} (0.142 \times 10^{-9})^2\right\}$$
$$= 1314 \, [\mathrm{m}^2]$$

である．東京ドームの面積が 46755 m² なので，グラフェンが 36 g もあれば，グラフェンシートでその面積を埋め尽くすことができる．

(5) 分子の形とその性質

身近な液体や気体である水（H_2O）や二酸化炭素（CO_2）などの分子の形を考える．図 1.11 (a) に示すように H_2O は酸素原子の p_x および p_y, p_z 軌道と水素原子の s 軌道からなる．H_2O は H–O–H のなす角度が 104.5° の屈曲した分子軌道を形成する．一方，図 1.11 (b) に示すように，CO_2 は酸素 O の 2p 軌道と C の 2p 軌道からなる直線的な結合を作る．H–O や C–O のような異種の原子間には，電子を引き付ける度合い（**電気陰性度**）の違いから，正・負の電荷分布が偏る．

このような電荷の偏りは電気双極子モーメントを形成するため，分子構造の違いは分極に影響を与える．たとえば CO_2 のような直線状分子は**無極性分子**であるが，屈曲した H_2O は**有極性分子**として異なる性質を示す．このように H_2O は**永久双極子**を有するため，2.45 GHz の電磁波（マイクロ波）を強く吸収するので，電子レンジにおいて食品加熱に利用される．また，水は有極性溶媒で極性を有する物質を溶かすが，無極性の有機物質とは混ざらない．

なお，アルコールは有極性の水酸基（R–OH，R：アルキル基）を持ち，H_2O のような有極性分子であると同時に，アルキル基を有し，油のような無極性分子を溶かせる．このようにアルコールは両方を併せ持つ性質があることから，洗浄工程をはじめとして工業的に多用される．

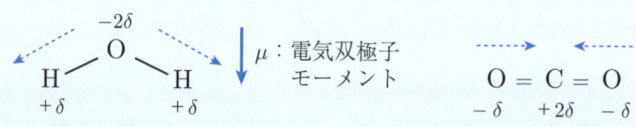

(a) H_2O：屈曲した双極子は打ち消し合わず，有極性分子となる．

(b) CO_2：直線上で逆向きの双極子は打ち消し合い，永久双極子モーメントは持たない．

図 1.11 (a) 屈曲した水分子と (b) 直線的な二酸化炭素分子の構造

1.5 材料の種類と抵抗率

電気電子材料は，材料固有の電流の流れにくさ，**抵抗率**（resistivity）もしくは，電流の流れやすさ，**導電率**（conductivity）で比較される．表 1.5 に種々の材料の抵抗率 ρ_V を示す．抵抗率は，石英ガラスなど**絶縁体**（insulator）の $10^{16}\,\Omega\cdot\mathrm{m}$ から金，銀，銅といった**金属**（metal）の $10^{-8}\,\Omega\cdot\mathrm{m}$ オーダーに至るまでおよそ 24 桁にわたる種々の値を示す．

一般に抵抗率が $10^{-8}\sim 10^{-6}\,\Omega\cdot\mathrm{m}$ の物質を金属または**導体**（conductor）と呼び，抵抗率が $10^{8}\,\Omega\cdot\mathrm{m}$ 以上の物質を絶縁体と呼ぶ．この中間にあるのが**半導体**（semiconductor）であるが，典型的なのは Si, Ge, GaAs（ガリウムヒ素）などの物質である．

さらに，温度を下げると抵抗がゼロになる**超電導体**（superconductor）という物質もある．これらの材料の電気伝導性の本質的な違いについて述べた後，第 7 章では超電導材料についても紹介する．

材料の持つ抵抗 R は，抵抗率 ρ_V，断面積 S と長さ l を用いて

$$R = \rho_V \frac{l}{S} \tag{1.11}$$

で示される．

表 1.5 物質の抵抗率による分類

	抵抗率 ρ_V [$\Omega\cdot\mathrm{m}$]	物質の例
絶縁体	$10^{6}\sim 10^{16}$	石英，シリコーンゴム，アルミナ，ガラスエポキシ，ポリイミド
半導体	$10^{-5}\sim 10^{10}$	Si, Ge, GaAs, GaN など，およびこれらの結晶に不純物を添加して導電率を制御した不純物半導体
金属	$10^{-8}\sim 10^{-6}$	Ag, Cu, Au, Al, Ni, Fe など

1.6 電気伝導

図1.12に金属，半導体，絶縁体のエネルギーバンド構造を模式的に表す．電子が物質中において取り得るエネルギー状態は，孤立した原子のように離散的な準位を取ることなく，帯（バンド）状に分布している**許容帯**と**禁制帯**とが交互に配置している．

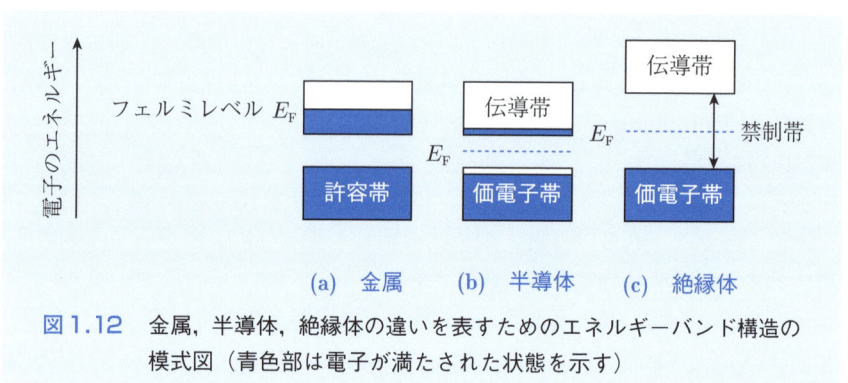

図1.12　金属，半導体，絶縁体の違いを表すためのエネルギーバンド構造の模式図（青色部は電子が満たされた状態を示す）

金属は，図1.12 (a) に示すようにエネルギーの最も高い許容帯が，電子で半分だけ満たされた状態にある．このような許容帯の占有状態は，1原子当たり奇数個（$2n+1$）の電子を持つ元素において生じる．N 個の原子からなる物質の1つの許容帯を占有可能な状態数は $2N$ 個である．したがって，$N(2n+1)$ 個の電子をエネルギーの低い状態から順番に埋めてゆくと，$n+1$ 番目の許容帯は N 個の電子により半分占有されている．特にフェルミレベル E_F 近傍の電子は，同じ許容帯内の空いた状態を利用して自由に動き回ることができる自由電子であり，金属の高い電気伝導性の原因である．

一方，1原子当たり偶数個（$2n$）の電子を持つ元素からなる物質は，**半導体**もしくは**絶縁体**となる．図1.12 (b) に示すように，半導体の場合，最低エネルギー状態から n 番目の**価電子帯**（valence band）と呼ばれる完全に満たされた許容帯，その上の空の許容帯である**伝導帯**（conduction band）が 0.1 eV～数 eV 程度に**禁制帯**（エネルギーギャップ）を隔てて存在する．ダイヤモンド（E_g：5.47 eV，室温）などの禁制帯幅の大きな半導体は**ワイドバンドギャップ半導体**とも呼ばれる．半導体は，室温でも伝導帯の底に電子，価電子帯の頂上には正孔がある程度の密度で存在し，絶縁体よりも高い導電性を示す．

1.6 電気伝導

図1.12 (c) に示す絶縁体は，エネルギーバンドの電子の占有状態は半導体と違いは無く，禁制帯幅が異なる．絶縁体の禁制帯幅は 3～10 eV 程度と大きく，室温程度では伝導電子は生じない．

物質中を自由に動き回れる電子や正孔のような電荷の担い手は**キャリア**（carrier）と呼ばれる．キャリアとしては，正負の可動イオンもある．電界 $\boldsymbol{E}$ の下で密度 n，電荷 q のキャリアが平均速度 $\langle \boldsymbol{v} \rangle$ で移動すると，電流密度 $\boldsymbol{J}$ は

$$\begin{aligned}\boldsymbol{J} &= nq\langle \boldsymbol{v} \rangle \\ &= nq\mu \boldsymbol{E}\end{aligned} \tag{1.12}$$

と表せる．ここで，$\langle \boldsymbol{v} \rangle = \mu \boldsymbol{E}$ という関係を用いた．また，抵抗率の逆数である導電率 σ は，(1.12) 式より，次式で表せる．

$$\begin{aligned}\sigma &= \frac{1}{\rho} \\ &= \frac{\boldsymbol{J}}{\boldsymbol{E}} = nq\mu\end{aligned} \tag{1.13}$$

表1.6 に金属，半導体，絶縁体のキャリア密度および移動度の範囲を示す．導電率 σ はキャリア密度と移動度の積で決まる．金属は多数のキャリア密度により高い導電性を示すが，絶縁体は極めてキャリア密度が少ない．また，半導体は不純物添加によりキャリア密度を制御可能である．

表1.6 典型的な金属，半導体，絶縁体の導電性に関わる数値の範囲

	σ [S·m^{-1}] $(= [\Omega^{-1} \cdot m^{-1}])$	n [m^{-3}]	μ [m$^2 \cdot$V$^{-1} \cdot$s^{-1}]
金属	$10^6 \sim 10^8$	$10^{28} \sim 10^{29}$	$10^{-3} \sim 10^{-2}$
半導体	$10^5 \sim 10^{-10}$	$10^{16} \sim 10^{23}$	電子 $10^{-2} \sim 10$ 正孔 $10^{-3} \sim 10^{-1}$
絶縁体	$10^{-16} \sim 10^{-6}$	$10^7 \sim 10^{10}$	$10^{-3} \sim 10^{-1}$

1.7 原子の磁気モーメントと磁性

物質を構成する個々の原子は磁性を持つので，あらゆる物質はなんらかの磁性を示す．磁性の根源となるのは，原子の磁気モーメント $\boldsymbol{\mu}_\mathrm{m}$ である．原子の磁気モーメント $\boldsymbol{\mu}_\mathrm{m}$ には，図 1.13 に模式的に示す電子の軌道運動 $\boldsymbol{\mu}_\mathrm{l}$，電子スピン $\boldsymbol{\mu}_\mathrm{s}$，および閉殻電子による反磁性 $\boldsymbol{\mu}_\mathrm{d}$ の寄与がある．

$$\boldsymbol{\mu}_\mathrm{m} = \boldsymbol{\mu}_\mathrm{l} + \boldsymbol{\mu}_\mathrm{s} + \boldsymbol{\mu}_\mathrm{d} \tag{1.14}$$

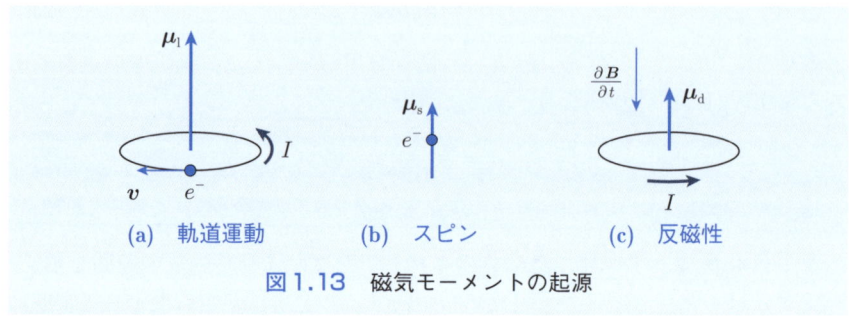

図 1.13　磁気モーメントの起源

図 1.13 (a) に示すように，質量 m_0 の電子が速度 v で半径 r の円運動をしながら円電流を形成しているとする．その電流は電子の運動方向と逆向きを正に取り

$$I = \frac{ev}{2\pi r} \tag{1.15}$$

で表される．このような円電流 I の磁気モーメントの大きさ $|\boldsymbol{\mu}_\mathrm{l}|$ は，$I \times S$（S：円電流の面積）の形で，次式で表せる（SI 単位系）．

$$\begin{aligned}|\boldsymbol{\mu}_\mathrm{l}| &= I\pi r^2 \\ &= \frac{e}{2m_0} m_0 v r \end{aligned} \tag{1.16}$$

したがって，軌道運動する電子は磁気モーメントとして振る舞い，磁界の中に置けば，偶力を受ける．$m_0 v r$ は古典的な角運動量であるが，量子力学では $\hbar$ 程度の大きさになり，次式で定義される．

$$\begin{aligned}\mu_\mathrm{B} &= \frac{e\hbar}{2m_0} \\ &= 9.274 \times 10^{-24}\ [\mathrm{A \cdot m^2}]\ (= [\mathrm{J \cdot T^{-1}}])\end{aligned} \tag{1.17}$$

これを**ボーア磁子**と呼び，磁気モーメントの単位とする．電子の軌道角運動量は $\hbar\boldsymbol{l}$ であり，それによる磁気モーメントは次式で表せる．

$$\boldsymbol{\mu}_\mathrm{l} = -\frac{e}{2m_0}\hbar\boldsymbol{l}$$
$$= -\mu_\mathrm{B}\boldsymbol{l} \tag{1.18}$$

電子は図 1.13 (b) に示すように，それ自身がスピン角運動量 $\hbar\boldsymbol{s}$ を持ち，その磁気モーメントは

$$\boldsymbol{\mu}_\mathrm{s} = -2\mu_\mathrm{B}\boldsymbol{s} \tag{1.19}$$

と表せる．なお，原子核もスピンによる磁気モーメントを持っている．原子核内の陽子に起因する磁気モーメントとして，核磁子 μ_N は

$$\mu_\mathrm{N} = \frac{e\hbar}{2m_\mathrm{p}}$$
$$= \mu_\mathrm{B}\frac{m_0}{m_\mathrm{p}} \tag{1.20}$$

と表される．陽子の質量 m_p：1.673×10^{-27} [kg]，電子の質量 m_0：9.109×10^{-31} [kg]，$\frac{m_\mathrm{p}}{m_0} = 1837$ であるから，その大きさは，電子のスピンと比べると約 1800 分の 1 と極めて小さい．

図 1.13 (c) に示すように，**反磁性**の起源は外部磁界 $\boldsymbol{H}$ による電磁誘導の結果，磁束変化を妨げる方向に誘導電流が流れることによる．電子の軌道を抵抗ゼロの電流ループと見なせば，誘導電流が流れると角速度 ω が変化し，磁界 $\boldsymbol{H}$ を加える限りその状態は保持される．このとき，磁界 $\boldsymbol{H}$ と逆方向に磁気モーメント $\boldsymbol{\mu}_\mathrm{d}$ が生じる．反磁性による磁性への寄与 $\boldsymbol{\mu}_\mathrm{d}$ は電子の軌道運動やスピンによる寄与 $\boldsymbol{\mu}_\mathrm{l}$ や $\boldsymbol{\mu}_\mathrm{s}$ に比べて極めて小さい．電子配置が開殻構造を有する場合，$\boldsymbol{\mu}_\mathrm{d}$ は無視できるほど小さく，閉殻構造を有する場合にのみ寄与する．

また，**強磁性**は $\boldsymbol{\mu}_\mathrm{l}$ や $\boldsymbol{\mu}_\mathrm{s}$ の寄与が大きく自発磁化を持つ物質に存在する．その原因となるのは，磁性体内部で磁気モーメントを互いに平行に向けようとする内部的な相互作用である．強磁性体は多くの電気機器や電子部品などに用いられている．逆に熱エネルギーにより磁気モーメントがバラバラの向きを向いている場合，**常磁性**を示す．

磁性材料については第 6 章にて述べる．

1.8 物理定数と単位の換算

代表的な物理定数および SI 接頭語を 表1.7 および 表1.8 に示す．

表1.7 代表的な物理定数

名称	記号	数値	単位記号
素電荷	e	1.60218×10^{-19}	C
電子の質量	m_0	9.10938×10^{-31}	kg
陽子の質量	m_p	1.67262×10^{-27}	kg
真空中の光速	c	2.99792×10^{8}	$\mathrm{m \cdot s^{-1}}$
真空の誘電率	ε_0	8.85419×10^{-12}	$\mathrm{F \cdot m^{-1}}$
真空の透磁率	μ_0	1.25664×10^{-6} $(4\pi \times 10^{-7})$	$\mathrm{H \cdot m^{-1}}$ $(\mathrm{N \cdot A^{-2}})$
プランク定数	h	6.62607×10^{-34}	$\mathrm{J \cdot s}$
ボルツマン定数	k	1.38065×10^{-23}	$\mathrm{J \cdot K^{-1}}$
アボガドロ数	N_A	6.02214×10^{23}	$\mathrm{mol^{-1}}$

表1.8 10 の整数乗倍を表す代表的な SI 接頭語

項目	量	記号	例
アト (atto)	10^{-18}	a	$1\,[\mathrm{as}] = 10^{-18}\,[\mathrm{s}]$
フェムト (femto)	10^{-15}	f	$1\,[\mathrm{fs}] = 10^{-15}\,[\mathrm{s}]$
ピコ (pico)	10^{-12}	p	$1\,[\mathrm{pC}] = 10^{-12}\,[\mathrm{C}]$
ナノ (nano)	10^{-9}	n	$1\,[\mathrm{nm}] = 10^{-9}\,[\mathrm{m}]$
マイクロ (micro)	10^{-6}	μ	$1\,[\mu\mathrm{C}] = 10^{-6}\,[\mathrm{C}]$
ミリ (milli)	10^{-3}	m	$1\,[\mathrm{mJ}] = 10^{-3}\,[\mathrm{J}]$
センチ (centi)	10^{-2}	c	$1\,[\mathrm{cm}] = 10^{-2}\,[\mathrm{m}]$

本書では特に断らない限り SI 単位系で示すが，半導体や磁性体の分野では，慣習的に CGS 単位系が用いられている場合がある．例えば，半導体の移動度やキャリア密度が CGS 単位系で示されている場合，$10^2\,[\mathrm{cm}] = 1\,[\mathrm{m}]$，$10^4\,[\mathrm{cm}^2] = 1\,[\mathrm{m}^2]$，$10^6\,[\mathrm{cm}^3] = 1\,[\mathrm{m}^3]$ などの関係を用いて容易に換算できる．またエネルギーを表す際にはしばしば J でなく，電子ボルト単位 eV を用いるが，$1\,[\mathrm{eV}] = 1.602 \times 10^{-19}\,[\mathrm{J}]$ を用いて換算できる．また，磁性体の分野では，CGS ガウス単位系と MKSA 単位系の 2 つが用いられ，磁界の単位として

$$1\,[\mathrm{Oe}]\,(\text{エルステッド}) = \frac{10^3}{4\pi}\,[\mathrm{A \cdot m^{-1}}] \simeq 80\,[\mathrm{A \cdot m^{-1}}]$$

磁束密度の単位として $10^4\,[\mathrm{Gauss}] = 1\,[\mathrm{Wb\cdot m^{-2}}] = 1\,[\mathrm{T}]$ という関係を頭に入れておけば，換算可能である．

1章の問題

1.1　電子のエネルギー状態　原子に束縛されている電子のエネルギーが離散的であることを確認する方法にはどのような方法があるか調べなさい．

1.2　元素の電子配置と性質　アルカリ金属，ハロゲン元素，希ガス元素の電子配置の特徴を述べ，それらに基づいて，典型的な元素の化学的な性質を述べなさい．

1.3　量子サイズ効果　図 1.3 に示す，いわゆる量子サイズ効果により，クラスターやナノ結晶はどのような性質を示すか，述べなさい．

1.4　各種結合の特徴　共有結合，金属結合，イオン結合，ファンデルワールス結合による物質を例示し，その性質について述べなさい．

1.5　結晶構造　結晶の空間格子の 1 つである面心立方格子について，立方格子の 1 辺の長さを a としたとき，最近接原子間距離 d および充てん密度 ρ を求めなさい．なお，**充てん密度**とは結晶を構成する原子を同じ半径を持った球と考え，これらが互いに接するほど密に詰めたとき，単位胞中に球の体積が占める割合をいう．

1.6　物質の抵抗率 (1)　特定の温度における金属の抵抗率は，種類が異なってもたかだか 3 桁程度の範囲にとどまるのに対して，同じ物質でも半導体の導電率は 10 桁以上変化するのはなぜか，述べなさい．

1.7　物質の抵抗率 (2)　導電率と温度の関係について，金属と半導体の違いを説明しなさい．

1.8　分子構造と極性　電子レンジによる食品の加熱の機構を調べて簡潔に述べなさい．

1.9　結晶構造　結晶に電磁波，あるいは電子波が表面に対して角度 θ で入射し，その波長 λ が結晶格子と同程度で十分短いとき，ブラッグの反射条件 $2d\sin\theta = m\lambda$ ($m = \pm 1, 2, 3, \ldots$) を満たす波を反射することを示しなさい．

1.10　電子軌道と磁性　磁性を示す遷移金属や希土類元素において，d 軌道および f 軌道の電子が果たす役割について述べなさい．

第2章

導電体材料

　導電体の役割は，物質の導電性を活かした機能を電気電子機器に付与することである．代表的な金属は電気の良導体として，電気電子材料として不可欠な要素の1つである．金属は導電材料であるとともに，抵抗材料にもなり得る．金属以外にも炭素系のナノカーボンがナノマテリアルとして注目を集めている．

　また，透明導電体は情報・エネルギー分野において，その重要性を増している．

2.1 金属の電気伝導

図2.1 に示すように，導電体は導電率が $10^8 \sim 10^4\,\mathrm{S\cdot m^{-1}}$ の領域にある．その中でも代表的な金属の電気伝導について解説する．

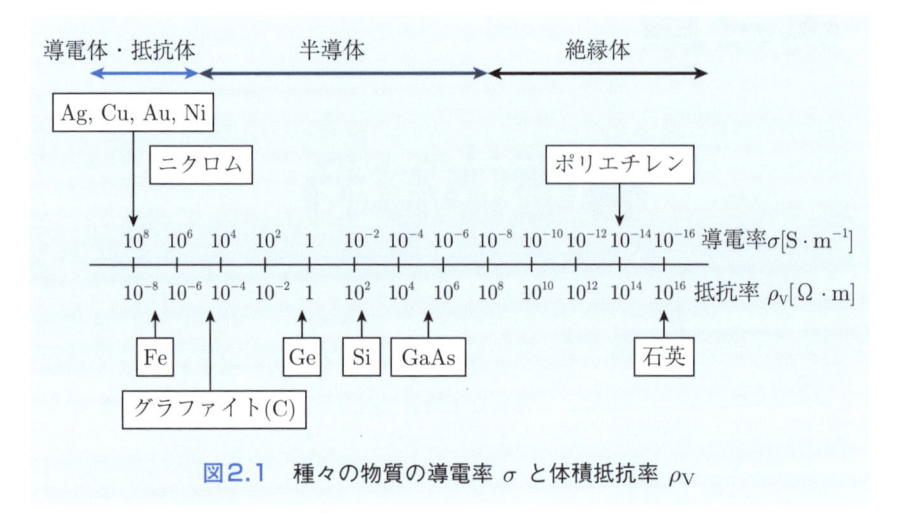

図2.1 種々の物質の導電率 σ と体積抵抗率 ρ_V

2.1.1 古典的モデル

一般に金属の導電性は**自由電子**（free electron）の存在により説明される．以下では，古典的な電子統計に基づく**ドルーデ**（Drude）**のモデル**に従い，オーム則を導出する．このモデルにおいては，各電子は独立で自由に動けるものとするが，平均時間 τ を経た後に散乱され，次の衝突までは電界の影響で古典力学に従った運動をする．また，多数の電子による統計は古典統計に従うと考える．

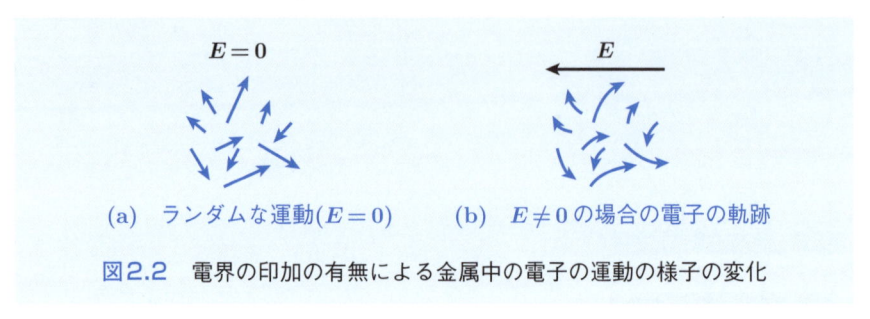

(a) ランダムな運動($E=0$)　　(b) $E \neq 0$ の場合の電子の軌跡

図2.2 電界の印加の有無による金属中の電子の運動の様子の変化

熱平衡状態において質量 m_0 の自由電子は温度 T で決まる熱エネルギーを有し，速度 $\boldsymbol{v}$ で運動しているとすると，その大きさを v として次式の関係が成り立つ．

$$\tfrac{1}{2} m_0 v^2 = \tfrac{3}{2} kT \tag{2.1}$$

この $\boldsymbol{v}$ を**熱速度**と呼ぶ．このとき電子は結晶格子や欠陥などによって散乱を繰り返し，図2.2 (a) に示すように不規則な運動をするために，速度は平均的にはゼロであると見なせる．したがって，金属中の自由電子の流れは相殺され，電流は流れない．

一方，印加電界 $\boldsymbol{E}$ の下では，電界と逆向きのクーロン力を受けて，図2.2 (b) のように軌道が曲げられる．そのときの平均速度を $\langle \boldsymbol{v} \rangle$ とすると，運動方程式は

$$\frac{d\langle \boldsymbol{v} \rangle}{dt} = -\frac{e\boldsymbol{E}}{m_0} - \frac{\langle \boldsymbol{v} \rangle}{\tau} \tag{2.2}$$

と表される．ここで，τ は**緩和時間**（relaxation time）と呼ばれ，散乱の影響を表す．緩和時間の逆数 τ^{-1} は，単位時間当たりに自由電子が散乱される頻度である．定常状態で (2.2) 式の左辺の加速度を 0 とおくと平均速度として

$$\langle \boldsymbol{v} \rangle = -\frac{e\tau}{m_0} \boldsymbol{E} \tag{2.3}$$

が得られ，これは電界に比例する．ここで電子の**移動度**（mobility）を，平均速度 $\langle \boldsymbol{v} \rangle$ の電界 $\boldsymbol{E}$ に対する比例定数として次式で定義する．

$$\mu = -\frac{\langle \boldsymbol{v} \rangle}{\boldsymbol{E}} \tag{2.4}$$

これを (2.3) 式と比較すると，次式を得る．

$$\mu = \frac{e\tau}{m_0} \tag{2.5}$$

自由電子密度を n とすると電子 1 個当たり $-e$ の電荷を運ぶので電流密度 $\boldsymbol{J}$ は

$$\begin{aligned} \boldsymbol{J} &= -en\langle \boldsymbol{v} \rangle \\ &= \frac{e^2 n \tau}{m_0} \boldsymbol{E} \end{aligned} \tag{2.6}$$

と表せる．一般に**オーム則**（Ohm's law）に従う物質の電気伝導において，電流密度 $\boldsymbol{J}$ は電界 $\boldsymbol{E}$ に比例し

$$\boldsymbol{J} = \sigma \boldsymbol{E} \tag{2.7}$$

と表される．ここで σ は導電率である．(2.6) 式と比較すると

$$\sigma = \frac{e^2 n \tau}{m_0} \tag{2.8}$$

という関係が得られる．また (2.5) 式の移動度を用いれば，導電率は

$$\sigma = en\mu \tag{2.9}$$

と書き直せる．つまり，物質の導電性はキャリア密度 n と移動度の積により決まり，いずれも材料固有の量である．この導電率は後述する体積抵抗率 ρ_V と次式の関係にある．

$$\rho_V = \sigma^{-1} \tag{2.10}$$

(2.8) 式に着目すると，自由電子密度 n が一定であれば，導電率は緩和時間 τ，すなわち自由電子の散乱過程で決まる．

以上のように，古典統計に基づき (2.7) 式のオーム則を導くことができるが，平均自由行程や散乱の原因を考える上では，量子力学的な議論が必要である．

■ **例題2.1** ■

表2.1 (p.35) の Cu の導電率 σ （常温）より，古典的な電子の平均自由行程を求めなさい．結晶構造は面心立方格子（$a = 0.361$ [nm]）であることを利用してよい．

【解答】 Cu 中の全電子が導電性に寄与すると仮定し，エネルギー等分配の法則が成り立つとする．面心立方格子の 1 個当たりの原子数は 4 個で（第 1 章章末問題 1.5），電子数 Z は原子 1 個当たり 29 であるから，電子密度は

$$\begin{aligned} n &= \frac{4Z}{a^3} \\ &= \frac{4 \times 29}{(0.361 \times 10^{-9})^3} \\ &= 2.46 \times 10^{30}\,[\mathrm{m^{-3}}] \end{aligned}$$

で与えられる．したがって，(2.8) 式より緩和時間 τ を見積もると

$$\begin{aligned} \tau &= \frac{\sigma m_0}{n e^2} \\ &= 7.36 \times 10^{-16}\,[\mathrm{s}] \end{aligned}$$

エネルギー等分配則に基づく古典的な電子の速度 v は (2.1) 式から得られる．

$$v = \sqrt{\frac{3kT}{m_0}}$$
$$= \sqrt{\frac{3 \times 1.38 \times 10^{-23} \times 300}{9.11 \times 10^{-31}}}$$
$$= 1.17 \times 10^5 \,[\mathrm{m \cdot s^{-1}}]$$

したがって，平均自由行程は

$$l = v\tau = 8.61 \times 10^{-11} \,[\mathrm{m}]$$

と見積もられ，原子間隔程度である． ■

[例題 2.1] の結論は，古典的な電子は原子間隔にも満たない距離を走行すると散乱されてしまうことを示し，この距離で電子が加速されるとして，金属の電気伝導を説明するには無理がある．量子論では，電子をフェルミ粒子と見なし，フェルミレベル E_F 近傍の電子が導電性に寄与すると考える．このとき伝導に寄与する電子は 4s 電子で，その電子数を Cu 原子当たりたかだか 1 個とすれば，その密度は

$$n = 8.5 \times 10^{28} \,[\mathrm{m^{-3}}]$$

である．これより (2.8) 式を用いて

$$\tau = 2.4 \times 10^{-14} \,[\mathrm{s}]$$

を得る．また，Cu の場合 $E_\mathrm{F} = 7.1\,[\mathrm{eV}]$ であり，フェルミ温度は

$$T_\mathrm{F} = \frac{eE_\mathrm{F}}{k} = 8.2 \times 10^4 \,[\mathrm{K}]$$

である．(2.1) 式にて $T = T_\mathrm{F}$ とすると，フェルミレベル近傍の電子の速度は

$$v_\mathrm{F} = 1.6 \times 10^6 \,[\mathrm{m \cdot s^{-1}}]$$

となり，[例題 2.1] で得た古典的電子の速度に比べ大きい．その結果，平均自由行程が

$$l = 3.8 \times 10^{-8} \,[\mathrm{m}]$$

と原子間隔の数百倍程度の距離を電子は散乱なしに動き回れることがわかる．これはフェルミ粒子である電子がパウリの排他律により互いに避けあって運動すると考えれば矛盾はない．

2.1.2 導電率の周波数依存性

金属に交流電界が印加されたときの自由電子の挙動について考える．このとき，自由電子が印加電界 $\boldsymbol{E} = \boldsymbol{E}_0 \exp(i\omega t)$ に追随し，その速度が $\langle\boldsymbol{v}\rangle = \langle\boldsymbol{v}_0\rangle \exp(i\omega t)$ と変化したとする．電界 $\boldsymbol{E}$ を (2.2) 式に代入して整理すると

$$\langle \boldsymbol{v}_0 \rangle = -\frac{e\tau}{m_0} \frac{\boldsymbol{E}_0}{1+i\tau\omega} \tag{2.11}$$

と表せる．(2.4) 式より μ を求め，(2.9) 式に代入すると交流電界に対する導電率は

$$\begin{aligned}\sigma &= \frac{e^2 n \tau}{m_0} \frac{1}{1+i\tau\omega} \\ &= \frac{e^2 n \tau (1-i\tau\omega)}{m_0 \{1+(\tau\omega)^2\}}\end{aligned} \tag{2.12}$$

と求まり，これは**複素導電率**と呼ばれる．(2.12) 式は周波数

$$f \to 0 \quad (\omega = 2\pi f \to 0)$$

の極限で直流での導電率の (2.8) 式と一致する．緩和時間 τ のオーダーは 10^{-14} s 程度と極めて小さく，周波数が数十 MHz（10^7 Hz）オーダーの電気的領域であれば

$$\tau\omega \simeq 10^{-7} \ll 1$$

であるから，直流の導電率と同様に実数と見なして差し支えない．すなわち，微視的には物質中で散乱を繰り返す電子の挙動に対して，数十 MHz の領域の周波数の電界 $\boldsymbol{E}$ は十分ゆっくりと変化していると見なせる．

さらに，周波数が数百 MHz〜数百 GHz（$10^8 \sim 10^{11}$ Hz）のいわゆる電磁波の領域になっても，電磁界の変化は緩和時間 τ に対して依然として十分ゆっくりと変化するので，オーム則に従い金属には自由電子による伝導電流が流れる．

ただし，**表皮効果**（skin effect）により電磁波は金属内に

$$\delta \simeq \sqrt{\frac{2}{\omega \mu_0 \sigma}} \tag{2.13}$$

程度の深さまでしか侵入できない．角周波数が高ければ高いほど δ が小さくなり，導電体の実効的な断面積が小さくなる．したがって，周波数が高くなると，表皮効果により同じ導電体に対しても見かけ上の抵抗は増加する．

さらに電磁波の角周波数 ω が大きくなり光学的な周波数領域（$>10^{12}$ Hz）に入ると，金属中の自由電子は外部電界に追随できなくなる．この場合，電磁波に対して金属は透明体になり，第 4 章で解説する誘電体のような振舞いを示す．

2.2 導電材料

2.2.1 導電体としての金属

導電材料は一般に導線として用いられる．その役割は導体中の電圧降下と電力損失を抑え，電流を導くことである．その意味で超電導体が導線として理想的であるが，その発現は極低温に限られ汎用的ではない．導線としては，その機械的強度，加工性，耐食性，資源としての豊富さなども重要となる．

図2.3 に示す体積抵抗率 ρ_V，長さ l，断面積 S の抵抗体の電気抵抗 R は

$$R = \rho_V \frac{l}{S} \ [\Omega] \tag{2.14}$$

と表せる．表2.1 に典型的な純金属の**体積抵抗率**（volume resistivity）ρ_V を低い順に示す．Cu は導線として電力用ケーブルや配線用の導線に用いられる．一方で，LSI における配線で，過去には Al が用いられていたが，近年はより導電率の高い Cu が用いられるようになった．

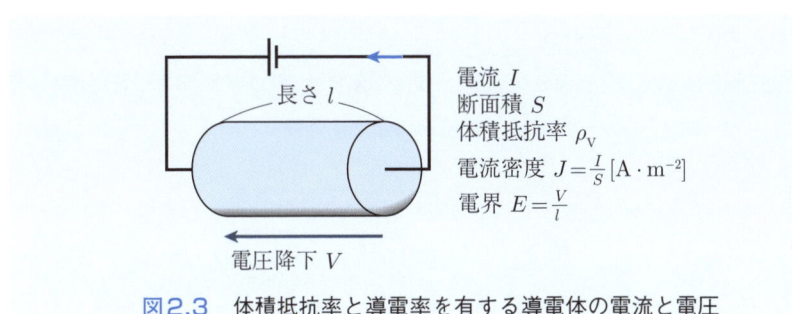

図2.3 体積抵抗率と導電率を有する導電体の電流と電圧

表2.1 導電材料として用いられる典型的な純金属の性質

物質	抵抗率 ρ_V $10^{-8} \ [\Omega \cdot m]$ $20°C \ (0°C)$	導電率 σ $10^8 \ [S \cdot m^{-1}]$ $(= [\Omega^{-1} \cdot m^{-1}])$ $20°C \ (0°C)$	熱伝導率 κ $[W \cdot m^{-1} \cdot K^{-1}]$ $(0°C)$	密度 $10^3 \ [kg \cdot m^{-3}]$ $(= [g \cdot cm^{-3}])$ 室温	融点 $[°C]$	引っ張り強さ $10^2 \ [MPa]$
Ag	1.62 (1.47)	0.617 (0.680)	428	10.50	961.93	2.9
Cu	1.72 (1.55)	0.581 (0.645)	403	8.96	1084.5	(硬銅) 4.0〜4.6
Au	2.40 (2.05)	0.417 (0.488)	319	19.32	1064.43	2.0〜2.5
Al	2.82 (2.50)	0.355 (0.40)	236	2.6989	660.37	(圧延) 0.9〜1.5
Ni	6.9 (6.2)	0.145 (0.161)	94	8.902	1455	5.0〜9.0
Fe	10.00 (8.9)	0.10 (0.11)	83.5	7.874	1536	5.4〜6.2

2.2.2 導電材料の温度依存性

種々の動作環境で用いられる導電体の抵抗の温度に対する変化は，実用上重要である．抵抗 R を決める体積抵抗率 ρ_V は，マティーセンの法則

$$\rho_\mathrm{V} = \rho_\mathrm{l} + \rho_\mathrm{i} \tag{2.15}$$

に従い，**格子振動**（lattice vibration）による抵抗率 ρ_l と**不純物**（impurity）による体積抵抗率 ρ_i の和からなる．図2.4 に抵抗率の温度依存性を示す．ρ_l は温度 T に比例する格子振動による散乱の影響で格子振動が活発な高温で支配的となる．一方，ρ_i は不純物の量に依存し，温度に依存せず低温で重要である．

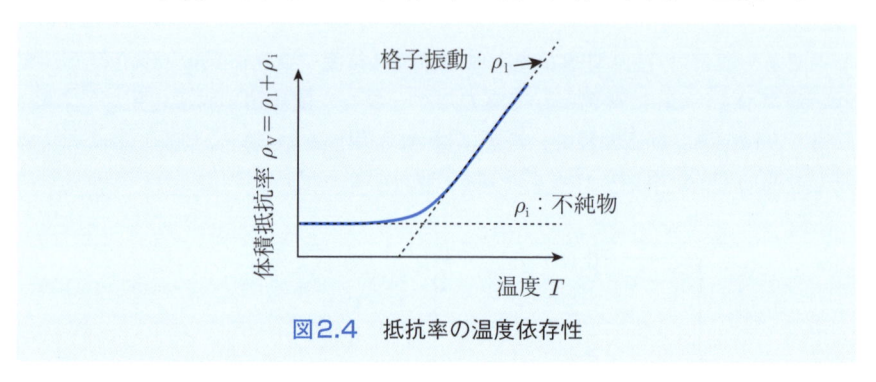

図2.4 抵抗率の温度依存性

実用上，温度に依存する導電体の抵抗は次式で表される．

$$R_t = R_{t_1}\{1 + \alpha_{t_1}(t - t_1)\} \tag{2.16}$$

ここで，R_{t_1}, α_{t_1} はそれぞれ基準温度 t_1 における抵抗，および温度係数である．α_t は**定質量温度係数**と呼ばれる．たとえば，導電率の基準となる標準軟銅の温度 $t_1\,[^\circ\mathrm{C}]$ における定質量温度係数は

$$\alpha_t = \frac{1}{254.4 + (t_1 - 20)} \tag{2.17}$$

で与えられる．実用上の重要となる詳細な数値は，たとえば日本工業規格（JIS C3664:2007 絶縁ケーブルの導体）を参照されたい．

金属は高い**熱伝導率**（thermal conductivity）κ を示す．一般に非金属の場合，熱は格子振動により運ばれるが，金属では，格子振動に加えて伝導電子も熱伝導に寄与する．ウィーデマン–フランツ（Wiedemann-Franz law）の法則

$$\begin{aligned}\frac{\kappa}{\sigma} &= \frac{\pi^2}{3}\left(\frac{k}{e}\right)^2 T \\ &= LT\end{aligned} \tag{2.18}$$

により，$\frac{\kappa}{\sigma}$ の値が温度 T に比例することが経験的に知られている．L はローレンツ数と呼ばれ，次式で与えられる．

$$L = \frac{\pi^2}{3}\left(\frac{k}{e}\right)^2$$
$$= 2.45 \times 10^{-8}\,[\mathrm{W\cdot\Omega\cdot K^{-2}}] \tag{2.19}$$

表2.1 に示すように電気の良導体は同時に熱の良導体である．この式を用いることで，導電率から熱伝導率 κ を推定できる．その他，接続の容易性，引っ張り強さ，たわみ性，加工の容易性，耐食性，資源量，低価格など具備すべき要件は多い．Cu が最も多く使用され，その次に Al や Fe が利用される．

● ネット検索で技術トレンドを調べる ●

ファッションや趣味の世界と同様に，技術においてもトレンドがある．これを皆さんもご存じの Google という検索エンジンを使って調べてみよう．例えば，2010 年のノーベル物理学賞を取ったのは，グラフェン（graphene）に関する研究である．このコラムを執筆している 2013 年の 7 月某日の時点において，Google によるヒット件数は，「グラフェン」で約 22 万件，"graphene" で約 913 万件である．さらに範囲を広げて，関連する Materials（「材料」，約 10 億件），Electronic Material（「電子材料」，約 2 億 3 千万件）となった．

なお，学術資料に限定した Google Scholar という検索機能もある．卒論や修論に取り組む際のより専門的な論文調査には，その利用を是非お勧めしたい．

2.3 抵抗材料

2.3.1 抵抗材料の機能と種類

抵抗材料には，電気抵抗を所望の値に設定し，環境の変化に対して安定であるもの，あるいは温度などの因子に対して変化するものを用いる．前者は計測器や電気電子機器用の抵抗，電熱・照明用の発熱抵抗体などとして用いられ，後者は温度計測用のセンサとして用いられる．実用抵抗材料としての詳細は，日本工業規格（JIS C2532，一般電気抵抗用線，条及び板）を参照されたい．**表2.2** に合金系の抵抗材料をまとめた．これらの抵抗材料の体積抵抗率は $10^{-7} \sim 10^{-6}\,\Omega\cdot\mathrm{m}$ 程度の範囲にある．精密な抵抗に求められるのは，組成により抵抗率が制御可能であること，低温度係数，高い直線性，低雑音性などである．

2.3.2 金属系抵抗材料

金属系抵抗にはCu系，Ni系，Fe系があり，抵抗率の制御のため，これらと固溶体を作るMnやCrなどとの合金が用いられる．**固溶体**とは2種類以上の元素が互いに均一に溶け，均一に混ざり合った結果，固体を形成している状態で，Cu–Ni系，Ni–Cr系，Fe–C系などの元素の組合せに限られる．

Cu系抵抗材料には，Niとの合金である**コンスタンタン**に代表される，高抵抗で，温度係数の小さいものが用いられる．CuとNiは固溶体を形成し，その平均温度係数も $\pm 8.0 \times 10^{-5}$（23～100°C）と小さい．ただしCuに対する熱起電力は $-4.14\,\mathrm{mV\cdot K^{-1}}$（0～100°C）と大きいため，標準抵抗としては不向きである．

Cu系でNiとMnを含有する**マンガニン**は，平均温度係数が 5.0×10^{-5}（23～100°C）であり，銅に対する熱起電力も小さく（$\pm 2.150\,\mu\mathrm{V\cdot K^{-1}}$（0～100°C）），校正用の標準抵抗，標準コイルとして用いられる．なお，マンガニン巻線は，抵抗の国家標準としては1990年に**量子ホール抵抗標準**に置き換わった．

Ni系抵抗材料としては，**ニクロム**と呼ばれるNi–Cr合金が有名である．抵抗率が高く，強度があることから電熱用材料として用いられる．

Fe系抵抗材料のFe–C系合金は炭素を含む鉄で，いわゆる鋳鉄である．耐熱性が高く廉価であるため，電動機の起動や速度制御など，大電流を調整する必要がある場合にグリッド抵抗として用いられる．

また，純金属として，Ni（1455°C），Mo（2623°C），W（3407°C），Pt（1769°C），

表2.2 合金系抵抗体の分類

材料系	組成	体積抵抗率 $\rho_V\,[\mu\Omega\cdot m]$	特徴・用途
Cu系	Cu–Ni(Ni:42.0〜48.0%, Mn:0.5〜2.5%, Cu+Ni+Mn:99.0%以上)	0.490 ± 0.030	コンスタンタン，温度係数が小さい．精密計測器，巻線抵抗器
Cu系	Cu–Mn–Ni:98.0%以上 (Mn:10〜13%, Ni:1.0〜4.0%)	0.440 ± 0.030	マンガニン，常温付近で，温度係数が小さい．標準抵抗，標準コイル
Ni系	Ni–Cr(第1種:Ni:77%以上, Cr:19〜21%, 第2種:57%以上, Cr:15〜18%)	1.08 ± 0.05 1.12 ± 0.05	電熱用，抵抗率が高く，酸化しにくい．最高使用温度(第1種:1000°C，第2種:800°C)
Fe系	Fe–C (Fe:93.2%, C:3.5%, Si:2.5%, Mn:0.5%, P:0.3%)	$0.9\sim1$	高い抵抗率，耐熱性，低価格，大電流制御用（電動機始動用，速度制御用）
Fe系	Fe–Ni (Ni:25〜36%, Fe:75〜64%)	$0.75\sim0.831$	固溶体．成分により抵抗率が変化．600°C以下の電熱抵抗体，精密機器用
Fe系	Fe–Cr–Al 第1種 Cr:23〜26%, Al:4〜6% 第2種:17〜21% Al:2〜4%	1.42 ± 0.06 1.23 ± 0.06	電熱線，カンタルとして知られる．特に高温度の使用を目的としたもので，耐酸化性は良好である．最高使用温度（第1種:1250°C，第2種:1100°C）

関連 JIS 規格：JIS C2520:1999 電熱用合金線及び帯，JIS C2532:1999 一般電気抵抗用線，条及び板，JIS C2521:1999 電気抵抗用銅ニッケル線，帯，条及び板

Ir (2443°C), Ta (2985°C) など（カッコ内は融点）は，高融点であり，かつ抵抗も比較的高い．たとえば，W, Ta は，真空蒸着用の高温用発熱体として，W は融点が高く，高温で蒸気圧が低い，極細線の加工が可能で電球のフィラメントとして用いられる．

2.3.3 薄膜抵抗体

電子回路における小電流の調整には，前述の線や条，板などの**バルク抵抗体**と異なり，金属系や炭素系の**薄膜抵抗体**が用いられる．薄膜抵抗体においては (2.14)

式に従い，その抵抗値は膜厚に反比例する．金属系の場合，数 nm から数百 nm 程度の厚さのものを用いる．抵抗体を薄膜化すると，温度係数を下げられ，高温・高抵抗用途や，表皮効果の影響を受けにくく高周波用途に用いることができる．一方，炭素系の抵抗率は 2 桁程度大きく，炭素系薄膜の厚さは数十 nm から 1 μm 程度と比較的厚くなる．

金属皮膜抵抗体の場合，Ni–Cr 合金などをセラミック表面に蒸着やスパッタリングして薄膜が作製される．一方，**炭素皮膜抵抗体**は炭化水素を高温で熱分解し，炭素をセラミック上に皮膜として析出させるので量産性に優れ，価格も安い．典型的なアキシャル型の皮膜抵抗器の場合，皮膜抵抗体をらせん状に溝切りし抵抗値を調整する．用途に応じて金属窒化膜や金属酸化膜なども用いられる．

一方，携帯など小型電子機器においては，リード線のない小型の表面実装用の**チップ抵抗体**が用いられる．これは角板状のアルミナ基板に Ni–Cr 合金などを蒸着したものである．小型電子機器用には 0603（0.6 mm × 0.3 mm）や 0402（0.4 mm × 0.2 mm）などの 1 mm 角を切るものが用いられている．チップ抵抗体は，小型化・高性能化・高信頼性を有し，**チップコンデンサやチップインダクタ**とともに，小型電子機器用の受動部品としての重要性が増している．

● グラフェンの発見とヤモリの足 ●

グラフェンの発見は，ガイム博士らによってなされたことは第 1 章のナノカーボンの項で紹介した．グラフェンはその存在が予測されながら，40 年以上も後になって初めてテープでグラファイトから写し取る（**スコッチテープ法**）という，現代の物理学とかけ離れた手法で単離された．グラフェンは電気電子材料として，LSI，太陽電池やディスプレイなどの IT およびエネルギー分野への大きな波及効果が期待されている．

なお，同博士はグラフェンの研究とは別に，壁に張り付くことのできるヤモリ（gecko）の手足の構造を模したユニークなナノテク研究の成果を "gecko tape" として 2003 年に発表している．これは，壁面の凹凸とヤモリの手足の構造である数百ナノメートルの太さの微細な毛との間に働くファンデルワールス力を模した構造を利用したものである．また，同博士は 2008 年にグラフェンの発見によりノーベル物理学賞を受ける前，2000 年にカエルの磁気浮上の研究でイグノーベル賞も受賞している．

これらの例は，独創的な研究はユーモラスな発想を持つ研究者により生み出されるものだということを深く実感させるものである．

2.4 測温用導電体

2.4.1 測温用抵抗体

導電体のセンサ用途としては，測温が最も一般的で適用範囲が広い．表2.3 に測温用の導電体材料についてまとめた．測温抵抗体は，体積抵抗率が温度により変化する現象を利用したものである．その特性には，電気抵抗の温度係数が大きく，直線性が良く，広い温度範囲に対応可能なことが要求されるため，Pt，Cu，Ni などが用いられている．Pt は標準測温抵抗体として，表2.3 のように JIS に規定されている．通常，$0°C$ での抵抗値 R_0 が $100\,\Omega$ のものが用いられ，$100°C$ と $0°C$ の抵抗の比が $\frac{R_{100}}{R_0} = 1.3851$ の国際規格（IEC 60751）と整合のあるもの（Pt100）が採用されている（JIS C1604:1997）．

測温の原理である抵抗測定には定電流源を用い，抵抗の変化を電圧の変化に置き換える電位差法が使用される．たとえば，図2.5 (a) に示す 3 導線式（A, B, B'）もしくは 4 導線式（A, B, A', B'）の回路により，導線抵抗の影響を除く方式が，求められる測定精度に応じて用いられる．

表2.3 測温用導電体材料

種類	材料		記号	測温温度範囲	特徴
抵抗体	Pt		L	低温用（$-200\sim+100°C$）	高精度
			M	中温用（$0\sim350°C$）	A 級：$\pm(0.15+0.002)°C$
			H	高温用（$0\sim650°C$）	B 級：$\pm(0.3+0.005)°C$
			S	超高温（$0\sim850°C$）	
熱電対	＋脚	−脚			
	Pt–30%Rh	Pt–6%Rh	B	$600°C$ 以上 $+1700°C$ 未満	酸化性または不活性雰囲気
	Pt–13%Rh	Pt	R	$0°C$ 以上 $+1600°C$ 未満	
	Pt–10%Rh	Pt	S	$0°C$ 以上 $+1600°C$ 未満	
	Ni–Cr–Si 系	Ni–Si 系	N	$-40°C$ 以上 $+375°C$ 未満	酸化性または不活性雰囲気
	Ni–Cr 系	Ni 系	K	$-40°C$ 以上 $+1200°C$ 未満	
	Ni–Cr 系	Cu–Ni 系	E	$-40°C$ 以上 $+900°C$ 未満	
	Fe	Cu–Ni 系	J	$-40°C$ 以上 $+750°C$ 未満	酸化性, 還元性, 不活性雰囲気
	Cu	Cu–Ni 系	T	$-200°C$ 以上 $+350°C$	還元性および不活性雰囲気

関連規格：JIS C1604:1997 測温抵抗体，JIS C1602:1995 熱電対

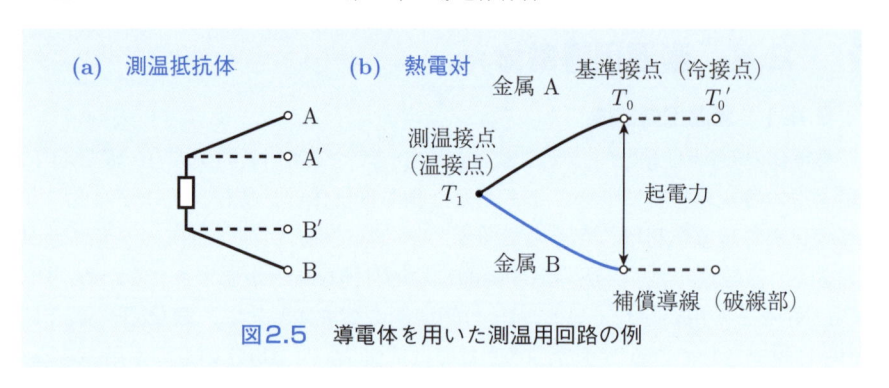

図2.5 導電体を用いた測温用回路の例

2.4.2 熱電対

熱電対（TC：thermocouple）とは異なる金属の接点において，温度に応じた起電力を生じる**ゼーベック効果**（Seebeck effect）を利用する．ゼーベック効果によれば，**図2.5 (b)** の測温接点と基準接点の温度差に比例した起電力が発生するから，基準接点の温度を一定に保てば，起電力から測温接点の温度がわかる．

熱電対は，その構造が簡単で小さな感温部のため応答性がよい，金属の組合せにより感度や使用可能な温度域が変えられる，温度範囲が広い，高温の測定可能，振動・衝撃に強い，熱応答が速いなどのメリットがある．

図2.5 (b) に示すように，熱起電力の大きさは2種の金属線の材質と，測温接点（温接点）と基準接点（冷接点）の温度差によって決まり，中間部で温度差があっても影響はない（**中間温度の法則**）．また，中間に異種金属があっても温度差がなければ影響はない（**中間金属の法則**）．

基準接点および測温接点の温度を T_0，T_1 とすると，ゼーベック係数 α を用いて，基準接点間に生じる起電力は $V = \alpha(T_1 - T_0)$ と表せる．実用的には計測器との接点を基準接点とし，その温度 T_0 を室温付近として随時計測し補正する．これによりマイナス数百°Cの低温から千°C以上の高温に至る温度 T_1 が求められる．**表2.3** に示す異種金属の組合せにより熱電対材料はそれぞれ異なるゼーベック係数 α を有し，測温範囲と環境（雰囲気）に応じて選定される．

一般に基準接点から計測器までの接続には，熱電対と同種の一対の金属で構成した補償導線を用いる必要がある．それは熱電対と補償導線との接点（補償接点）の温度 T_0 と新たな基準接点 T_0' の間に温度差が生じるためである．このとき，通常の導線を用いると $T_0' - T_0$ だけ測温に誤差が生じてしまう．

2.5 透明電極材料

2.5.1 透明電極材料の種類との特徴

透明電極材料とは,高い透明性を確保しつつ,電極としての導電性の役割を担う材料である.透明電極は,ディスプレイや太陽電池など,情報,エネルギー分野に欠かせない.表2.4 に透明電極として用いられる典型的な材料を示す.

表2.4 代表的な透明電極材料

	元素	特徴
金属薄膜	Au, Ag, Pt, Cu, Ru, Pd, Al, Cr	厚さが数〜十数 nm 程度の薄膜
酸化物半導体薄膜	In_2O_3, SnO_2, ZnO など	n 型縮退半導体
ナノカーボン	グラフェン	高い透明性,高い導電性,高い移動度

歴史的には,Au など導電性の高い金属の 3〜15 nm 程度の薄膜が可視光透過性のある導電膜として利用されてきた.この際,透明な誘電体薄膜で表面を保護して利用されるが,光透過率が低く,機械的,化学的安定性が低い.

より優れた透明性を持つ酸化物半導体薄膜として,In_2O_3, SnO_2, ZnO などが挙げられる.これらは 3 eV 以上の禁制帯幅を有し,350〜400 nm 以下の紫外線領域の光を吸収するが,より長波長の可視光領域では透明である.実際に作製した酸化物薄膜においては,わずかに化学量論組成からずれて,酸素空孔などの欠陥を含む場合,それらがドナー準位を形成するために,伝導電子密度が 10^{24}〜10^{25} m^{-3} 程度存在する.これらの透明導電体は抵抗率が 10^{-3}〜10^{-5} $\Omega \cdot m$ 程度と低く,n 型の縮退半導体と見なすことができる.

現在,最も多用されている透明導電体は Sn ドープ In_2O_3(In_2O_3:Sn)である.これは,In_2O_3 に不純物として 5〜10%程度の Sn を添加して,キャリア密度を 10^{26}〜10^{27} m^{-3} としたもので,**ITO**(indium tin oxide)膜と呼ばれる.透過率と抵抗率が優れている.Sn の添加により,3 価の In イオンの格子点に 4 価の Sn イオンが置換され,ドナー準位を形成し,Sn の 5s 電子が 1 つ放出される.

この ITO 膜の構成元素の 1 つである In は,産出する地域が限定される,いわゆる「レアメタル」である.そのため,太陽電池の材料において,脱レアメタル化は 1 つの課題である.また,フラーレンやカーボンナノチューブなどの,

いわゆるナノカーボンの一種であるグラフェンは，透明性と導電性を両立する物質である．グラフェンは ITO にはない屈曲性など優れた機能を有し，供給不安のない炭素からなるので，ITO 代替透明電極として開発がなされている．

2.5.2　導電体の光学的性質

材料の導電性を高めるには一定のキャリア密度が必要となるが，これにより，その材料の光の反射波長が決まる．一般に導電性を有する金属は光を当てると金属光沢を示し，自由キャリア密度に依存した**プラズマ角周波数**で決まる反射波長に関係している．透明導電体においても，この自由キャリア密度に対する考慮が必要である．金属の電磁波に対する比誘電率 ε_r の変化は，ドルーデの式

$$\varepsilon_r = 1 - \frac{\omega_p^2}{\omega^2\left(1+\frac{i}{\omega\tau}\right)} \tag{2.20}$$

により与えられる．ここで，ω_p はプラズマ角周波数であり

$$\omega_p = \sqrt{\frac{ne^2}{\varepsilon m_0}} \tag{2.21}$$

で与えられる．ここで m_0 は自由電子の質量，e は素電荷，ε は誘電率である．$\omega\tau \gg 1$ が成り立つような，光学的な周波数領域においては，(2.20) 式は

$$\varepsilon_r = 1 - \frac{\omega_p^2}{\omega^2} \tag{2.22}$$

と近似できる．この関係を図示すると，ω と ε_r の関係は **図2.6** のようになる．

比誘電率 ε_r は $\omega < \omega_p$ であれば負，$\omega > \omega_p$ で正の値を取る．電磁気学によれば，空気（$n_1 \simeq 1$）から屈折率 $n_2 \simeq n$ の物質に垂直入射した光の反射率 R は

$$\begin{aligned} R &= \left|\frac{n_1-n_2}{n_1+n_2}\right|^2 \\ &= \left|\frac{1-n}{1+n}\right|^2 \end{aligned} \tag{2.23}$$

で与えられる．いま導電体が非磁性体（$\mu_r \simeq 1$）であるとして，(2.23) 式に屈折率 n と比誘電率 ε_r の関係

$$n = \sqrt{\varepsilon_r}$$

を代入すると，反射率は次式で表せる．

$$R = \left|\frac{1-\sqrt{\varepsilon_r}}{1+\sqrt{\varepsilon_r}}\right|^2 \tag{2.24}$$

外部電界の角周波数がプラズマ角周波数 ω_p 以下の $\varepsilon_r < 0$ のとき，$\sqrt{\varepsilon_r}$ は純虚

数で，(2.24) 式より $R=1$ となるから電磁波は 100% 反射される．逆に外部電界の角周波数がプラズマ角周波数 ω_p 以上の場合，ε_r は正の実数で，$R<1$ となるので電磁波は透過する．

(2.21) 式より，プラズマ角周波数はキャリア密度の平方根に比例し，キャリア密度が高い導電体は高い周波数領域までプラズマ反射を示す．金属では電子密度が $10^{28}\,\mathrm{m}^{-3}$ オーダーで ω_p は紫外域にある．よって金属は可視域から赤外域にかけて高い反射率を持ち，いわゆる金属光沢を示す．これに対して，不純物半導体のキャリア密度は金属より 4〜7 桁も小さいのでプラズマ反射により吸収が立ち上がる波長は通常，赤外域にある．しかし透明導電膜の ITO（$\mathrm{In_2O_3{:}Sn}$）では，キャリア密度が 10^{26}〜$10^{27}\,\mathrm{m}^{-3}$ 程度と比較的高く，ω_p が近赤外域にある．

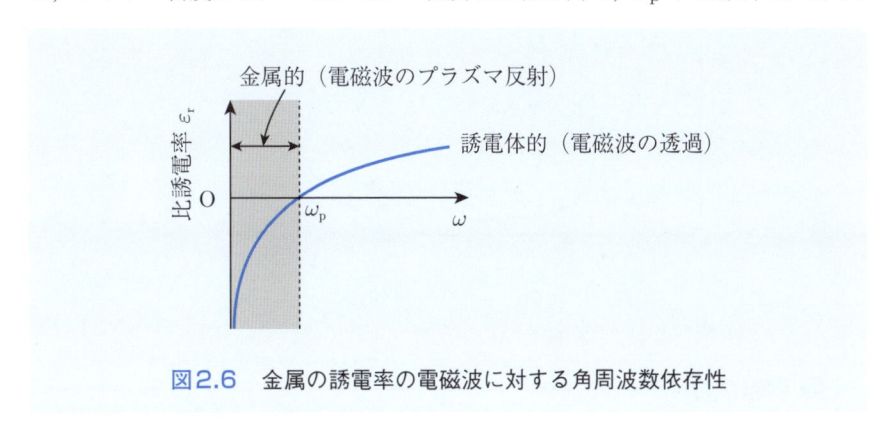

図 2.6 金属の誘電率の電磁波に対する角周波数依存性

2.5.3 透明導電体の光透過の窓

透明導電膜の透明性とは，可視光の波長である 400 nm から 800 nm の光を透過する機能である．物質は通常，紫外線や赤外線領域では光を吸収，反射する．図 2.7 に縦軸に透明導電体の光吸収係数 α，横軸に波長で概形を示す．

光吸収に関してランベルト–ベールの法則（Lambert-Beer law）により

$$\frac{dI}{dx} = -\alpha I \tag{2.25}$$

が成り立つ．光吸収係数 α は波長依存性を示し，材料固有の光吸収スペクトルを示す．(2.25) 式より，光の強度 I は材料表面からの侵入深さ x の関数として

$$I = I_0 \exp(-\alpha x) \tag{2.26}$$

と表せる．ここで，I_0 は $x=0$ での光強度である．

図2.7 に示すように短波長域から長波長域に至るまでの吸収を決めるのは，**基礎吸収端**と呼ばれるバンド間遷移に起因する吸収，励起子吸収，欠陥，不純物による吸収，キャリア，格子振動による吸収である．

最も短波長の吸収は基礎吸収端によるもので，やや長波長領域に励起子の束縛エネルギー程度に低い励起子吸収がある．より長波長側には，欠陥や不純物の作る**局在準位**による吸収などがある．これらはいずれも電子遷移が関与し，**紫外**（ultraviolet），**可視**（visible）から**近赤外**（near infrared）の波長領域で観測される．さらに長波長側では，キャリアと格子振動による吸収帯が現れる．

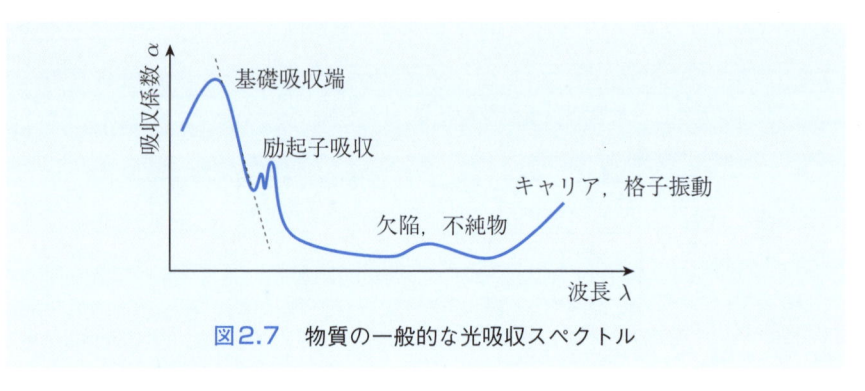

図2.7　物質の一般的な光吸収スペクトル

■ **例題2.2** ■

透明導電体の光の透過波長の範囲を決める要因について述べなさい．

【解答】　透明酸化物のエネルギーバンド構造は，絶縁体や半導体と同様で，紫外・可視光などの短波長側のしきい値は物質の禁制帯幅により決まる．また長波長側のしきい値は，(2.21) 式のプラズマ周波数

$$f_\mathrm{p} = \frac{\omega_\mathrm{p}}{2\pi}$$

により決まる．したがって，キャリア密度 n を上げると ω_p が上昇し，可視光線の長波長側をプラズマ反射してしまう．そこで透明性を保つためのキャリア密度 n の上限値は $2 \times 10^{27}\,\mathrm{m}^{-3}$ となる．これは金属のキャリア密度に比べると1桁小さく，金属並みの導電性を得るには，(2.9) 式より移動度 μ を1桁上げる必要がある．

2.5.4 透明導電膜の役割

1980年代後半からノートPC用などに**液晶ディスプレイ**（LCD：liquid crystal display）の生産量は，2000年初頭には**CRT**（cathode ray tube）ディスプレイを抜き，携帯画面や液晶テレビとしても我々の生活に欠かせない．ITOはその抵抗率の低さ，ガラス基板に対する強固な密着性，透明性の高さ，適度な耐薬品性と電気化学的な安定性などがLCDに適合している．一般的なアクティブマトリックス方式は，画素電極である透明電極のITOに電圧を掛けることにより液晶を駆動し，バックライトの光がカラーフィルタと液晶を介して出てくる際に，高い透過率で外部に取り出される．

太陽電池技術は，透明導電膜技術のもう1つの重要な柱である．太陽電池表面の基本的な構造を**図2.8**に示す．太陽電池から電流を取り出すには，光の入射側に透明電極を通して光を採り入れ，背面には金属電極を形成する．金属電極を介して負荷と接続し電力を取り出すため，電極材料は低抵抗であることが望まれる．そこで単結晶あるいは多結晶Si太陽電池では，低抵抗（$\rho \simeq 1.5 \times 10^{-4}\,[\Omega \cdot \mathrm{m}]$）のITO（$\mathrm{In_2O_3:Sn}$）を太陽電池前面に形成し，その上に，くし形構造を持つ金属厚膜による配線（バスバー（bus bar），集電極）を形成する．なお，ITOが結晶性Si系太陽電池の透明導電膜として用いられるのに対して，アモルファスSi太陽電池のCVDプロセスには，還元に強い$\mathrm{SnO_2{:}F}$が用いられる．

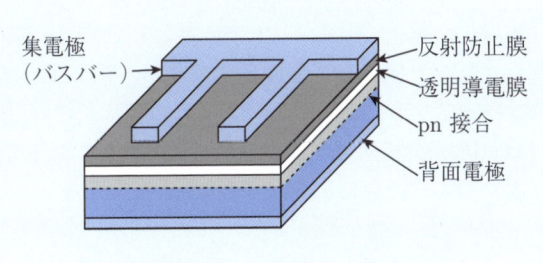

図2.8 太陽電池における透明電極の役割

2.6 ヒューズ，ろう付け材料

ヒューズ（fuse）やはんだ（solder）などのろう付け材料は，主に低融点の金属を利用して電気的接続をするために用いられる．これらの例を表2.5 に示す．

表2.5 ヒューズ用の低融点材料と非低融点材料

種類	材料	用途・特徴
低融点材料	Pb–Sn, Bi, Cd, In	一般用
非低融点材料	W, Ag, Cu, Cu–Ni, 黄銅	高圧・大電流用

ヒューズは我々に身近な電気部品として，過電流を防止するために金属が溶融して回路を遮断する役割を持つ．空気中で金属が溶断されるのに要する電流 I とその直径 d との間には，k を材質固有の定数として実験的に

$$I = kd^{3/2} \tag{2.27}$$

が成り立つ．

ヒューズは低融点金属材料と非低融点金属材料に分けられ，前者は一般用で，後者は高圧，大電流用に用いられる．

電線や金属部品をより融点の低い金属によって接続することをろう付けという．400°C を境に融点が低いものを**軟ろう**，高いものを**硬ろう**と分類する．一般に多用されるのは，軟ろうである Pb–Sn 合金で，一般にはんだと呼ばれる．環境保護の観点から，人体に有害な鉛を含まない，鉛フリーはんだの開発による電気電子機器の鉛フリー化が欧州を中心に進められている．EU にて 2006 年に施行された RoHS 指令に基づく，電子・電気機器における鉛などの特定有害物質の使用制限に関する指令による．

2.7 陰極材料

導電材料である金属，化合物，あるいは酸化物は，電子放出源として種々の応用に用いられる．電子を放出する機能を持った材料を**陰極材料**と呼ぶ．

表2.6 各種陰極材料のまとめ

分類	種類	組成	用途・特徴
熱陰極	純金属	W (T_m：3650 K, W_M：4.52 eV), Ta (T_m：3270 K, W_M：4.2～4.35 eV)	電子顕微鏡用電子源
	化合物	LaB$_6$（六ホウ化ランタン，T_m：～2800 K, W_M：2.7 eV）	電子顕微鏡用電子源
	酸化物系	(Ba·Sr)O, (Ba·Sr·Ca)O などを Ni ベースに被覆	低い仕事関数 (1.0～1.5 eV)
冷陰極	金属系	針状，線状の W, Ta	10^7 V·m^{-1} 以上の強電界による電界放出型電子源

表2.6 に各種陰極材料の例を示す．蛍光灯やバックライト用白色光源，電子顕微鏡用の電子ビーム用の電子源として，民生，産業用途の電気電子機器に欠かせない．その電子放出の原理から，**熱陰極材料**と**冷陰極材料**に分けられる．

2.7.1 熱陰極材料

熱陰極は金属を加熱して電子を引き出すことで電子源としての機能を果たす．金属中の電子は，図2.9 (a) の状態密度関数 $D(E)$ を，図 (b) に示すフェルミ－ディラック分布関数 $f(E)$ に従って，低いエネルギー状態を順に占めてゆく．

有限温度で E_F よりも高エネルギーの電子が現れ，図2.9 (c) に示すようなエネルギー分布を示す．金属内の電子のうち，エネルギーが真空準位 E_vac 以上で，速度が金属内から外向きの電子は真空中へ飛び出す．これを**熱電子放出**という．

熱陰極は金属を加熱するだけでよく，制御性に優れるので電子ビーム発生装置によく用いられる．リチャードソン－ダッシュマン（Richardson-Dushman）の式によれば，温度 T の金属からの熱電子放出による電流密度は

$$J_\mathrm{s} = \frac{4\pi m_0 e k^2}{h^3} T^2 \exp\left(-\frac{e\Phi_\mathrm{M}}{kT}\right) = AT^2 \exp\left(-\frac{e\Phi_\mathrm{M}}{kT}\right) \tag{2.28}$$

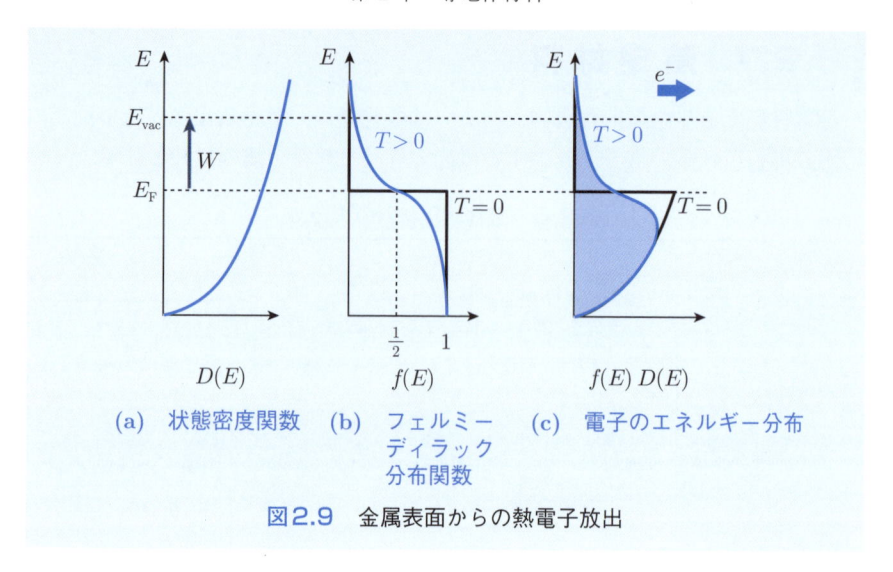

図2.9 金属表面からの熱電子放出

(a) 状態密度関数 $D(E)$
(b) フェルミ–ディラック分布関数 $f(E)$
(c) 電子のエネルギー分布 $f(E)D(E)$

で表される．Φ_M [eV] は陰極材料の仕事関数，リチャードソン定数 $A = 1.2 \times 10^6$ [A·m^{-2}·K^{-2}] である．

陰極としては，一般に仕事関数 Φ_M が低い金属か，あるいは高温で蒸発量の少ない材料であることが重要である．熱電子放出では**図2.10 (a)**に示すように，対向する電極に正の電圧を加え，エネルギー障壁を ΔW だけ減らし，電子放出面から電子を引き出す．このとき，金属表面から距離 x だけ離れた電子には，次式で表せる，巨視的な静電力である鏡像力 F_i により引き戻される力が働く．

$$F_\mathrm{i} = \frac{1}{4\pi\varepsilon_0} \frac{e^2}{(2x)^2} \tag{2.29}$$

このときの電界の大きさを E とすると，エネルギー障壁の低下は次式で表せる．

$$\Delta W = e\sqrt{\frac{eE}{4\pi\varepsilon_0}} \tag{2.30}$$

このように電界印加時に仕事関数が見かけ上，低下する現象を**ショットキー効果**（Schottky effect）と呼ぶ．この効果を考慮して，$e\Phi_\mathrm{M}$ の代わりに $e\Phi_\mathrm{M} - \Delta W$ を (2.28) 式へ代入すると熱電子放出による電流密度として

$$J_\mathrm{sE} = AT^2 \exp\left(-\frac{e\Phi_\mathrm{M} - \Delta W}{kT}\right) = J_\mathrm{s} \exp\left(\frac{\Delta W}{kT}\right) \tag{2.31}$$

を得る．**熱電子銃**は電子源が $10\,\mu$m 以上と大きく，微細なビームを得るのは難しいが，最大で $1\,\mu$A 程度の電流が安価かつ安定に得られる．そのため汎用の**走査型電子顕微鏡**（SEM）の電子銃として用いられる．

(a) 熱電子放出
（ショットキー効果）

(b) 電界放出
（トンネル効果）

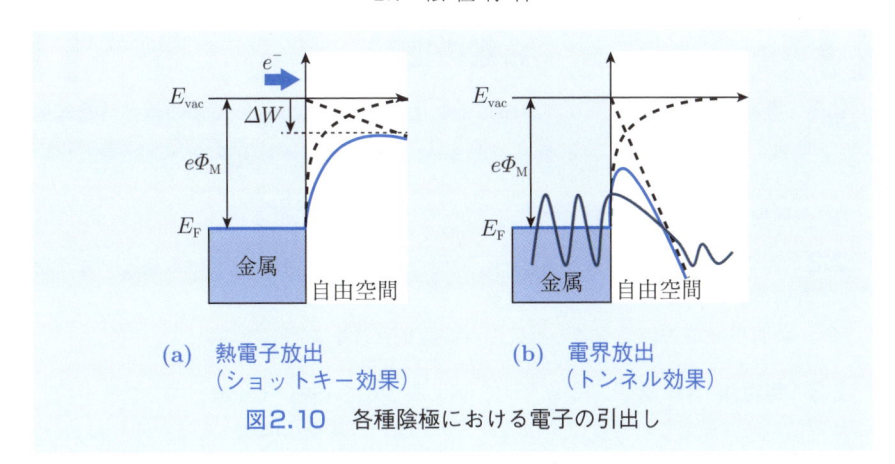

図2.10 各種陰極における電子の引出し

一方で，高分解能のSEM像観察が要求される場合，酸化ジルコニウム (ZrO) で表面を被覆された先端の細いタングステン (W) の単結晶を加熱し，**図2.10 (b)** に示す電界放出による**ショットキー放出電子銃**を用いる．電子源のサイズが 10 nm オーダーで高分解能性と大きな電流が得られる．

2.7.2　冷陰極材料

金属表面に $10^9 \mathrm{V \cdot m^{-1}}$ 程度の強電界印加により電子に対する電位障壁の厚みが非常に薄くなる．冷陰極では強電界による**ファウラー–ノルドハイム**（Fowler-Nordheim）**トンネリング**によるトンネル効果を用いる．**図2.10 (b)** に示すように，山型のエネルギー障壁の実効的な厚さが小さくなり，電子のトンネル効果により電子放出が起こる．このときの電流密度は

$$J = \frac{e^3 E^2}{8\pi h e \Phi_\mathrm{M}} \exp\left(-\frac{8\pi\sqrt{2m_0}}{3heE}(e\Phi_\mathrm{M})^{3/2}\right) \tag{2.32}$$

で与えられる．このように金属表面から電子を放出させる方法を**電界放出**（field emission）と呼ぶ．先端の細いタングステンの単結晶に強い電界を掛けて電子を放出させることで，輝度の高い電界放出型の冷陰極として用いられる．このとき，電子源のサイズは 10 nm 以下となるため，細い電子ビームを得るのに有効であり，高分解能走査型電子顕微鏡の電子銃として用いられる．

2章の問題

☐2.1 導電体 (1) (1) Cu の自由電子密度 n を求めなさい．Cu の結晶構造は面心立方格子（立方格子の一辺 $a = 0.361$ [nm]）であり，1 原子当たり 1 個の電子を放出するとしてよい．

(2) 移動度 μ を求めなさい．

☐2.2 導電体 (2) (1) Ag, Au, Cu の周波数 $f = 1$ [GHz] における表皮厚さ δ を求めなさい．

(2) 断面積 r の円筒形導線の抵抗の周波数依存性を説明しなさい．

☐2.3 導電体 (3) 表2.1 を参照し，同じ長さの Al 線に Cu 線と同じ抵抗を持たせるには，直径をどれだけにすればよいか．また，重量比はどうなるか述べなさい．

☐2.4 透明導電体 (1) (1) ランベルト–ベールの法則 (2.25) の意味を説明しなさい．

(2) (2.26) 式を導き，吸収係数 α の意味を説明しなさい．

☐2.5 透明導電体 (2) (1) 導電性酸化物が無色透明であるための禁制帯幅の条件を求めなさい．

(2) プラズマ周波数の式を用いて，導電性酸化物が無色透明であるためのキャリア密度の満たすべき条件を求めなさい．

☐2.6 ヒューズの溶断電流 ヒューズの溶断電流の式 (2.27) を導出しなさい．このとき，t 秒間，電流 I を金属に流した際に発生するジュール熱が失われる量は，ワイヤの表面積に比例すると仮定しなさい．

☐2.7 陰極材料 (1)：熱電子放出 (1) 熱電子放出の式 (2.28) を導出しなさい．通常は $\Phi_\mathrm{M} \gg kT$ なので，熱電子放出の電流密度の計算には電子のエネルギー分布は，ボルツマン分布で十分よい近似となることを利用してよい．

(2) (2.31) 式においてショットキー効果による電界放出が，顕著となるのは ($\frac{J_\mathrm{sE}}{J_\mathrm{s}} > 1$)，電界 E がどのような条件を満たすときか計算しなさい．

☐2.8 陰極材料 (2)：トンネル効果 (1) トンネル効果の機構について調べなさい．

(2) (2.32) 式を用いて，陰極材料が W（タングステン）の場合，$\Phi_\mathrm{M} = 4.52$ [eV] であるとして，$E = 5 \times 10^9$ [V·m^{-1}] を印加したときの電流密度 J を求めなさい．

第3章

半導体材料

　20世紀の電気電子材料分野の立役者である半導体によって、エレクトロニクスは真空管から固体の時代に革新し、固体物理学に立脚した半導体物理学が発展した．半導体をベースに大規模集積回路の発明とたゆまない微細化による高性能化により、インターネットを基盤とする情報化社会という大きな変革を我々にもたらした．

　本章では半導体材料，製造法，およびその応用例について述べる．

3.1 基本的性質

3.1.1 半導体の特徴

半導体デバイスに用いられる高純度の半導体は，エネルギーバンド構造から見れば絶縁体と同様である．ただし，半導体の禁制帯幅はそれほど大きくなく，室温でもある程度の伝導電子が存在する．このような性質を示す高純度の半導体を**真性半導体**（intrinsic semiconductor）と呼ぶ．半導体の重要性は，不純物を添加すると工学的に所望の抵抗率が得られる点にあり，これを**構造敏感性**と呼ぶ．このために不純物を添加した半導体を**不純物半導体**（impurity semiconductor）と呼ぶ．

金属中のキャリアは伝導電子のみであったが，半導体では電子と**正孔**（hole）の 2 種類がある．前者は負の電荷，後者は正の電荷を運ぶ担い手となる．このとき，母体となる真性半導体結晶に添加する不純物のうち，その役割から伝導電子を供給するものを**ドナー**（donor），電子を受け取り正孔を増加させるものを**アクセプタ**（acceptor）と呼ぶ．したがって半導体の導電率 σ は，電子および正孔のキャリア密度と移動度をそれぞれ n および p，μ_e および μ_h とすると

$$\sigma = e(n\mu_\mathrm{e} + p\mu_\mathrm{h}) \tag{3.1}$$

と表される．これは，金属の導電率の (2.9) 式と同様であるが，キャリアが電子のみならず正孔による電気伝導を含む．また，キャリア密度が一定と見なせる金属と異なり，半導体はキャリア密度 n, p が不純物の添加により変わるため導電率を何桁も変化させることができる．これは，金属において合金化や不純物添加を行うと導電率が低下するのとは全く逆である．

半導体結晶の構成が決まれば，エネルギーバンド構造により，移動度 μ_e および μ_h が決まるので，(3.1) 式により導電率 σ が決まる．このように，半導体はキャリアの種類，抵抗率を設計，制御できるという点で絶縁体や金属と大きく異なる．

表 3.1 に典型的な半導体の禁制帯幅などの重要な物性値を示す．その構成元素が単一であるか複数であるかにより，**元素半導体**（elemental semiconductor）および**化合物半導体**（compound semiconductor）に大別される．

今日，最も利用されている半導体は Si であるが，1946 年のショックレーらによる半導体によるトランジスタの発明において，当時は Ge が使われた．

一方で，発光ダイオード（LED）などの発光素子やマイクロ波素子用の材料としては，GaAs, InP, GaN などの**化合物半導体**が用いられている．これらは周期表では，13族（III族）の元素である B, Al, Ga, In と 15族（V族）の元素である N, P, As, Sb は元素が 1 対 1 に化合物を構成し，**III–V 族化合物半導体**と称される．これらの組合せは，2 元半導体以外にも $Ga_xAl_{1-x}As_yP_{1-y}$ などの多元半導体まで多様な材料が利用される．さらに，12族（II族）の元素と 16族（VI族）の元素との化合物も CdS, ZnS, ZnO などは古くから知られ，**II–VI 族化合物半導体**と呼ばれる．

表3.1 代表的な半導体の物性値

分類	種類	禁制帯幅 E_g [eV] (300 K)	電子親和力 χ [eV]
元素半導体	Si	1.12	4.05
	Ge	0.67	4.0
	C（ダイヤモンド）	5.46～5.6	表面の状態に応じ正・負変化
化合物半導体 (III–V族)	GaAs	1.43	4.07
	GaP	2.25	4.30
	InP	1.35	4.4
	GaN	3.39	4.1
	3C-SiC	2.36	～3.6
	4H-SiC	3.23	
	6H-SiC	3.05	
（参考）絶縁体	SiO_2	～9	1.0

3.1.2 キャリアの発生機構

半導体とは，絶対零度において許容帯を低いエネルギーから順に満たしていったとき，**価電子帯**と呼ばれるエネルギーの最も高い完全に満ちた**許容帯**と，そこから 0.1 eV から数 eV の**禁制帯**を隔てて完全に空となっている**伝導帯**からなる．半導体の場合，キャリアの発生や消滅が温度や光などの外因で容易に起こり，導電率などの基本的性質が変化する．

図3.1 **(a)** に半導体の禁制帯幅 E_g，仕事関数 W_S，電子親和力 χ を **(b)** の金属のエネルギーバンドと比較して示す．仕事関数 W_S はフェルミレベル E_F から真空準位 E_{vac} まで電子を励起するのに必要なエネルギーとして次式で表せる．

$$W_S = E_{vac} - E_F \tag{3.2}$$

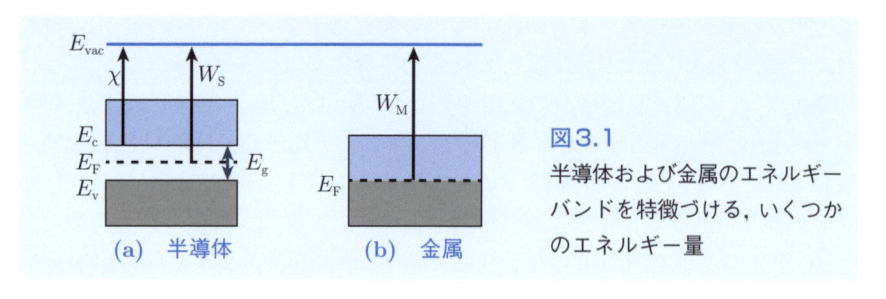

図3.1 半導体および金属のエネルギーバンドを特徴づける，いくつかのエネルギー量

不純物半導体においてはキャリア密度によってフェルミレベル E_F が変化するので仕事関数 W_S も変化する．電子親和力 χ は E_{vac} と伝導帯の下端のエネルギー E_c の差で

$$\chi = E_{vac} - E_c \tag{3.3}$$

と表せる．これは外部から加えられた電子が，許容される最も低いエネルギー準位に入るときの放出エネルギーに相当する．また禁制帯幅 E_g は

$$E_g = E_c - E_v \tag{3.4}$$

であり，価電子帯の電子を伝導帯に励起するのに必要な最低エネルギーである．

絶対零度で半導体は絶縁体であるが，たとえば室温では，図3.2 に示すように価電子帯から電子が常に熱エネルギーにより励起される**熱励起過程**（thermal excitation process），その逆過程である**再結合過程**（recombination process）により価電子帯に戻り，絶えず少数の電子が伝導帯に存在する．電子が伝導帯に滞在する平均的な時間を**キャリアの寿命**（carrier lifetime）と呼び，材料によって 10^{-10} s から 10^{-3} s のオーダーであり，半導体の種類にも依存する．

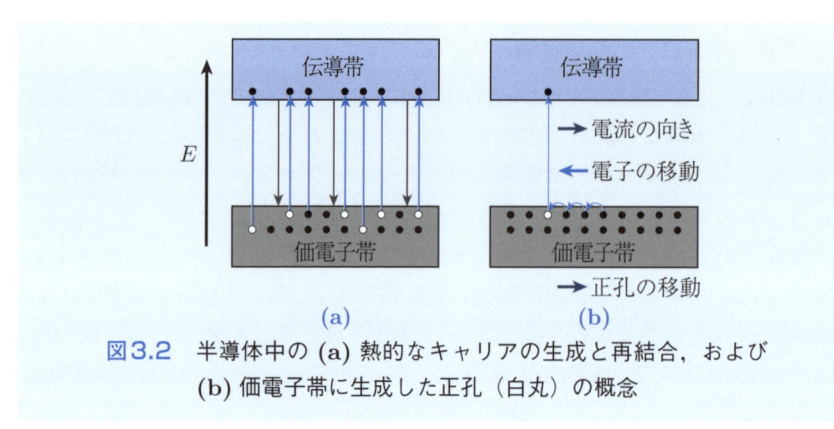

図3.2 半導体中の (a) 熱的なキャリアの生成と再結合，および (b) 価電子帯に生成した正孔（白丸）の概念

■ 例題3.1 ■

キャリアの生成過程において半導体の電気伝導に関与するのは，図3.2 に示すよう価電子帯の頂上もしくは伝導帯の底にあるキャリアである．その理由を述べなさい．

【解答】 一般に物質は系として全体としてエネルギーを下げようとする傾向にあり，価電子帯は完全に満たされているので，エネルギーバンドの上端以外の状態が空になることはほとんどない．それは深い部分にある電子が励起されて伝導帯に移っても，より高いエネルギーを持つ電子が 10^{-12} s 程度ですぐに空の状態に降りてくるからである．同様に電子が伝導帯の高いエネルギー状態に励起されたとしても，結晶格子などとの衝突により，その電子はすぐに低いエネルギー状態である伝導帯の底へと緩和する．このように生成した，伝導帯の底の電子や価電子帯の頂上にある正孔が，電気伝導に関わるキャリアとなる．■

真性半導体では，室温近傍でデバイスに必要な十分な導電率を得ることはできない．そこで半導体を構成する原子の一部を価数の異なる原子で置換して，キャリアを導入したものを不純物半導体とする．

(1) **n型半導体** 電子を主たるキャリアとする不純物半導体を **n型半導体** と呼ぶ．元素半導体であり，4個の価電子を有する（4価の）Si に対して，5価のPやAsを添加すると，図3.3 (a) に示すように，周囲の4個の Si 原子と共有結合した後，余った電子は不純物原子に弱く束縛され，ドナーとして電子を提供することが可能な状態になる．図3.3 (b) に示すようにドナー準位は伝導帯から E_d だけ低いところに位置する．ドナー準位の電子の励起に必要なエネルギー E_d が室温 300 K での熱エネルギー kT に比べて小さければ，格子振動からエネルギーを得て伝導帯に励起され，キャリアとして電流の担い手になる．

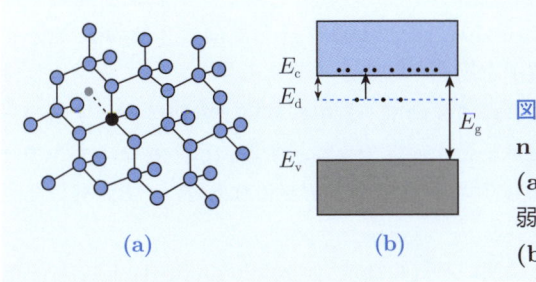

図3.3
n型シリコン半導体における
(a) ドナー（図中●），弱く束縛された電子（図中•）と
(b) エネルギーバンド構造

> **例題3.2**
>
> 　ドナーイオンに弱く束縛された電子に対して，ボーアの模型（第1章，例題1.1 参照）を適用し，ドナーイオンの周りをクーロン引力によって周回すると考えて，電子のエネルギー状態および回転運動の半径を求めなさい．

【解答】　(1.1) 式の真空の誘電率 ε_0 を半導体の誘電率 ε_s に，m_0 を伝導帯下端の電子の伝導有効質量 m_{ce}^* に置き換えると

$$E_d = -\frac{m_{ce}^* e^4}{8\varepsilon_s^2 h^2} \frac{1}{n^2}$$
$$= -\frac{m_0 e^4}{8\varepsilon_0^2 h^2} \frac{1}{n^2} \left(\frac{\varepsilon_0}{\varepsilon_s}\right)^2 \frac{m_{ce}^*}{m_0}$$
$$= -13.6 \frac{1}{n^2} \left(\frac{\varepsilon_0}{\varepsilon_s}\right)^2 \frac{m_{ce}^*}{m_0} \quad (3.5)$$

を得る．このとき，ドナーイオンにとらわれた電子のボーア半径は (1.3) 式より

$$a^* = \frac{4\pi\varepsilon_s \hbar^2}{m_{ce}^* e^2}$$
$$= a_0 \frac{\varepsilon_s}{\varepsilon_0} \frac{m_0}{m_{ce}^*}$$
$$= 0.053 \frac{\varepsilon_s}{\varepsilon_0} \frac{m_0}{m_{ce}^*} \, [\text{nm}] \quad (3.6)$$

で与えられる．シリコン中の不純物原子のボーア半径を求めると，およそ 2.4 nm（Si：$\frac{\varepsilon_s}{\varepsilon_0} = 11.8$，$\frac{m_{ce}^*}{m_0} = 0.26$）となり，シリコンの格子定数（0.54 nm）と比較すると比較的大きい．

　また，$E_d = 0.026$ [eV] となり，0.045 eV という実験値よりも小さいが，概ね一致している．電子を放出したドナーは正にイオン化しているが，それ自身は動き回ることができないので電流に寄与しない．■

(2) p型半導体　一方，正孔を主たるキャリアとするものを **p型半導体** と呼ぶ．図3.4 **(a)** に示すようにSiに対して，3価のBを周囲の3個のSi原子と共有結合した後，不足した電子を周囲の結合からアクセプタとして電子を受け入れることが可能になる．これにより価電子帯中には電子の抜け穴，すなわち正孔が生成する．このとき価電子帯から電子を励起するのに必要なエネルギー E_a が十分小さければ，室温程度のエネルギー（$kT \simeq 0.026$ [eV]）で正孔は発生可能である．

　なお，ドナーやアクセプタは**浅い不純物準位**（shallow impurity level）を禁制帯中に作るのに対して，結晶中に格子欠陥が存在すると未結合手（ダングリン

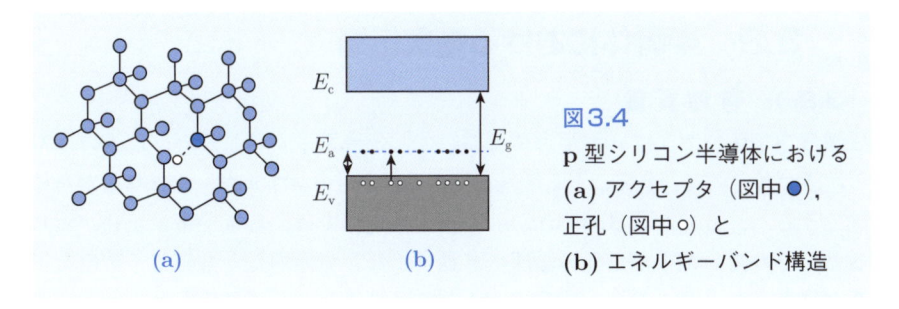

図3.4 p型シリコン半導体における (a) アクセプタ（図中●），正孔（図中○）と (b) エネルギーバンド構造

グボンド）を生じ，それらが互いに再構成することで一般にギャップの中間に新しいエネルギー準位を形成する．不純物原子が母体結晶の格子間に位置する場合も周囲との相互作用によって電子雲の再分布が起こり新しいエネルギー準位が発生する結果となる．これらを**深い不純物準位**（deep impurity level）と呼ぶ．深い準位は，電子や正孔の**キャリアの捕獲中心**（carrier trap）あるいは**再結合中心**（recombination center）となり，半導体デバイスの電気的特性の制御を困難にするため，結晶の品質が重要となる．

● ロードマップ ●

工学におけるロードマップとは，技術開発の方向性を決めるための指針を示すものである．その中でも国際半導体技術ロードマップ（ITRS：international technology roadmap for semiconductors, http://www.itrs.net）が有名である．集積化の進展を示すトレンドは，**ムーアの法則**（約24カ月でチップあたりのコンポーネント数が2倍となる）である．「**スケーリング則**」とも呼ばれるこれらの進歩は，巨額の研究開発投資により可能となる．そのため，ITRSロードマップは1999年以降改訂を重ねて出版され，今後15年間にわたる産業界の研究開発のニーズに関して，「現時点での最良の予測」についての産業界のコンセンサスを提示し，研究機関や研究資金供給機関のガイドラインとなっている．ITRSロードマップは，米国，日本，欧州，韓国，台湾の専門家によって編集・作成されている．ITRSロードマップは，executive summary と呼ばれるまとめから，十数の技術項目にわたる1000ページ以上からなる文章である．

なお，日本語訳が電子情報技術産業協会（JEITA）の半導体技術ロードマップ専門委員会（STRJ）により公開されている（http://semicon.jeita.or.jp/STRJ/ITRS/）．

3.2 半導体における電気伝導

3.2.1 有効質量

図3.3 (b) のように n 型半導体において，伝導電子が生じると伝導帯には空の状態が多いので，衝突による散乱までの間，一定のエネルギーを保ちながら移動できる．一方で，図3.4 (b) に示す p 型半導体では，価電子帯に正孔が生じると，その隣の電子が正孔の場所へ移動することで，あたかも価電子帯中を正孔が移動したと見なせる．図3.2 (b) を参照すると，負の電荷を持つ電子が図中で左に移動するということは，電流は右に流れることになる．このとき正孔は右に移動していると見なせるので，正孔とは正電荷を担う仮想的なキャリアと考えることができる．

半導体には必ずしもドナーあるいはアクセプタのいずれか 1 種類のみが存在するとは限らない．n 型半導体にアクセプタを添加したり，その逆の状況もある．たとえば，pn 接合を作製するために，まず p 型半導体を用意して，一部に過剰な密度 N_D でもってドナーを添加して n 型に置き換えることができる．これを**キャリアの補償**（compensation）という．このとき，あらかじめ存在していたアクセプタ密度 N_A を上回れば p 型に変化する．すなわち，$N_D > N_A$ であれば $n = N_D - N_A$ で n 型半導体となり，$N_A > N_D$ であれば，$p = N_A - N_D$ で p 型半導体となる．このとき，$n, p \gg n_i$ であることが前提である．

このような電子や正孔といった粒子のキャリアとしての振舞いに対して，**有効質量**（effective mass）という概念を利用すると，半導体における電流に関与するキャリアの記述が可能である．すなわち，ニュートンの運動方程式が正しい結果を与えるように実効的なパラメータである有効質量 m^* を導入すると

$$F = m^* a \tag{3.7}$$

と表される．有効質量は，結晶格子の周期ポテンシャルによって電子に働く力の効果をあらかじめ織り込んだ実効的な量である．外力 F が作用したときの加速度を a として，半導体中の電子をあたかも自由粒子のように扱うことができる．

表3.2 に代表的な半導体の有効質量を示す．ここでは**伝導有効質量**と**状態密度有効質量**を区別して示す．前者は導電率 σ に関わる量を計算する際の有効質量であり，後者は状態密度を計算する際に利用する．表3.2 の伝導有効質量より，Si では自由空間の電子質量の 0.26 倍，GaAs ではさらに 1 桁小さい 0.067

表3.2　種々の半導体のキャリアの有効質量

種類	伝導有効質量 m_c^*		状態密度有効質量 m_{ds}^*	
	電子 m_{ce}^*/m_0	正孔 m_{ch}^*/m_0	電子 m_{dse}^*/m_0	正孔 m_{dsh}^*/m_0
Si	0.26	0.36	1.09	1.15
Ge	0.12	0.21	0.56	0.29
GaAs	0.067	0.34	0.067	0.48
InP	0.077	0.30	0.077	0.42

倍であることがわかる．このように半導体中の電子および正孔は自由電子よりも軽く，かつ半導体を構成する元素に依存することがわかる．

3.2.2　エネルギーバンド中での電子の振舞い

このように物質中の有効質量が変化する理由は，エネルギーバンド構造に関係する．真空中の電子のエネルギーは，電子波の波数を $k\ (=\frac{2\pi}{\lambda})$ として

$$E = \frac{(\hbar k)^2}{2m_0} \tag{3.8}$$

で表される．一方で，半導体中の電子は結晶格子による周期的なポテンシャルの影響を受け，単なる平面波ではなく，結晶の周期ポテンシャルで変調された波となる．特に電子波の波長 λ が格子定数 a の整数倍となるブリルアンゾーンの境界においては，電子は結晶格子の作る**周期的ポテンシャル**（periodic potential）により**ブラッグ反射**（Bragg reflection）され，相互に波が干渉することにより定在波を作る．この定在波が作る結晶内での電子分布から，エネルギーが高い状態と低い状態の2つの状態に分裂する．これが禁制帯である．

したがって，図3.5 に示すように $\frac{\pi}{a}$ の整数倍となるブリルアンゾーン境界では禁制帯が生じ，この (3.8) 式の放物線的な構造から変化する．一般に周期的ポテンシャル場における電子波の有効質量は

$$m_c^* = \left(\frac{1}{\hbar^2}\frac{d^2E}{dk^2}\right)^{-1} \tag{3.9}$$

と表され，エネルギーバンドの曲率の逆数に比例する．有効質量は正・負の値を取り，波数 k の変化とともに変化する．図3.5 の青破線（還元波数帯域表示）において，許容帯1と許容帯3の $k=0$ 付近を比較すると，いずれも正の曲率（下に凸）を持ち，許容帯3における電子の有効質量は許容帯1における有効質

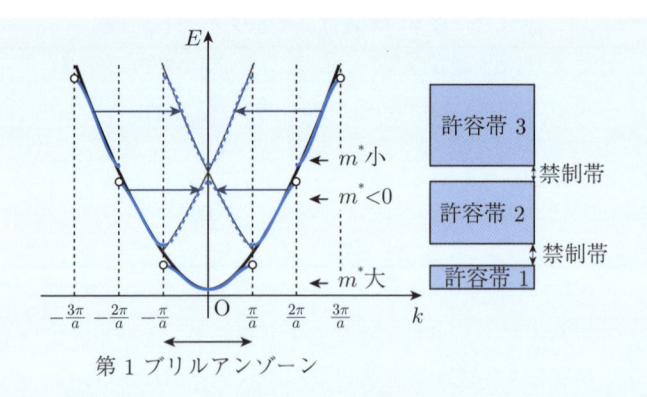

図3.5 固体中の電子のエネルギーバンド構造．E-k 図および還元波数帯域表示（青破線）．自由電子は放物線状の E-k 関係（黒実線）を示すが，周期的ポテンシャルの影響を受けた電子（青実線）のエネルギーはブリルアンゾーンの境界で不連続となる．a は結晶の格子定数．

量よりも小さい（曲率が大きい）．また，許容帯2の有効質量は $k=0$ で負の曲率（上に凸）なので，有効質量は負の値を取る．

移動度の定義は，単位電界当たりのキャリアのドリフト速度であり

$$\mu = \frac{\langle \boldsymbol{v} \rangle}{\boldsymbol{E}} \tag{3.10}$$

と表せる．その単位は $\mathrm{m^2 \cdot V^{-1} \cdot s^{-1}}$ で表せる．このとき，第2章で用いた移動度の式 (2.5) における自由電子の質量 m_0 を有効質量に置き換えることになるが，電子および正孔の有効質量が異なるので電子，正孔それぞれの移動度は

$$\mu_\mathrm{e} = \frac{e\tau_\mathrm{e}}{m^*_\mathrm{ce}} \tag{3.11}$$

$$\mu_\mathrm{h} = \frac{e\tau_\mathrm{h}}{m^*_\mathrm{ch}} \tag{3.12}$$

と与えられる．このとき緩和時間 τ を決めるのが，半導体中のドナーやアクセプタなどのイオン化不純物と結晶格子による散乱である．これらの緩和時間をそれぞれ τ_i と τ_l とすると，独立に決まっており，その逆数 $\mathrm{[s^{-1}]}$ は単位時間当たりのキャリアの散乱の頻度を表すから

$$\frac{1}{\tau} = \frac{1}{\tau_\mathrm{i}} + \frac{1}{\tau_\mathrm{l}} \tag{3.13}$$

で与えられる．また，(3.11) 式および (3.12) 式から，移動度についても

$$\frac{1}{\mu} = \frac{1}{\mu_\text{i}} + \frac{1}{\mu_\text{l}} \tag{3.14}$$

の関係が得られる．移動度 μ は (3.1) 式より，導電率 σ に比例，あるいは抵抗率 ρ に反比例し，これらはマティーセンの法則を表す (2.15) 式と同義である．

電界 $\boldsymbol{E}$ の下でのキャリアの平均速度は，電子および正孔に対して

$$\langle \boldsymbol{v}_\text{e} \rangle = -\mu_\text{e} \boldsymbol{E} = -\frac{e\tau_\text{e}}{m_\text{ce}^*} \boldsymbol{E} \tag{3.15}$$

$$\langle \boldsymbol{v}_\text{h} \rangle = \mu_\text{h} \boldsymbol{E} = \frac{e\tau_\text{h}}{m_\text{ch}^*} \boldsymbol{E} \tag{3.16}$$

で与えられる．したがって，全電流密度 $\boldsymbol{J}$ は，後述の拡散電流を無視すると，電子および正孔の電界によるドリフト電流の和であるから，オーム則として

$$\boldsymbol{J}_\text{drift} = -en\langle \boldsymbol{v}_\text{e} \rangle + ep\langle \boldsymbol{v}_\text{h} \rangle = e(n\mu_\text{e} + p\mu_\text{h})\boldsymbol{E} \tag{3.17}$$

が得られる．これを，オーム則の (2.7) 式と比較すると，電子および正孔をキャリアとする半導体の導電率 σ として，(3.1) 式が得られる．

3.2.3 直接遷移と間接遷移

半導体においては，キャリアの生成および消滅過程が，電気的，光学的な性質を決める．これらの過程では，物質外とのエネルギーのやり取りを伴う電子状態の遷移が関わる．まず，半導体の光エネルギーのやり取りに関連して，光吸収と放射を例に考える．これを理解するには，エネルギーバンド構造で考える必要がある．価電子帯の電子が振動数 ν の光吸収により伝導帯に励起されたと考えると，光子 1 個分のエネルギー $h\nu$ を吸収し，エネルギー保存則から

$$E_\text{c} - E_\text{v} = h\nu \tag{3.18}$$

という関係を満たす必要がある．電子の波としての性質を考慮すると

$$p = \frac{h}{\lambda} = \hbar k \tag{3.19}$$

という運動量を持つので，光の吸収によるエネルギー遷移の前後において，運動量保存則から，電子の波数は保存されなければならない．

このように電子遷移を介したエネルギーのやり取りの観点から，図 3.6 のように，半導体を **(a) 直接遷移型** と **(b) 間接遷移型** に分類できる．半導体デバイスにて利用される光の波長域は，一般に紫外線から近赤外線域（380 nm～2500 nm）であるから，その波数 $k = \frac{2\pi}{\lambda}$ は，たとえば，ブリルアンゾーン境界の波数であ

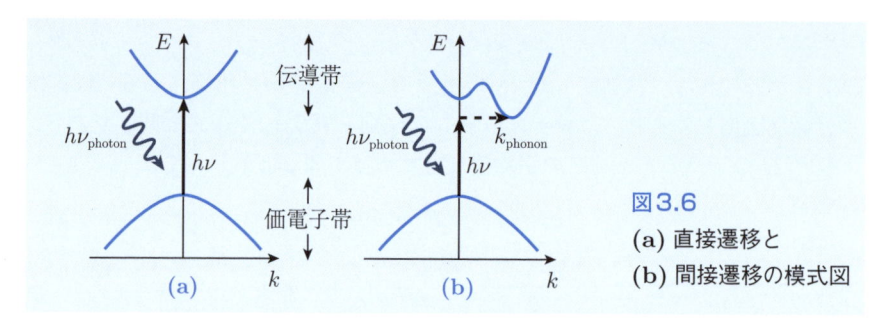

図 3.6
(a) 直接遷移と
(b) 間接遷移の模式図

る $\pm\frac{\pi}{a}$ に比べて十分小さいため，その波数は実質ゼロと考えてよい．

図 3.6 **(a)** のように伝導帯の最小点と価電子帯が同じ波数 k の位置で一致する場合，直接遷移が可能となり一般に効率の高い光源や光吸収体となる．GaAs や InP がその代表例である．また，両者の波数が一致しない図 3.6 **(b)** のような場合もある．このとき光子は遷移に必要な波数 k の変化を与えることはできないので，格子振動（k_{phonon}）などにより，何らかの形で運動量を獲得しなければ電子のバンド間遷移は起こらない．その代表例として Si, Ge, GaP がある．

間接遷移型のシリコンは光検出器や太陽電池の材料として用いられるが，上記の理由から吸収の効率がよい材料とはいえない．すなわち，間接遷移の光吸収は弱いため太陽電池には厚い材料が必要となる．一方，GaAs のように直接遷移型半導体は光吸収が強いので，薄い膜でも問題ない．

一般に直接遷移の吸収端付近での光吸収係数 $\alpha(\nu)$ は，次式で表されるように，E_{g} で急峻に変化する．

$$\alpha(\nu) = \frac{A(h\nu - E_{\text{g}})^{1/2}}{h\nu} \tag{3.20}$$

一方，間接遷移の光吸収係数 $\alpha(\nu)$ は

$$\alpha(\nu) = \frac{B(h\nu - E_{\text{g}})^2}{h\nu} \tag{3.21}$$

で表され，直接遷移型半導体に比べてゆっくりと立ち上がることが知られている（A, B：定数）．これらの式は，光吸収スペクトルから E_{g} を求めるのに用いられる．

3.2.4 キャリア密度

エネルギーバンド内の電子の状態密度は，自由電子に対する**状態密度関数**（density of states）

$$D(E) = \frac{1}{2\pi^2}\left(\frac{2m_0}{\hbar^2}\right)^{3/2}\sqrt{E-E_0} \qquad (3.22)$$

を放物線近似が可能な伝導帯の底に適用して（**自由電子近似**）

$$D_\mathrm{c}(E) = \frac{1}{2\pi^2}\left(\frac{2m^*_\mathrm{dse}}{\hbar^2}\right)^{3/2}\sqrt{E-E_\mathrm{c}} \qquad (3.23)$$

と表せる．さらに価電子帯の頂上にも次式が近似的に適用できる．

$$D_\mathrm{v}(E) = \frac{1}{2\pi^2}\left(\frac{2m^*_\mathrm{dsh}}{\hbar^2}\right)^{3/2}\sqrt{E_\mathrm{v}-E} \qquad (3.24)$$

許容帯内のエネルギー E の状態を電子が占める確率は，次式のフェルミ–ディラックの分布関数（Fermi–Dirac distribution function）で決まる．

$$f(E) = \frac{1}{1+\exp\left(\frac{E-E_\mathrm{F}}{kT}\right)} \qquad (3.25)$$

したがって，半導体中のキャリア密度は，**図3.7** に示すように，状態密度関数に分布関数を掛けることにより求められる．そこで伝導帯における全電子密度 n および価電子帯の正孔密度 p は

$$n = \int_{E_\mathrm{c}}^{E_\mathrm{c,max}} D_\mathrm{c}(E)f(E)dE \qquad (3.26)$$

$$p = \int_{E_\mathrm{v,min}}^{E_\mathrm{v}} D_\mathrm{v}(E)\{1-f(E)\}dE \qquad (3.27)$$

非縮退半導体においては $kT \ll E - E_\mathrm{F}$ であることからフェルミ–ディラック分布関数が次式のボルツマン分布（Boltzmann distribution）で近似できる．

$$f(E) \simeq \exp\left(-\frac{E-E_\mathrm{F}}{kT}\right) \qquad (3.28)$$

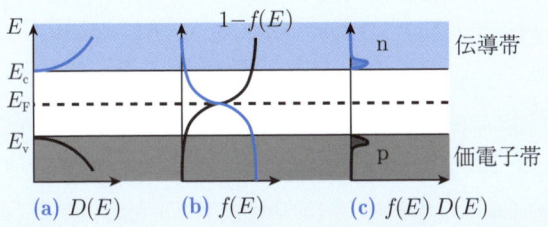

図3.7 真性半導体におけるキャリア密度のエネルギー分布．伝導帯の底，価電子帯の頂上付近のキャリア密度は状態密度関数 $D(E)$ とフェルミ–ディラック分布関数 $f(E)$ との積により決まる．

例題3.3

フェルミ–ディラック分布関数の式 (3.25) がボルツマン分布として近似できる条件を求めなさい．

【解答】 (3.28) 式の分母において，$\exp\left(\frac{E-E_\mathrm{F}}{kT}\right)$ が 1 より十分大きいということを $\exp\left(\frac{E-E_\mathrm{F}}{kT}\right) > 10$ と考えて，問題の条件を求めると

$$E - E_\mathrm{F} > kT \ln(10) = 2.3 kT$$

を得る．$T = 300\,[\mathrm{K}]$ にて $kT = 0.026\,[\mathrm{eV}]$ であることを利用すると，$E - E_\mathrm{F} > 0.060\,[\mathrm{eV}]$ を満たす状態の占有確率を求めるときに使うことができる．

真性半導体のキャリア密度はフェルミレベルが与えられれば，有効状態密度 N_c, N_v を用いて，次式により与えられる（m_ds^* については 表3.2 参照）．

$$n = N_\mathrm{c} \exp\left(-\frac{E_\mathrm{c}-E_\mathrm{F}}{kT}\right) \tag{3.29}$$

$$p = N_\mathrm{v} \exp\left(-\frac{E_\mathrm{F}-E_\mathrm{v}}{kT}\right) \tag{3.30}$$

$$N_\mathrm{c} = 2\left(\frac{2\pi m_\mathrm{dse}^* kT}{h^2}\right)^{3/2}, \quad N_\mathrm{v} = 2\left(\frac{2\pi m_\mathrm{dsh}^* kT}{h^2}\right)^{3/2} \tag{3.31}$$

このとき，伝導帯の底と価電子帯の頂上付近にエネルギー準位密度 N_c および N_v が集中していると考える．たとえば，(3.29) 式の電子密度の場合，伝導帯の代わりにあたかも $E = E_\mathrm{c}$ に単位体積当たり N_c の状態が集中するとして，その状態が占有される確率が $\exp\left(-\frac{E_\mathrm{c}-E_\mathrm{F}}{kT}\right)$ であることを意味する．

また (3.29), (3.30) 式を互いに掛け合わせた np 積は以下の関係を与える．

$$np = N_\mathrm{c} \exp\left(-\frac{E_\mathrm{c}-E_\mathrm{F}}{kT}\right) N_\mathrm{v} \exp\left(-\frac{E_\mathrm{F}-E_\mathrm{v}}{kT}\right)$$
$$= N_\mathrm{c} N_\mathrm{v} \exp\left(-\frac{E_\mathrm{c}-E_\mathrm{v}}{kT}\right) = n_\mathrm{i}^2 \tag{3.32}$$

これは熱平衡状態の非縮退半導体について成り立つ関係で，不純物の有無に関係なく，np 積がバンドギャップ $E_\mathrm{g} = E_\mathrm{c} - E_\mathrm{v}$ と温度 T に強く依存することを意味する．

真性半導体においては $n_\mathrm{i} = n = p$ と置けば

$$E_\mathrm{F} = \frac{E_\mathrm{c}+E_\mathrm{v}}{2} + \frac{3}{4} kT \ln\left(\frac{m_\mathrm{dsh}^*}{m_\mathrm{dse}^*}\right) \tag{3.33}$$

を得るので，温度に依存してフェルミ準位 E_F が変化することがわかる．また，真性半導体のキャリア密度 n_i の**温度依存性** (temperature dependence) は

$$n_\mathrm{i} = \sqrt{N_\mathrm{c} N_\mathrm{v}} \exp\left(-\frac{E_\mathrm{g}}{2kT}\right) \tag{3.34}$$

のように指数関数的に変化する．この式を利用すると，真性半導体のフェルミレベルを E_i として (3.29) 式および (3.30) 式より，有用な次式が得られる．

$$n = n_i \exp\left(\frac{E_F - E_i}{kT}\right) \tag{3.35}$$

$$p = n_i \exp\left(\frac{E_i - E_F}{kT}\right) \tag{3.36}$$

次に不純物半導体の場合の電子および正孔の密度について考える．この場合，真性半導体と異なり，不純物からのキャリアの励起が容易に起こる．以下では，導出は他書に譲り，n 型半導体を例に結論のみを述べる．

まず低温領域では図3.3のドナー不純物に電子が捕獲されている．極めて低温 ($T \simeq 0$) の場合，$n \ll N_D - N_A$, N_A の関係の下では

$$n \simeq \frac{N_D - N_A}{N_A} \frac{N_c}{2} \exp\left(-\frac{E_c - E_d}{kT}\right) \tag{3.37}$$

が成り立ち，やや温度が上昇すると $N_D \gg n \gg N_A$ という条件の下

$$n \simeq \left(\frac{N_c N_D}{2}\right)^2 \exp\left(-\frac{E_c - E_d}{2kT}\right) \tag{3.38}$$

のように変化する．さらに温度が上がった**出払い領域**では，キャリア密度が

$$n \simeq N_D - N_A \tag{3.39}$$

という一定値を示す．これはドナー準位からすべての電子が励起されたことに相当する．この間，価電子帯から伝導帯への電子の励起は無視できるほど小さいが，さらに高温になると真性キャリア密度 n_i が増大し $n_i > N_D - N_A$ になると，**真性領域**と呼ばれる (3.34) 式で示される急激な変化を示す．

図3.8 に示すように，横軸を $\frac{1}{T}$，縦軸をキャリア密度の対数に取ってプロットすると，キャリア密度は，異なる傾きを持って不純物領域から，出払い領域，および真性領域へと変化する．

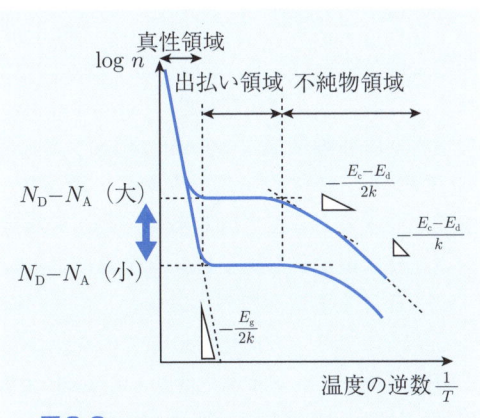

図3.8
n 型半導体の伝導電子密度の温度依存性

3.3 非晶質半導体

　単結晶や多結晶と呼ばれる結晶は，単位胞による繰返し構造が長距離にわたって秩序が保たれている．半導体結晶の工業生産においては，いかに結晶の品質を高めるかに力が注がれる．また，非晶質や有機物などの複雑な構造を取り，重要な性質を有する物質もある．

　結晶の周期性が失われる非晶質（アモルファス）半導体においても短距離の秩序は保たれるため，価電子帯と伝導帯を持つエネルギーバンド構造が現れ，基本的に結晶半導体と同様な考え方ができる．ただし，原子配列に乱れがあるためにバンド端に部分的な凹凸があり，ぼやけるので許容帯と禁制帯の区別が不明確である．図3.9 に非晶質半導体の例として，水素化アモルファスシリコン（a-Si:H）を示す．その構造は正四面体構造を保ちつつも，結晶構造に乱れがあり，未結合手や水素で終端された Si-H 構造が存在する．

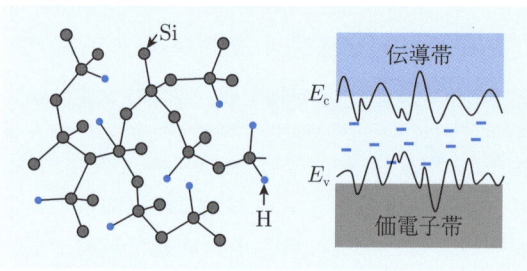

図3.9 水素化アモルファスシリコンの構造の模式図とエネルギーバンド構造

　さらにエネルギーバンドの中央の電子状態は結晶の場合のような非局在波動関数を持つのに対して，価電子帯上端と伝導帯の下端には局在した電子状態が現れる．このような非局在状態（extended states）と局在状態（localized states）の境界では移動度端（mobility edge）と呼ばれる明確なエネルギー境界が現れる．フェルミ準位が局在エネルギー領域内にあると，フェルミ準位位置で状態密度が有限であるにも関わらず，金属的な高い電気伝導を示さず，局在状態間を不連続に飛び移るホッピング伝導による低い電気伝導度しか示さない．

　a-Si:H は太陽電池用の半導体として長年研究され，**プラズマCVD法**と呼ばれる手法により，大面積で低温でのシリコン膜の形成が可能である．大面積化や薄膜のフレキシブルさを活かした **a-Si 太陽電池**として実用化されている．近年は，結晶とアモルファスを組み合わせ，n-Si 結晶基板の両側に a-Si を堆積させて，p-i 層と n-i 層で挟んだ構造の，**HIT**（heterojunction with intrinsic thin-layer）という高効率の太陽電池が実用化されている．

3.4 半導体結晶の精製，作製法

3.4.1 単結晶の成長法

Si 結晶に代表される半導体結晶の製造においては，**イレブンナイン**（11N：99.999999999%のように 9 が 11 個並ぶ純度の高さ）の高純度を有するインゴットをいかに作製するかに注力されている．半導体産業の黎明期にあった 1970～80 年代当初は，結晶性のよい高純度な結晶をいかに得るかという課題があったが，90 年代以降，いかに大口径ウェハを得るかという課題にシフトしつつある．現在では 300 mm ウェハの製造法が確立されている．200 mm ウェハと比べれば，単純に 2 倍のチップが取れるのでコストが大幅に削減できる．

Si 単結晶を作製するための流れを **図3.10** に示す．まず，原材料となる珪石（SiO_2）を出発原料とする場合が多く，SiO_2 から還元反応により Si を合成するプロセスである．このとき，還元剤として炭素や炭化珪素などを用いる．副反応により炭化珪素（SiC）が生成されることに加え，原料や炭材中の不純物が吸着するため，得られる Si の純度は 98～99%程度となる．このようにして作製した Si を**金属（級）シリコン**と呼び，半導体用のデバイスグレードの Si と区別する．

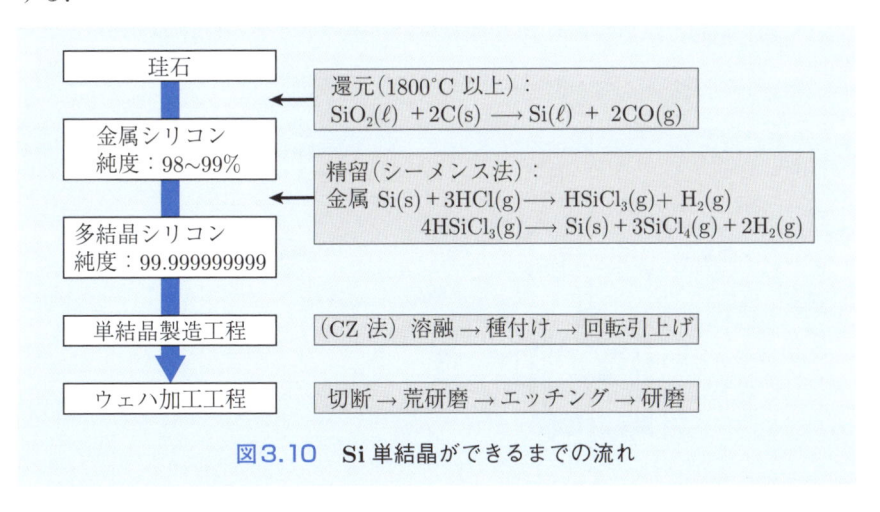

```
珪石
 │        還元(1800℃ 以上)：
 ▼        $SiO_2(\ell) + 2C(s) \longrightarrow Si(\ell) + 2CO(g)$
金属シリコン
純度：98～99%
 │        精留(シーメンス法)：
 ▼        金属 $Si(s) + 3HCl(g) \longrightarrow HSiCl_3(g) + H_2(g)$
多結晶シリコン          $4HSiCl_3(g) \longrightarrow Si(s) + 3SiCl_4(g) + 2H_2(g)$
純度：99.999999999
 │
 ▼
単結晶製造工程   (CZ 法) 溶融 → 種付け → 回転引上げ
 │
 ▼
ウェハ加工工程   切断 → 荒研磨 → エッチング → 研磨
```

図3.10 Si 単結晶ができるまでの流れ

1960 年代以降，汎用的な製造プロセスとして主に**シーメンス法**により，半導体用としても高純度を満たすイレブンナインの高純度の Si が実現されている．まず金属 Si を塩化水素により約 300°C で塩素化し，トリクロロシラン（$HSiCl_3$）

を生成する．次に石英ベルジャー炉内に配置したシリコンロッドを通電加熱し，ガス状のトリクロロシランから水素還元反応あるいは熱分解により，高純度の多結晶 Si をロッド上に析出させる．これにより，金属不純物を取り除いたデバイスグレードの多結晶 Si が生成される．

図3.11 (a) は標準的な半導体結晶の作製法である**チョクラルスキー（CZ：Czochralski）法**によるインゴットの作製法である．Si 単結晶は，引上げ法の典型である CZ 法によって育成される代表的なバルク結晶で，大規模集積回路（LSI）製造用半導体結晶として不可欠な存在である．

引上げ法 Si 結晶成長は，結晶成長準備工程，結晶成長工程および冷却の 3 工程からなる．まず，結晶成長準備工程では，高純度石英（SiO_2）製のるつぼに高純度多結晶 Si 原料と必要量の添加不純物を充填する．そして Ar ガス雰囲気中でグラファイト発熱体により高温に加熱して Si 融液（融点 1420°C）とする．

次に無転位，無ひずみ状態の種子結晶を Si 融液表面に接触させ（種子付け），結晶成長を開始する．種子結晶から引き継がれた転位を完全に除去するためのネック部形成（ネッキング），目標とする直径までの増径（肩部成長），Si ウェハとして有効に利用する一定直径部の形成（定径部成長），直径を徐々に小さくして終了する尾部成長などがなされる．

このような引上げ法による Si 単結晶は，結晶のサイズ（直径 300 mm）とそ

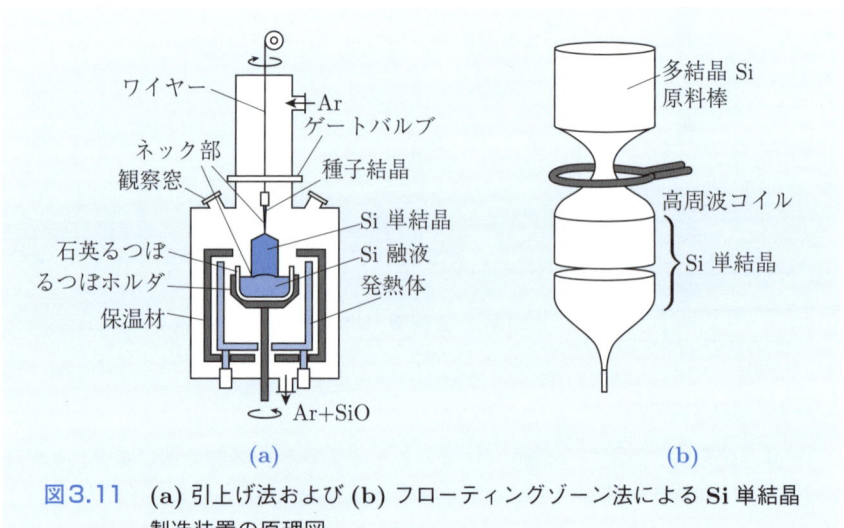

図3.11 (a) 引上げ法および (b) フローティングゾーン法による Si 単結晶製造装置の原理図

の品質に厳しい条件が課せられている．特に結晶品質に関しては，多結晶原料の高純度化や結晶成長プロセスでの不純物混入低減，酸素濃度制御，成長時導入欠陥（grown-in 欠陥）制御などに多くの知識や技術が蓄積されている．

CZ 法 Si 結晶成長は，通常，10N あるいは 11N の高純度の多結晶 Si 原料から出発するが，成長した Si 結晶中には成長時に用いる石英るつぼの Si 融液中への溶解が原因となり，結晶中に 10^{24} 個/m^3 レベルの多量の酸素不純物が混入する．格子間に入った酸素は電気的に不活性であるが，濃度が非常に高いので，LSI 製造プロセスで受ける各種の熱処理などで析出し，欠陥発生の原因となる．また，酸素は基板の機械的強度を増大させる効果や，プロセス中に発生する金属不純物汚染を防止する **IG**（intrinsic gettering）**効果**もあるため，LSI の製造歩留まりや特性と性能に強く関与する酸素濃度制御が重要となる．

CZ 法に対して，図3.11 (b) に示す**フローティングゾーン**（FZ）**法**では結晶成長時の融液の汚染を避けるため，るつぼを用いない．直径は最大 150 mm 程度が可能であり，酸素含有量の少ない高純度結晶が製造できる．半導体 Si 結晶の 5～10% が高周波加熱式 FZ 法により作られ，新幹線やハイブリッド車などの高耐圧の電力制御用素子に用いられている．

GaAs や GaP などの化合物半導体結晶の工業的な製造法は，引上げ法の 1 種である**液体封止チョクラルスキー**（LEC）**法**や，**ブリッジマン法**（Bridgman method）と呼ばれる結晶成長法である．ブリッジマン法では，垂直方向あるいは水平方向に 2 つ以上の温度ゾーンを持つ炉内を，融液を充填した容器をゆっくり移動し，融液を一方向に凝固することで結晶を得る．ブリッジマン法は装置が簡単で雰囲気ガス選択の自由度が大きく低コストで量産にも向く．

3.4.2 多結晶シリコン

太陽電池として普及している**多結晶シリコン**（polycrystalline Si）は，単結晶引上げ法と異なり，シリコンインゴットの再溶融と鋳造により大型の多結晶インゴットを作製し，ウェハを切り出して用いられる．前述の引上げ法による単結晶シリコンの変換効率は高いが，生産コストが高い．これに対して，多結晶シリコンは，単結晶より安価で大量に生産しやすいという利点から，普及型太陽電池に用いられる．近年では，純度が 6N 程度で十分な太陽電池用途として，シーメンス法を用いない，低エネルギー消費で簡易な製法により作製したソーラーグレードシリコン（SOG-Si）も開発されている．

3.5 半導体薄膜の形成法

厚さが数 μm 以下の膜を一般に**薄膜**（thin film）と呼び，半導体においては引上げ法などによる結晶成長により得られるインゴットや，それらを切り出した基板などのバルクと対比して用いられる．半導体の優れた電子物性を引き出す上で薄膜の形成はデバイス作製における極めて重要な技術である．

表 3.3 に代表的な半導体薄膜の形成法をまとめた．薄膜の形成法には大別すると，**物理気相堆積法**（PVD：physical vapor deposition）と**気相化学堆積法**（CVD：chemical vapor deposition）がある．

表 3.3　半導体薄膜の製造法

分類	手法	特徴・用途
PVD	真空蒸着 スパッタリング イオンプレーティング イオンビーム蒸着	蒸発源として抵抗加熱，電子ビーム加熱，高周波誘導加熱，レーザ加熱など．
CVD	熱 CVD プラズマ CVD MOCVD	LSI 用 Si 系薄膜 a-Si，ダイヤモンド 化合物半導体薄膜

3.5.1　PVD 法

真空蒸着法（vacuum deposition）は，PVD 法の中でも薄膜の最も基本的な形成法である．10^{-2} Pa 以下の真空中で材料物質を加熱し，蒸発あるいは昇華させ，その蒸気流を基板上に輸送して凝縮，析出させることで薄膜を形成する．

真空蒸着は適切な蒸発手段を用いることで，ほとんどの金属および非金属物質を扱うことができる．真空蒸着の工業的応用は半導体に限らず，光学部品，電子部品などの薄膜製造において多岐にわたる．

真空蒸着法による膜の形成過程には，図 3.12 (a) に示すように材料の蒸発あるいは昇華，蒸発分子の飛行，および基板上での膜形成の 3 段階がある．真空中で加熱された物質の自由蒸発面からの蒸発速度 W [kg·m^{-2}·s^{-1}] は，**ラングミュア**（Langmuir）により，次式で表された．

$$W = \alpha \times P\sqrt{\frac{M}{2\pi RT}} = 4.375 \times 10^{-3} \alpha P \sqrt{\frac{M}{T}} \qquad (3.40)$$

ここで，$\alpha\,(\leq 1)$ は蒸発係数，P [Pa] は温度 T における飽和蒸気圧，M は蒸発分子の分子量，T [K] は蒸発表面の絶対温度，R は気体定数（8.3142 J·K^{-1}·mol^{-1}）

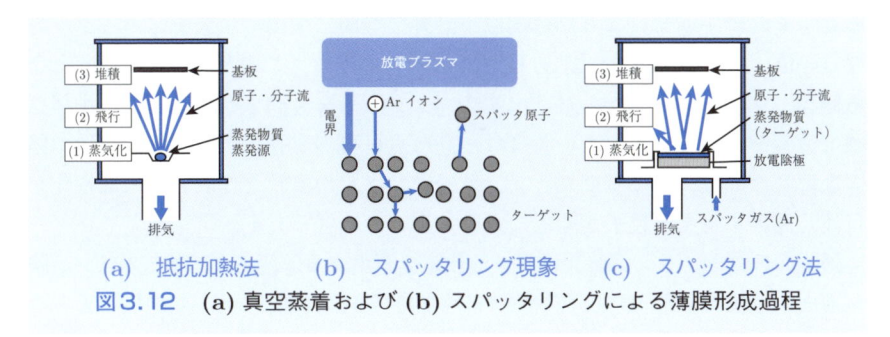

3.5 半導体薄膜の形成法

図3.12 (a) 真空蒸着および (b) スパッタリングによる薄膜形成過程

である．実用的には $10^{-4} \sim 10^{-1}\,[\mathrm{kg \cdot m^{-2} \cdot s^{-1}}]$ 程度の蒸発速度 W が必要とされ，種々の物質の温度 T と飽和蒸気圧 $P\,[\mathrm{Pa}]$ との関係に基づき，適切な加熱手段を用いる必要がある．

温度 $T\,[\mathrm{K}]$ における単一気体分子の平均自由行程 $L\,[\mathrm{m}]$ は，$n\,[\mathrm{m^{-3}}]$ を気体分子の密度とすると $n = 7.242 \times 10^{22} P/T$ であり，$\sigma\,[\mathrm{m}]$ は分子直径とすると，L は次式で表され，圧力 $P\,[\mathrm{Pa}]$ に反比例する．

$$L = \frac{1}{\sqrt{2}\pi n \sigma^2} = 3.107 \times 10^{-24} \frac{T}{\sigma^2 P} \tag{3.41}$$

■ **例題3.4** ■
(1) 薄膜形成において真空を用いる理由を述べなさい．
(2) $T = 300\,[\mathrm{K}]$, $P = 1\,[\mathrm{Pa}]$ における N_2 分子（$\sigma = 0.378\,[\mathrm{nm}]$）の平均自由行程を求めなさい．

【解答】 (1) 真空を利用する理由は，蒸発効率および輸送効率を上げて膜の生成を促進すること，材料物質の酸化を防ぐこと，および膜の酸化や膜中への大気の混入を防ぐためである．

(2) (3.41) 式より
$$L = 3.107 \times 10^{-24} \frac{300}{(0.378 \times 10^{-9})^2 P} = \frac{6.52 \times 10^{-3}}{P}$$

を得る．$P = 1\,[\mathrm{Pa}]$ では 6.52 mm，$P = 10^{-2}\,[\mathrm{Pa}]$ で 0.65 m である．蒸発分子は空間を飛行して基板に到達するが，その間に真空容器の中の残留ガス分子と衝突して散乱されるので，蒸発源と基板の間の距離が数十 cm あれば，10^{-2} Pa 台まで減圧する必要がある． ■

工業的に重要な製膜技術として**スパッタリング法**がある．**図3.12 (b)** に示すように，原子・分子などの粒子が大きな運動エネルギーを持ち，固体に衝突す

ると，その粒子衝撃により固体内原子が外部空間に飛出す現象を**スパッタリング**（sputtering）と呼ぶ．**図3.12 (c)** に示すように，このとき薄膜の原料となる固体（ターゲット）から飛び出すスパッタ原子を対向させた基板上に堆積させて薄膜を作製できる．その特徴は，高融点材料の薄膜化が容易で，平滑で強固な薄膜が成長，膜厚制御が容易，原子層レベルの薄膜が作製可，大面積化が可能，高エネルギー粒子が基板に入射するなどの点である．

通常のスパッタリング装置はグロー放電を利用する．直流グロー放電では，陰極前面の**陰極降下部**と呼ばれる領域に印加電圧 V_t（400〜600 V）のほとんどが加わり，放電プラズマから拡散した Ar イオンがその電界で加速され，ターゲットのある陰極に入射する．電源が 13.56 MHz の高周波電源でもブロッキングコンデンサを接続すれば，直流の場合とほぼ同様な放電が起きる．堆積速度を高めるためにはより大きな放電電流を増すことが必要であるが，そのためにはターゲット表面に磁界を印加して，直交電磁界中における電子のサイクロイド運動を利用して電子の閉じ込めを行う，**マグネトロン方式**が用いられる．

スパッタリング法の真空蒸着法との違いは，堆積原子が 1〜10 eV 程度の大きな運動エネルギーを有している，基板への入射角度が分布している，ターゲットからの反射 Ar 原子やプラズマからの Ar イオンが高エネルギーで基板および成長膜面に入射するなどの点である．このような高エネルギー粒子の基板入射がスパッタ膜の構造と優れた性質を特徴づけている．

3.5.2　CVD法

CVD（chemical vapor deposition）**法**は，形成しようとする薄膜材料を構成する元素からなる化合物のガスを基板上に供給し，気相または基板表面での化学反応により所望の薄膜を形成させる．

熱 CVD 法は熱化学反応であるため，非常に広範囲かつ多様な物質の膜形成が可能である．各種の反応方式を用い，温度，ガス組成，濃度，圧力などのパラメータを選択し，単体，化合物，酸化物，窒化物などの薄膜が形成できる．LSI 製造プロセスに広く使用されている CVD 膜は，SiO_2，PSG，Si_3N_4，多結晶 Si などの Si 系の材料である．その装置構成の概要を**図3.13 (a)** に示す．たとえば，多結晶 Si の成長にはモノシラン（SiH_4）の熱分解を用いる．その堆積温度が 650〜675°C の間で非晶質から多結晶へと相転移し，多結晶 Si として使う場合は 1050°C 程度の温度でアニールする．また，不純物の添加は，P や B を含むガスを導入することで行う．

3.5 半導体薄膜の形成法

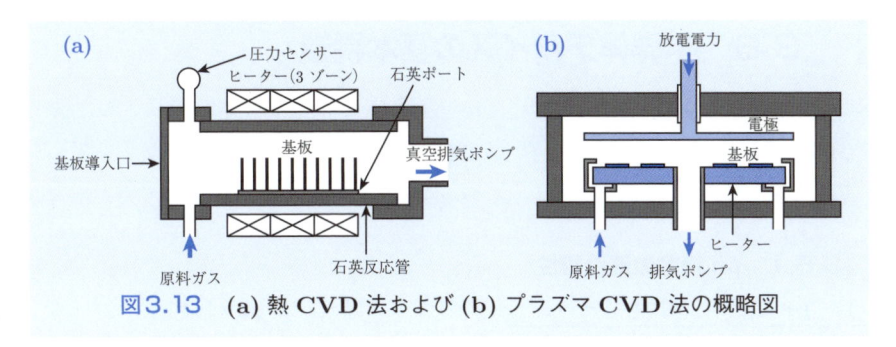

図3.13 (a) 熱 CVD 法および (b) プラズマ CVD 法の概略図

　一方，低電離，低励起グロー放電によって反応性ガスを分解し，表面に堆積することにより薄膜を形成するのが**プラズマ CVD 法**である．グロー放電プラズマは，電子系とガス系がエネルギー的に著しく非平衡にあり，プラズマ中では，高エネルギー電子，イオン，中性ラジカル，未分解分子などが相互に衝突する．この結果，電離，励起，再結合，付着等の多様な気相反応を引き起こす．そのため熱 CVD 法などに比べ，低温で良質な機能性薄膜を形成することが可能である．

　LSI における絶縁膜にはプラズマ CVD 窒化シリコン（Si_3N_4）が使われる．アモルファスシリコン（a-Si:H）が薄膜太陽電池などの量産レベルでプラズマ CVD 法により製造されている．次世代半導体のダイヤモンドは，炭化水素を原料としてプラズマ CVD 法により合成されている．

　薄膜形成に広く使われているプラズマ CVD 装置は，図3.13 (b) に示すような平行平板型の放電装置である．電極の一方を接地し，他方に高周波電圧（13.56 MHz）を印加する．減圧下で反応性ガス（SiH_4, Si_2H_6, NH_3, B_2H_6, CH_4, H_2 など）を高周波電圧で励起し，グロー放電プラズマ発生させると，ガス分子は放電により分解され，接地電位にある電極上の基板に薄膜が形成される．

　有機金属化合物気相成長法は，有機金属化合物と水素化物などを原料として熱分解反応により，半導体薄膜を基板上に堆積させる気相成長法の一種で **MOCVD**（metal organic CVD）と呼ばれる．この手法は，生産性と制御性を兼ね備えた薄膜成長法として，化合物半導体を用いた多層薄膜や光・電子デバイス形成に，現在最も利用されている．

　II～VI 族元素のほとんどに対して，原料となる有機金属化合物，または水素化物が存在しており，種々の化合物半導体が得られる．また，原料をすべて気体で供給できるので，その混合比の制御で膜の組成を任意に制御し，多元混晶膜の単原子層膜や急峻なヘテロ接合が容易に得られる．

3.6 半導体デバイスの基本構造

同一の結晶に不純物添加を行い，p型半導体とn型半導体を作りこんだ構造を **pn 接合**（p-n junction）と呼ぶ．pn 接合を例に整流素子や太陽電池としての応用例を概説する．

3.6.1 pn 接合の整流特性

(1) **pn 接合のエネルギーバンド**　半導体中に階段状の pn 接合を形成すると，p 領域の正孔が n 側へ，n 領域の電子が p 側に拡散する．その結果，境界面では**空乏層**と呼ばれるキャリアのない領域が形成される．この領域では，ドナーが負イオン，アクセプタが正イオンとなり，**電気二重層**（electric double layer）が形成される．キャリアの拡散は p 型，n 型半導体のフェルミレベルが一致するまで起こるので，熱平衡状態でのエネルギーバンドは図 3.14 のようになる．この電気二重層により境界面付近に**拡散電位**（diffusion potential）V_D と呼ばれる電位が生じる．その大きさは p および n 領域の不純物密度 N_A, N_D に依存し，次式で表される．

$$eV_D = kT \ln\left(\frac{N_A N_D}{n_i^2}\right) \tag{3.42}$$

(2) **pn 接合におけるキャリアの振舞い**　半導体において電流が流れる機構は，電界によるドリフト電流密度 J_{drift} だけでなく，キャリア密度の勾配による拡散電

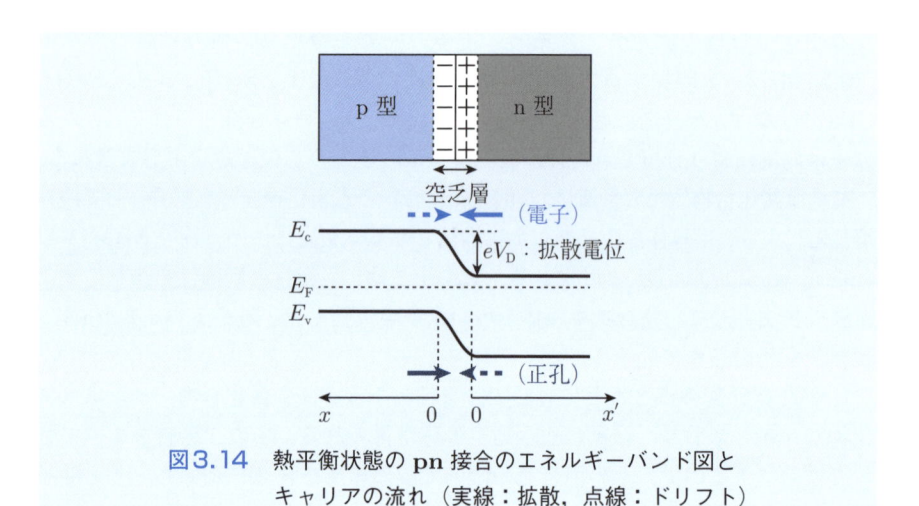

図 3.14　熱平衡状態の pn 接合のエネルギーバンド図とキャリアの流れ（実線：拡散，点線：ドリフト）

流密度 J_{diff} がある．p 領域での電子および n 領域での正孔の拡散電流密度は，それぞれのキャリアの濃度勾配に比例し位置 x および x' を用いて（図 **3.14** 参照）

$$J_{e,\text{diff}} = -eD_e \left\{ -\frac{dn(x)}{dx} \right\} \tag{3.43}$$

$$J_{h,\text{diff}} = eD_h \left\{ -\frac{dp(x')}{dx'} \right\} \tag{3.44}$$

と表せる．このとき，拡散係数 D と移動度 μ の間には，次式のアインシュタインの関係式（Einstein's relation）が成り立つ．

$$\frac{D_e}{\mu_e} = \frac{kT}{e} \quad \text{および} \quad \frac{D_h}{\mu_h} = \frac{kT}{e} \tag{3.45}$$

この式は D と μ が比例することを意味する．このとき電子および正孔の流れは互いに逆向きであるが，拡散電流密度 $J_{e,\text{diff}}$ および $J_{h,\text{diff}}$ は，ともに p から n 側への流れになる．一方，ドリフトによる粒子の流れも電子と正孔で逆向きだが，ドリフト電流はともに n から p 側への方向になる．熱平衡状態にある 図 **3.14** の場合，逆向きのドリフト電流と拡散電流が相殺しあって pn 接合に電流は流れない．

順方向バイアス電圧 $V = V_f$ を印加すると，図 **3.15 (a)** に示すように，電子と正孔はそれぞれ，空乏層を超えて p 側，n 側の端面に到達し，pn 接合の両側で**少数の過剰キャリア**（excess carrier）が増大する．ここで**少数キャリア**とは p 領域における電子であり，n 領域における正孔を指す．また**過剰キャリア**とは熱平衡時の値よりも過剰に存在するという意味である．

ドリフト電流は障壁の変化に依存せず，熱平衡時の値からあまり変化しない．これは p 領域の電子や n 領域の正孔がわずかで，電位エネルギー障壁の大きさに関係なく，電界により掃き出されてしまうためである．

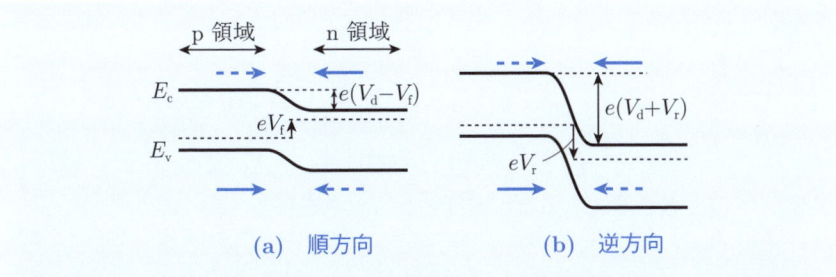

図3.15 (a) 順方向および (b) 逆方向バイアス時のエネルギーバンド構造とキャリアの流れ（実線：拡散，点線：ドリフト，$V_f, V_r > 0$）

そこで以下では，拡散電流のみ考える．p 領域の電子のキャリア密度は，熱平衡状態におけるキャリア密度 n_{p0} から，ボルツマン因子 $\exp\left(\frac{eV}{kT}\right)$ に比例して変化する．その変化量 $\Delta n_p = n_p - n_{p0}$ は

$$\Delta n_p(x=0) = n_{p0}\left\{\exp\left(\frac{eV}{kT}\right) - 1\right\} \tag{3.46}$$

となり，n 領域の正孔においても，その変化は次式で表せる．

$$\Delta p_n(x'=0) = p_{n0}\left\{\exp\left(\frac{eV}{kT}\right) - 1\right\} \tag{3.47}$$

ここで，キャリア密度の空間的な変化を求めるためには，p 領域および n 領域について，**少数キャリアの連続の式**

$$\frac{\partial n_p}{\partial t} = D_e \frac{\partial^2 n_p}{\partial x^2} - \frac{n_p - n_{p0}}{\tau_e} \tag{3.48}$$

$$\frac{\partial p_n}{\partial t} = D_h \frac{\partial^2 p_n}{\partial x'^2} - \frac{p_n - p_{n0}}{\tau_h} \tag{3.49}$$

にて左辺を 0 とおいて解けば，過剰キャリアの分布は求まる．すなわち

$$\Delta n_p(x) = n_{p0}\left\{\exp\left(\frac{eV}{kT}\right) - 1\right\}\exp\left(-\frac{x}{L_e}\right) \tag{3.50}$$

$$\Delta p_n(x') = p_{n0}\left\{\exp\left(\frac{eV}{kT}\right) - 1\right\}\exp\left(-\frac{x'}{L_h}\right) \tag{3.51}$$

ここで L_e および L_h は，**拡散長**（diffusion length）と呼ばれ，次式で表せる．

$$L_e = \sqrt{D_e \tau_e} \quad \text{および} \quad L_h = \sqrt{D_h \tau_h} \tag{3.52}$$

(3) **pn 接合を流れる電流** $J_e(x)$ および $J_h(x')$ は，位置 x の関数として表されるが，定常状態ではその総和は場所によらず一定である．空乏層中でのキャリアの発生と再結合が無視できるとすれば，p 側端面 ($x=0$) での電子電流密度 J_e，および n 側端面 ($x'=0$) での正孔電流 J_h を求めて和を取ることにより全電流の式が得られる．x と x' 座標の取り方が逆向きであることに注意して，x' の向きを正に取ると

$$J = -J_{e,\text{diff}} + J_{h,\text{diff}} = -eD_e \frac{dn(x)}{dx} - eD_h \frac{dp(x')}{dx'}$$

$$= \left(\frac{eD_e n_{p0}}{L_e} + \frac{eD_h p_{n0}}{L_h}\right)\left\{\exp\left(\frac{eV}{kT}\right) - 1\right\} \tag{3.53}$$

すなわち，pn 接合を流れる電流密度として次式を得る．

$$J = J_s \left\{\exp\left(\frac{eV}{kT}\right) - 1\right\} \tag{3.54}$$

$$J_s = \frac{eD_e n_{p0}}{L_e} + \frac{eD_h p_{n0}}{L_h} \tag{3.55}$$

J_s は逆方向飽和電流密度（reverse saturation current density）と呼ばれる．逆方向バイアス $V = -V_\mathrm{r}$ を印加すると，図3.15 (b)のように p 領域の正孔，n 領域の電子から見て，それぞれ n 領域，p 領域へのエネルギー障壁は大きくなるので，少数キャリアの注入は起こらず，わずかな電流 J_s しか流れない．

(3.54)式より J–V 特性を描き，図3.16 (a)に示す．pn 接合は一方向のみに電流を流す整流特性を示すが，その他，pn 接合は，フォトダイオードや太陽電池，バイポーラトランジスタなど半導体デバイスの基本構造の 1 つでもある．pn 接合に印加する逆方向電圧がさらに大きくなると，急激に大きな電流が流れる．これを逆方向の降伏といい，そのしきい値を逆方向降伏電圧という．降伏機構には，図3.16 (b)に示す，**なだれ**機構と**ツェナー**機構の 2 つがある．

なだれ機構の場合，p 領域の伝導帯から n 領域の伝導帯へ注入された高エネルギー電子は，結晶格子にエネルギーを与え，電子–正孔対が生成する．電子と正孔は電界により高いエネルギーを得て，さらに電子–正孔対を生成する．この過程が繰り返され，ネズミ算的に電子，正孔が増加する**電子なだれ**により電流が急激に増大する．ツェナー機構では，高い電圧が印加されると p 領域の価電子帯と n 領域の伝導帯の距離が極めて薄くなり，**トンネル効果**により電流が流れる．電圧の上昇ともに急激に電流が増大する．

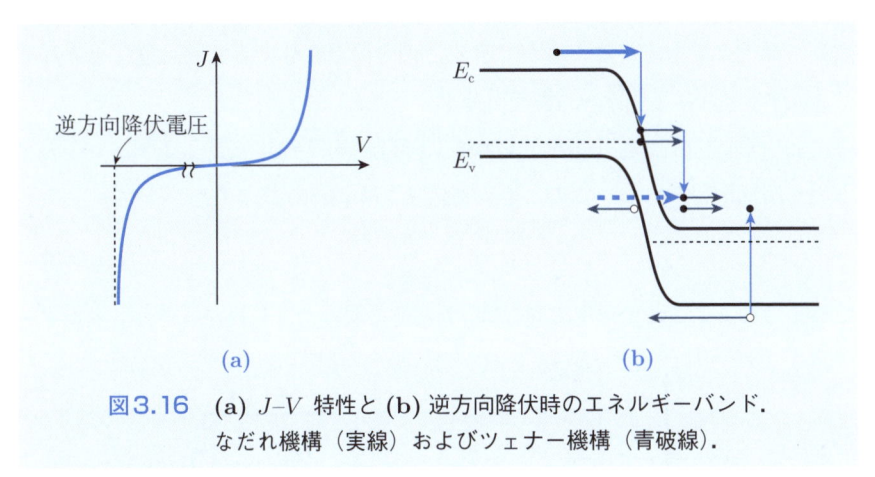

図3.16 (a) J–V 特性と (b) 逆方向降伏時のエネルギーバンド．なだれ機構（実線）およびツェナー機構（青破線）．

3.6.2　太陽電池

(1)　太陽電池の動作原理　半導体の禁制帯幅のエネルギー E_g を超える光子は半導体中で吸収され電子–正孔対を作る．pn 接合あるいはその近傍で光吸収が起

これば拡散電位 V_d による内部電界により電子は n 領域，正孔は p 領域へと分離される．このような pn 接合における電荷の分離によって**光起電力**が発生する．

　光を照射しない暗状態での I–V 特性は図3.17 (a) の点線に示すようにダイオードの電流特性の式 (3.54) と同様に変化する．光を照射すると，光電流 I_{ph} がダイオード電流 I_d と逆方向に流れ，外部回路を流れる電流 I は

$$I = I_\mathrm{d} - I_\mathrm{ph} = I_\mathrm{s}\left\{\exp\left(\frac{eV}{kT}\right) - 1\right\} - I_\mathrm{ph} \tag{3.56}$$

となる．ここで電流 I は電流密度 J にダイオードの断面積 S をかけたものであり，$I_\mathrm{S} = J_\mathrm{S}S$ である．光照射時は，図3.17 (a) に示すように光電流分 I_ph だけ電流 I がシフトする．図3.17 (b) に太陽電池の等価回路を示す．

　開放電圧 V_OC は，$I = 0$ のときの電圧に相当するので，次式で与えられる．

$$V_\mathrm{OC} = \frac{kT}{e}\ln\left(\frac{I_\mathrm{ph}}{I_\mathrm{s}} + 1\right) \tag{3.57}$$

　また，短絡電流 I_SC は $V = 0$ のときの電流 I に相当するので $I_\mathrm{SC} = -I_\mathrm{ph}$ である．負荷抵抗 R_L を接続することにより，取り出すことのできる電力は，次式で表され，図3.17 (a) における破線で囲まれた部分の面積に相当する．

$$P = V(-I) = V\left[I_\mathrm{ph} - I_\mathrm{s}\left\{\exp\left(\frac{eV}{kT}\right) - 1\right\}\right] \tag{3.58}$$

　接続する負荷抵抗 R_L を調整して，I–V 特性と $I = -\frac{V}{R_\mathrm{L}}$ の交点を持つ動作点にて最大の出力を得ることができる．最大出力を与える電流，電圧をそれぞれ I_m および V_m とすると $\frac{dP}{dV} = 0$ より

$$\left(\frac{eV_\mathrm{m}}{kT} + 1\right)\exp\left(\frac{eV_\mathrm{m}}{kT}\right) = \frac{I_\mathrm{ph}}{I_\mathrm{s}} + 1 \tag{3.59}$$

という関係が得られる．このとき，電流 I_m は (3.56) 式より

$$I_\mathrm{m} = \frac{(I_\mathrm{ph} + I_\mathrm{s})\frac{eV_\mathrm{m}}{kT}}{\frac{eV_\mathrm{m}}{kT} + 1} \tag{3.60}$$

で与えられる．ここで電流の向きは，I と逆に取った．したがって，エネルギー

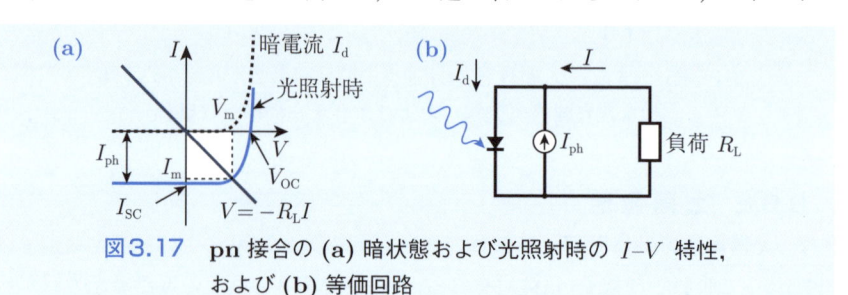

図3.17　pn 接合の (a) 暗状態および光照射時の I–V 特性，および (b) 等価回路

変換効率は，受光面への入射エネルギーを P_{in} とすると

$$\eta = \frac{V_{\text{m}} I_{\text{m}}}{P_{\text{in}}} \times 100\% = \frac{V_{\text{OC}} \times I_{\text{SC}} \times FF}{P_{\text{in}}} \times 100\% \tag{3.61}$$

で表す．ここで FF は**曲線因子**（fill factor）と呼ばれ，次式で表される．FF が 1 に近いほど，大きな出力が得られる．

$$FF = \frac{V_{\text{m}} \times I_{\text{m}}}{V_{\text{OC}} \times I_{\text{SC}}} \tag{3.62}$$

(2) **太陽電池用材料**　今日，エネルギー問題への意識の高まりから，**表3.4** に示すような多種多様な材料の開発が行われている．電力用に生産されているのは，9 割程度**バルク型 Si 太陽電池**である．市販の大面積モジュールの変換効率は 13～18% である．特に多結晶 Si 太陽電池はバルク型 Si 太陽電池の 5 割以上を占める．多結晶 Si 基板の主たる製造法であるキャスト法では，インゴットの大型化と連続鋳造により低コスト化が図られている．これらのバルク型に対して，今後，本格的な実用期に入ると期待されるのが**薄膜太陽電池**である．薄膜系で重点的に開発されているのが，a-Si/微結晶 Si（μc-Si）の 2 接合からなるタンデム太陽電池と Cu(InGa)Se, CdTe 太陽電池である．

　a-Si 系太陽電池は 1980 年より開発が進められ，13.56 MHz の高周波プラズマ CVD 法で製膜されるのが一般的である．a-Si 薄膜の高速堆積には 60 MHz 付近の**超高周波**（VHF：very high frequency）**プラズマ CVD 法**が有用とされている．a-Si 系太陽電池の構造にはシングル接合型と多接合型がある．**シングル接合型太陽電池**の基本的な構造は，**図3.18 (a)** に示すガラス基板／透明導電膜／pin／裏面反射層／電極からなる．透明導電膜には光閉じ込めのため表面を凹凸

表3.4　各種太陽電池材料の種類と特徴

分類	材料	変換効率* [%]
バルク型太陽電池	単結晶 Si	13～18　（25.0）
	多結晶 Si	13～15　（20.4）
薄膜太陽電池	非晶質 Si（a-Si）	6～7　（9.5）
	a-Si/微結晶 Si の 2 接合	9～10　（15.0）
	Cu(InGa)Se$_2$	10～11　（19.4）
	CdTe	10～11　（16.7）
	有機半導体	5.15
	色素増感型	10.4

＊：かっこ内は，研究開発段階の小面積セルの変換効率．

化したSnO$_2$やZnOが用いられる．p層にはa-SiCが用いられ，p/i界面には光励起された電子をp側からi層へ押し戻すためのバッファ層が入される．a-Siには**ステブラー–ロンスキ**（SW：Staebler-Wronski）**効果**と呼ばれる光劣化現象が存在し，その原因解明と対策によりa-Si系太陽電池の光劣化は低減されている．

薄膜Si太陽電池の構造の主流は，**図3.18 (b)** に示すa-Si系太陽電池にμc-Si太陽電池を直列に重ねた**タンデム型**に移りつつある．これはa-Siで吸収できない長波長の光をμc-Siで吸収するため効率を高くできるからである．a-Siの厚さ0.2〜0.4μmに対し，μc-Siは2〜3μmの厚さが必要となるので，a-Siと同じ生産性を確保するため製膜速度の高いVHFプラズマCVD法が用いられる．

Cu(InGa)Se$_2$は**CIGS**と略され，薄膜系の中で変換効率が最も高く，長期信頼性も実証されている．CIGSは次世代の低コスト高効率太陽電池の有力候補として位置づけられ，研究開発が進められてきた．低コストの理由は，高効率であること，膜厚1〜2μm程度と原料使用量はわずかで，その材料純度99.99%程度であること，基板にソーダライムガラスが使用できること，製造工程がシリコンの場合の半分であるなど理由が挙げられる．ただし透明導電膜とのバッファ層として薄いCdS層を使用しており，環境負荷の少ないCdフリー化が望まれる．

また，CdTeは室温で禁制帯幅が1.5 eVで，標準条件（AM1.5, 1 kW・m^{-2}, 25°C：それぞれ分光分布，放射照度，およびモジュール表面温度を示す．）の下で，単接合太陽電池として最適な禁制帯幅を有し，理論限界効率は28%程度と見積もられている．CdTeは直接遷移型半導体であり，光吸収係数はSiなどの間接遷移型半導体に比べて大きく薄膜化が可能である．欧米ではCdTe太陽電

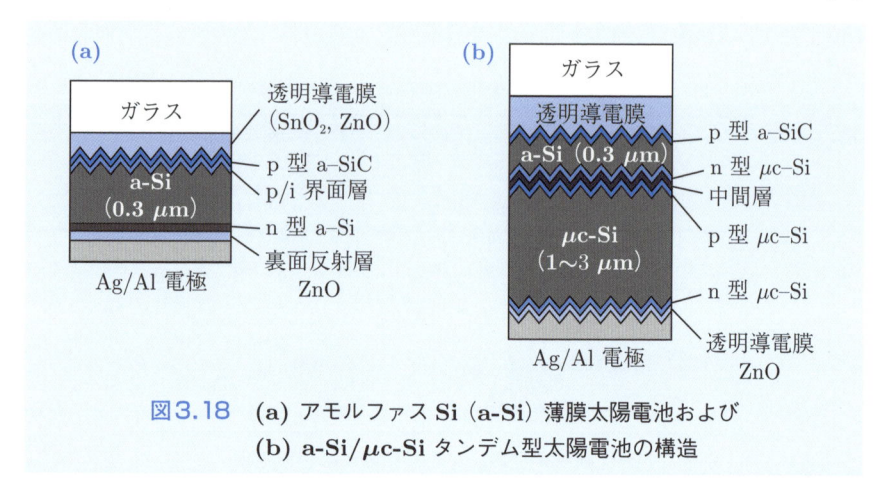

図3.18 (a) アモルファスSi（a-Si）薄膜太陽電池および (b) a-Si/μc-Si タンデム型太陽電池の構造

池が低価格な太陽電池として実用化されているが，国内ではCdは有害物質としてのイメージがあり製造販売は行われていない．

有機薄膜太陽電池はπ共役分子・高分子をベース材料としているが，溶融性や異方性など，従来の半導体とは異なる特徴を有する．適切な分子構造を構築することで太陽光を効率よく吸収し，有機溶媒に対する可溶性の発現や，薄膜化の際の分子配列が自己組織的に起こる．材料開発により，印刷法などを用いたロールツーロールによる生産が可能となりつつあり，大面積・大量生産が期待されている．また，軽量かつ柔軟で任意形状に加工可能な特長を活かし，いつでもどこでも太陽エネルギーを利用可能なエネルギー源としての可能性を有する．

色素増感太陽電池（dye-sensitized solar cell）は，無機半導体のpn接合とは異なる原理からなる湿式の太陽電池である．1991年にスイスのグレッツエルらが発表し，変換効率7%を発表して注目された．2004年には10%台の変換効率が報告され，材料や製造プロセスの低コスト性から注目されている．色素で増感したTiO_2電極をベースとする湿式の太陽電池である．

3章の問題

□ **3.1 ドナーとアクセプタ** (1) 室温 $T = 300$ [K] での熱エネルギー kT を計算により電子ボルト単位（eV）にて求めなさい．

(2) このエネルギーを以下の表の不純物準位のエネルギーと比較しなさい．

Si結晶中のドナーおよびアクセプタ準位の位置

ドナー	E_D [eV]	アクセプタ	E_A [eV]
P	0.045	B	0.045
As	0.049	Al	0.067
Sb	0.039	Ga	0.072

□ **3.2 電子の有効質量の算出** 電子の有効質量の (3.9) 式を導出しなさい．このとき，電子の速度は群速度 $v_g = \frac{1}{\hbar}\frac{\partial E}{\partial k}$ で表せることを利用してよい．

□ **3.3 直接遷移と間接遷移** 可視領域の光（$\lambda = 400 \sim 700$ [nm]）の波数と，ある結晶中（格子定数 $a = 0.5$ [nm]）においてブリルアンゾーン境界の電子の波数 $k = \frac{\pi}{a}$ を持つ電子の波数の大きさを比較しなさい．

□ **3.4 緩和時間** (3.11) 式および (3.12) 式を用いて，室温における真性Siにおけるキャリアの緩和時間 τ_e, τ_h を求めなさい．

3.5 フェルミレベル (1)
(3.33) 式を用いて，$T = 300\,[\text{K}]$ での真性半導体におけるフェルミレベルの位置は，禁制帯のほぼ中央にくることを示しなさい．

3.6 フェルミレベル (2)
(1) (3.35) 式および (3.36) 式を導出しなさい．
(2) この式を用いて，不純物の添加によるフェルミレベルの変化について説明しなさい．

3.7 キャリア密度 (1)
真性キャリア密度が，(3.34) 式を参照してどのように変化するかを Si について見積もりなさい．なお，Si の禁制帯幅 $E_\text{g}\,[\text{eV}]$ の値は温度に依存して，$T > 250\,[\text{K}]$ において次のように変化することを利用しなさい．

$$E_\text{g} = 1.21 - 3 \times 10^{-4} T$$

3.8 キャリア密度 (2)
(1) GaAs の真性キャリア密度を (3.31) 式および (3.34) 式より求めなさい．このとき，表3.2 に示す数値を用いてよい．
(2) アクセプタ密度が $N_\text{A} = 10^{22}\,[\text{m}^{-3}]$ の p-GaAs 半導体がある．電子密度と正孔密度を求めなさい．

3.9 キャリア密度 (3)
$T = 300\,[\text{K}]$ において，$N_\text{A} = 4 \times 10^{22}\,[\text{m}^{-3}]$ の p-Si に $N_\text{D} = 10^{23}\,[\text{m}^{-3}]$ のドナー不純物を加えた．ドナー不純物の添加前後におけるキャリア密度の変化を計算しなさい．

3.10 キャリア密度 (4)
(1) 十分高温で半導体中のすべてのドナーとアクセプタがイオン化していると見なすことができるとすると，電気的中性条件は

$$p + N_\text{D} = n + N_\text{A}$$

と表せることを説明しなさい．ここで，p および n はキャリア密度である．
(2) キャリア密度が次式で表せることを示しなさい．

$$n = \frac{N_\text{D}-N_\text{A}}{2} + \sqrt{\left(\frac{N_\text{D}-N_\text{A}}{2}\right)^2 + n_\text{i}^2}$$

3.11 pn 接合
n 側で $N_\text{D} = 5.0 \times 10^{22}\,[\text{m}^{-3}]$，p 側で $N_\text{A} = 2.0 \times 10^{21}\,[\text{m}^{-3}]$ の不純物が添加された Si の室温での pn 接合における拡散電位 V_D を求めなさい．

第4章

誘電体材料

　誘電体（dielectrics）と呼ばれる物質は，外部から印加した電圧に対して分極という現象を示す．物質の分極現象は，電界に対する一般的な応答現象であるので，誘電体材料のみならず，金属や半導体を含め，すべての材料にわたり議論される．中でも強い分極を示すのが強誘電体である．この分極という現象を利用して，誘電体はコンデンサ，メモリに用いられる．また，光の透過性の高い材料も誘電体である．

　本章では，誘電体を電気の流れやすさではなく，電磁波も含めた電界による物質の分極という切り口で電気電子材料を議論する．

4.1 誘電体材料の基礎

4.1.1 誘電体の分極現象

物質は結晶格子とそれをとりまく電子からなるが，電子の原子核による束縛状態によって外部からの電界に対しては物質ごとに異なる応答を示す．金属などの良導体内には自由電子が存在し，電界内に置くと図4.1 (a) に示すように，内部の電界を完全に打ち消すように電子が金属の表面に分布する．一方，誘電体の一種である絶縁体では電子は原子に強く束縛されており，直流電界を印加すると表面電荷が生じて内部電界を打ち消そうとするが，図4.1 (b) に示すように完全に打ち消すことはできない．両者は電子の振る舞い方が異なり，金属では外部電界を排除するが，誘電体では排除しないという違いが明確に現れる．

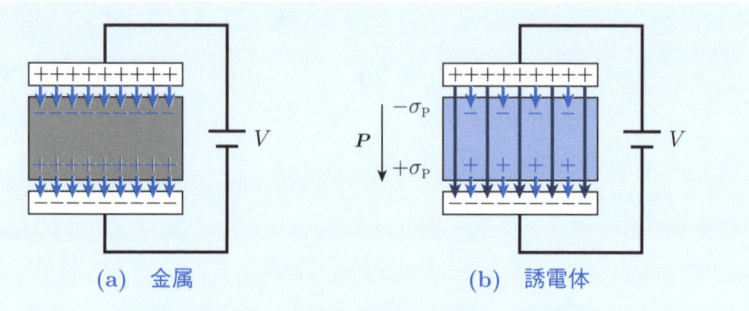

図4.1 平行平板電極に挟まれた金属と誘電体の外部電界に対する分極の様子の違い（矢印は電気力線を表す）

このように，外部電界により絶縁体内の正負の電荷がずれて，内部の電界が弱められる現象を**分極**（polarization）という．また，分極を起こす物質を**誘電体**（dielectric materials）と呼ぶ．分極が生じると，物質の内部には正と負の1対の電荷が微小な距離を隔てて形成する**電気双極子**（electric dipole）が形成され，その大きさの単位は [C·m] である．

このとき，l をベクトル量として，その向きを電荷 $-\delta$ から $+\delta$ に向かう方向に取ると，電気双極子モーメント μ は次式で定義される．

$$\mu = \delta l \tag{4.1}$$

一方で，電界 E により生じる応答性を

$$\mu = \alpha E \tag{4.2}$$

4.1 誘電体材料の基礎

と表し，α を**分極率**（polarizability）と呼び，その単位は $\mathrm{F \cdot m^{-2}}$ である．巨視的には分極 $\boldsymbol{P}$ は単位体積当たり N 個の電気双極子モーメント $\boldsymbol{\mu}$ の和として

$$\boldsymbol{P} = N\boldsymbol{\mu} = N\alpha \boldsymbol{E} \tag{4.3}$$

で与えられる．$\boldsymbol{P}$ の単位は $[\mathrm{C \cdot m^{-2}}]$ であるから，分極 $\boldsymbol{P}$ はその大きさが分極電荷の面密度 σ_P と等価であると考えられ，誘電体表面の外向きに垂直に取った単位ベクトルを $\boldsymbol{n}$ とすると，次式で表される．

$$\sigma_\mathrm{P} = \boldsymbol{P} \cdot \boldsymbol{n} \tag{4.4}$$

電磁気学によれば，**電束密度**（electric flux density）は

$$\boldsymbol{D} = \varepsilon_0 \boldsymbol{E} + \boldsymbol{P} \tag{4.5}$$

と定義される．また，**比誘電率** ε_r を用いれば電界 $\boldsymbol{E}$ に対して

$$\boldsymbol{D} = \varepsilon_\mathrm{r} \varepsilon_0 \boldsymbol{E} \tag{4.6}$$

と表せる．上の 2 式より，$\boldsymbol{D}$ を消去すると

$$\boldsymbol{P} = \varepsilon_0 (\varepsilon_\mathrm{r} - 1) \boldsymbol{E} \tag{4.7}$$

を得る．これより分極は電界に比例して誘起されるものであることがわかる．その比例定数は**電気感受率**（electric susceptibility）χ_e と呼ばれ

$$\boldsymbol{P} = \varepsilon_0 \chi_\mathrm{e} \boldsymbol{E} \tag{4.8}$$

と表せる．したがって，電気感受率と比誘電率との間には

$$\chi_\mathrm{e} = \varepsilon_\mathrm{r} - 1 \tag{4.9}$$

という関係が成り立っていることがわかる．

4.1.2 分極の微視的モデル

分極の機構を微視的に考えると，図 4.2 に示すように電子分極，イオン分極および双極子分極の 3 種類に分類できる．それぞれの応答性は，(4.2) 式で導入した分極率を用いて表すと，電子分極率 α_e，イオン分極率 α_i，双極子分極率 α_d の 3 つに分けて表せる．

電子分極は，外部電界の印加により原子核を取り巻く電子の分布と原子核の正電荷の偏りによって生じる．このとき生じる分極は，図 4.2 (a) に示すモデルに基づいて計算すると

$$\alpha_\mathrm{e} = 4\pi \varepsilon_0 R^3 \tag{4.10}$$

と表される．R を原子の大きさとすると $10^{-10}\,\mathrm{m}$ オーダーであるから，(4.10)

(a) 電子分極

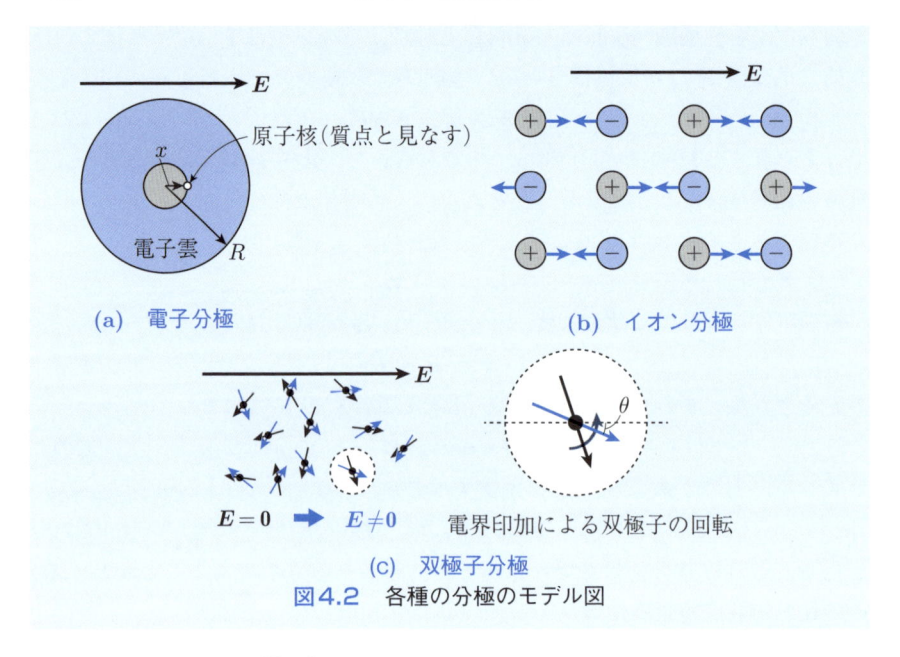

(b) イオン分極

(c) 双極子分極

図4.2　各種の分極のモデル図

式より $\frac{\alpha_e}{4\pi\varepsilon_0}$ は，10^{-30} m^3 のオーダーと極めて小さい．また，**イオン分極**は図4.2 (b) に示すように，イオン結晶などにおいて，正，負の電荷を持つイオンが相対的に変位することによって生ずる．

これらの電子分極とイオン分極は，あわせて**変位分極**とも呼ばれる．後ほど4.3節にて示すように，電子分極とイオン分極の違いは，外部電界に対する時間的な応答性（誘電分散）の違いとして現れる．

一方，**双極子分極**は，図4.2 (c) に示すように永久双極子を有する有極性分子が回転し外部電界 E により向きを揃えることにより生じる．双極子モーメントと外部電界のなす角度を θ とすると，そのエネルギー U は，次式で表せる．

$$U = -\mu_\mathrm{p} E \cos\theta \tag{4.11}$$

温度 T で分極が $\theta \sim \theta + d\theta$ 間を向く確率は，次式のボルツマン分布に従う．

$$p(\theta)d\theta = \frac{2\pi \exp\left(-\frac{U}{kT}\right)\sin\theta d\theta}{\int_0^\pi 2\pi \exp\left(-\frac{U}{kT}\right)\sin\theta d\theta} = \frac{\exp\left(\frac{\mu_\mathrm{p} E \cos\theta}{kT}\right)\sin\theta d\theta}{\int_0^\pi \exp\left(\frac{\mu_\mathrm{p} E \cos\theta}{kT}\right)\sin\theta d\theta} \tag{4.12}$$

ここで，$\frac{\mu_\mathrm{p} E \cos\theta}{kT} \ll 1$ であるので，(4.12) 式において指数部分を級数展開して1次の項まで取って積分を計算すると

$$p(\theta) \simeq \tfrac{1}{2}\left(1 + \tfrac{\mu_{\mathrm{p}} E}{kT}\cos\theta\right)\sin\theta \tag{4.13}$$

が得られる．したがって，分子 1 個当たりの双極子分極は，$\boldsymbol{\mu}_{\mathrm{p}}$ の電界方向成分

$$\mu_{\mathrm{p}}\langle\cos\theta\rangle = \mu_{\mathrm{p}}\int_0^\pi \cos\theta\, p(\theta) d\theta \tag{4.14}$$

で求められる．$p(\theta)$ に (4.13) 式を代入すると分子 1 個当たりの双極子分極は

$$\boldsymbol{\mu}_{\mathrm{p}}\langle\cos\theta\rangle = \tfrac{\mu_{\mathrm{p}}^2 \boldsymbol{E}}{3kT} \tag{4.15}$$

を得る．これより双極子モーメントの大きさは，温度 T に反比例し，分子の熱運動が配向分極を妨げる向きに作用することを意味する．以上の結果をふまえて，双極子分極は単位体積当たりの分子の個数 N 個の和を取り

$$\boldsymbol{P} = N\boldsymbol{\mu}_{\mathrm{p}}\langle\cos\theta\rangle = \tfrac{N\mu_{\mathrm{p}}^2 \boldsymbol{E}}{3kT} \tag{4.16}$$

と与えられる．したがって，双極子分極率 α_{d} は次式で与えられる．

$$\alpha_{\mathrm{d}} = \tfrac{\mu_{\mathrm{p}}^2}{3kT} \tag{4.17}$$

■ 例題4.1 ■

原子核を質点，それを取り巻く電子を半径 R の球状の負の均一な電荷分布と見なす図4.2 (a) の電子分極のモデルを参考にして (4.10) 式を導出しなさい．ここで，電子密度の分布は均一であることを仮定してよい．

【解答】 ガウスの定理 $\int_S \boldsymbol{D}\cdot d\boldsymbol{s} = Q$ を図4.2 (a) の電子の重心を中心とする半径 x の球面に適用して，原子番号の Z の原子において電子雲により原子核に作用する電界 E' を求めると

$$\varepsilon_0 E'(4\pi x^2) = Ze\left(\tfrac{x}{R}\right)^3 \quad \text{すなわち} \quad E' = \tfrac{Ze}{4\pi\varepsilon_0 x^2}\left(\tfrac{x}{R}\right)^3$$

この電界による力と外部電界による力のつり合いは次式で表される．

$$ZeE = ZeE' = \tfrac{(Ze)^2}{4\pi\varepsilon_0 x^2}\left(\tfrac{x}{R}\right)^3$$
$$x = \tfrac{4\pi\varepsilon_0 R^3}{Ze}E, \quad \mu = Zex = (4\pi\varepsilon_0 R^3)E$$

これを (4.2) 式と比較すると，(4.10) 式が得られる． ∎

4.2 ローレンツの局所電界

以上の議論は孤立した原子や分子などには当てはまるが，液体や固体には使えない．すなわち，1つの双極子モーメント，言い換えれば，1つの原子に作用する電界 $\boldsymbol{E}_{\mathrm{loc}}$ は巨視的な電界 $\boldsymbol{E}$ の値と異なり，周囲の双極子の作る電界を考慮したものでなければならない．それを誘電体内の平均化された電界と区別して，**局所電界**と呼ぶ．ローレンツによる計算によれば，等方的な液体や対称性の高い一部の結晶（立方晶系など）において局所電界は

$$\boldsymbol{E}_{\mathrm{loc}} = \boldsymbol{E} + \frac{\boldsymbol{P}}{3\varepsilon_0} \tag{4.18}$$

で与えられる．これを (4.2) 式に代入して，電子分極において適用すると

$$\boldsymbol{\mu} = \alpha_{\mathrm{e}}\left(\boldsymbol{E} + \frac{\boldsymbol{P}}{3\varepsilon_0}\right) \tag{4.19}$$

となり，(4.3) 式より

$$\boldsymbol{P} = N\boldsymbol{\mu}$$
$$= N\alpha_{\mathrm{e}}\left(\boldsymbol{E} + \frac{\boldsymbol{P}}{3\varepsilon_0}\right) \tag{4.20}$$

となる．これより次式を得る．

$$\boldsymbol{P} = \frac{N\alpha_{\mathrm{e}}\boldsymbol{E}_0}{1-\frac{N\alpha_{\mathrm{e}}}{3\varepsilon_0}} \tag{4.21}$$

この式は局所電界 $\boldsymbol{E}_{\mathrm{loc}}$ が巨視的な電界 $\boldsymbol{E}$ よりも大きく，分極 $\boldsymbol{P}$ が (4.3) 式の場合より大きくなることを意味する．さらに比誘電率は (4.7) 式と比較して

$$\varepsilon_{\mathrm{r}} = 1 + \frac{\frac{N\alpha_{\mathrm{e}}}{\varepsilon_0}}{1-\frac{N\alpha_{\mathrm{e}}}{3\varepsilon_0}} \tag{4.22}$$

と表せる．これを書き直すと

$$\frac{\varepsilon_{\mathrm{r}}-1}{\varepsilon_{\mathrm{r}}+2} = \frac{N\alpha_{\mathrm{e}}}{3\varepsilon_0} \tag{4.23}$$

を得る．これを**クラウジウス–モソッティの式**と呼ぶ．電子分極は 4.3 節のように光学的領域に当てはまるので

$$n^2 = \varepsilon_{\mathrm{r}}$$

の関係を用いると

$$\frac{n^2-1}{n^2+2} = \frac{N\alpha_{\mathrm{e}}}{3\varepsilon_0} \tag{4.24}$$

という屈折率 n との関係が求まる（ローレンツ–ローレンツの式）．この式は，無極性分子における電子分極に当てはまるが，有極性分子の場合には α_e に (4.17) 式の双極子分極の寄与 α_d を加えて，以下の関係を得る．

$$\frac{\varepsilon_r - 1}{\varepsilon_r + 2} = \frac{N}{3\varepsilon_0}\left(\alpha_e + \frac{\mu^2}{3kT}\right) \tag{4.25}$$

■ **例題4.2** ■
(4.8) 式で示されるローレンツの局所電界を導出しなさい．

【解答】 局所電界 $\boldsymbol{E}_{\mathrm{loc}}$ の計算は，1つの分子を中心とする半径 a（分子間相互作用の及ぶ数 nm 程度の範囲）の球内外において，各寄与を以下の4領域に分けて考える．

$$\boldsymbol{E}_{\mathrm{loc}} = \boldsymbol{E}_0 + \boldsymbol{E}_1 + \boldsymbol{E}_2 + \boldsymbol{E}_3$$

まず，外部から印加された電界 $\boldsymbol{E}_0$ と誘電体表面の分極電荷による反電界 $\boldsymbol{E}_1$ を合わせた巨視的電界 $\boldsymbol{E} = \boldsymbol{E}_0 + \boldsymbol{E}_1$ が存在する．ま

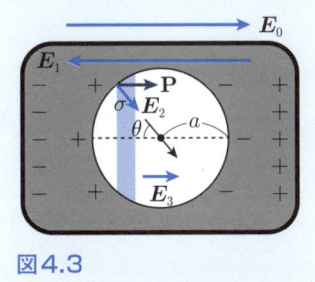

図4.3
ローレンツの局所電界の計算

た，周囲の双極子の作る電界は小球内外の影響を考え，小球外表面の電荷が作る電界 $\boldsymbol{E}_2$ および誘電体球内部の双極子が作る電界 $\boldsymbol{E}_3$ に分けられる．ここで，等方的な液体や対称性の高い一部の結晶（立方晶系など）に限定すると $\boldsymbol{E}_3 = 0$ である．そこで以下では $\boldsymbol{E}_2$ のみについて考える．

図4.3 に示すように分極 $P\,[\mathrm{C \cdot m^{-2}}]$ が一様に生じたとすると，空洞の帯状の内表面（周長：$2\pi a \sin\theta$，幅：$ad\theta$）には，(4.4) 式から面電荷密度 $\sigma = P\cos\theta$ の電荷が分布する．この表面電荷が作る電界は $\frac{P\cos\theta}{4\pi\varepsilon_0 a^2}2\pi a\sin\theta\, ad\theta$ である．中心の電界 E_2 は，外部電界方向の成分（$\cos\theta$ 成分）を積分し，次式により得られる．

$$E_2 = \int_0^{\pi} \frac{P\cos\theta}{4\pi\varepsilon_0 a^2}2\pi a\sin\theta\,\cos\theta\, ad\theta$$

$t = \cos\theta$ とおくと，$dt = -\sin\theta d\theta$ であるから

$$E_2 = \frac{P}{2\varepsilon_0}\int_1^{-1}(-t^2)dt = \frac{P}{3\varepsilon_0}$$

これをベクトルで表すと，(4.18) 式の第2項と一致する．

4.3 誘電分散

4.3.1 誘電率の周波数依存性

印加される外部電界が角周波数 ω で変化する場合に拡張して考えてみよう．角周波数 ω が十分低いときには，これまで見てきた電子分極，イオン分極，および双極子分極によるいずれの分極現象も電界に追随することができる．しかしながら ω が高くなると，分極の種類に応じて変化に追随できなくなる．

このような分極の変化の様子を横軸を角周波数 ω に取り，縦軸を誘電率の強度に取ったものを**誘電分散**と呼び，その代表的な変化の様子を図4.4に示す．

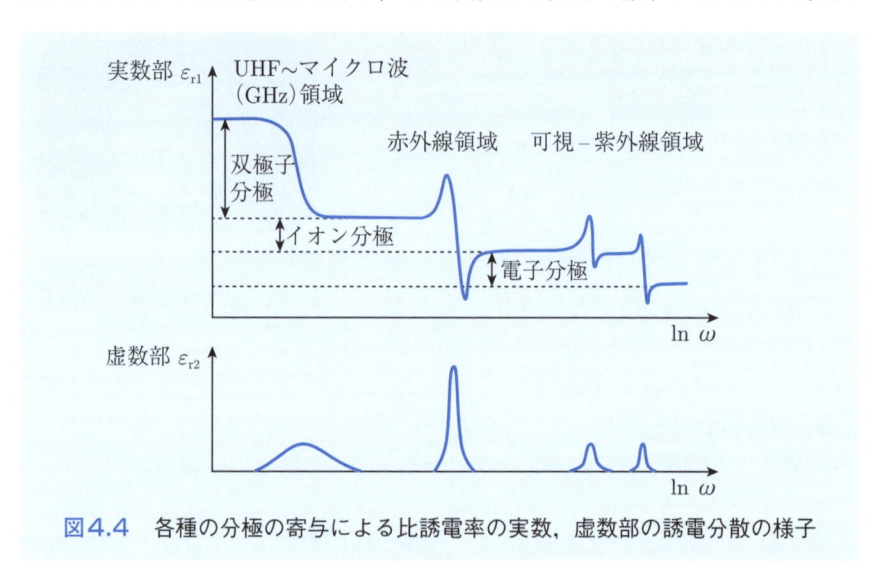

図4.4 各種の分極の寄与による比誘電率の実数，虚数部の誘電分散の様子

まず，数十Hzオーダーの商用周波数からGHzオーダーのマイクロ波領域に至るまでの周波数が比較的低い領域（**電気的領域**ともいわれる）では，双極子分極が可能であり，絶縁体の誘電損失と関係する．また周波数が高くなると電磁波としての**光学的領域**における作用が誘電体に及ぶが，このとき，イオンの振動や電子遷移による赤外線領域から，可視・紫外領域の光吸収を伴っている．これらの損失や吸収は，後に示すように誘電率を複素数で表したときの虚数部に対応する．

以下では，低周波数領域においてのみ寄与する双極子分極，および高周波数領域においても寄与する電子分極およびイオン分極など変位分極にわけて考える．

4.3.2 双極子分極の誘電分散

まず，双極子分極 P の時間的変化は (4.8) 式で示される平衡値からのずれに比例するため，以下のように表せる．

$$\frac{dP}{dt} = \frac{1}{\tau}(\varepsilon_0 \chi_\mathrm{e} E(t) - P) \tag{4.26}$$

ここで，τ は緩和時間であり，外部電界に作用により双極子が回転するのに，τ 秒程度の時間が掛かり，電界に対する分極形成の遅れを意味する．そこで

$$E(t) = E_0 \exp(i\omega t) \tag{4.27a}$$

$$P(t) = P_0 \exp(i\omega t) \tag{4.27b}$$

と複素表示で表し，(4.26) 式に代入すると次式が得られる．

$$i\omega P(t) = \frac{1}{\tau}\{\varepsilon_0 \chi_\mathrm{e} E(t) - P(t)\}$$

これを整理して

$$\begin{aligned} P(t) &= \frac{\varepsilon_0 \chi_\mathrm{e} E(t)}{1+i\omega\tau} \\ &= \frac{\varepsilon_0 \chi_\mathrm{e}(1-i\omega\tau)}{1+(\omega\tau)^2} E(t) \end{aligned} \tag{4.28}$$

となる．この結果と (4.7) 式を比較すると，比誘電率は

$$\begin{aligned} \varepsilon_\mathrm{r} &= 1 + \frac{P}{\varepsilon_0 E} \\ &= 1 + \frac{\chi_\mathrm{e}(1-i\omega\tau)}{1+(\omega\tau)^2} \end{aligned} \tag{4.29}$$

と表せる．ここで，誘電率を実数部 ε_r1 と虚数部 ε_r2 に分けて

$$\varepsilon_\mathrm{r}^* = \varepsilon_\mathrm{r1} - i\varepsilon_\mathrm{r2} \tag{4.30}$$

のように複素誘電率で表すと，実数部と虚数部は次式で表せる．

$$\varepsilon_\mathrm{r1} = 1 + \frac{\chi_\mathrm{e}}{1+(\omega\tau)^2} \tag{4.31a}$$

$$\varepsilon_\mathrm{r2} = \frac{\omega\tau\chi_\mathrm{e}}{1+(\omega\tau)^2} \tag{4.31b}$$

図4.4 に示すように，$\omega = \frac{1}{\tau}$ において，比誘電率の実数成分 ε_r1 は大きく減少し，同時に虚数成分 ε_r2 は最大値を取る．このような分散は**デバイ型の分散**と呼ばれる．また，図4.4 における虚数部 ε_r2 の増大は，誘電体によるエネルギーの共鳴的な吸収を意味する．

例題 4.3

複素誘電率の虚数部が損失に関係することを示しなさい.

【解答】 (4.6) 式の ε_r に代わり, ε_r^* を用いて電束密度 D を表すと

$$\begin{aligned} \boldsymbol{D} &= \varepsilon_0 \varepsilon_r^* \boldsymbol{E} \\ &= \varepsilon_0 (\varepsilon_{r1} - i\varepsilon_{r2}) \boldsymbol{E} \end{aligned}$$

となる. このとき, 電磁気学によれば, 変位電流密度 $\boldsymbol{J}_d \, [\mathrm{A \cdot m^{-2}}]$ が分極に伴い電束 $\boldsymbol{D}$ の変化により流れ, その大きさは

$$\begin{aligned} \boldsymbol{J}_d &= \frac{\partial \boldsymbol{D}}{\partial t} = \varepsilon_0 \varepsilon_r^* \frac{\partial \boldsymbol{E}}{\partial t} \\ &= \varepsilon_0 (\varepsilon_{r1} - i\varepsilon_{r2}) i\omega \boldsymbol{E} \\ &= \varepsilon_0 (i\varepsilon_{r1} + \varepsilon_{r2}) \omega \boldsymbol{E} \end{aligned}$$

で表される.

ここで, 電界と同相の電流密度 $\mathrm{Re}(\boldsymbol{J}_d)$ による単位体積当たりの電力 $[\mathrm{W \cdot m^{-3}}]$ がジュール熱として失われる. その損失を 1 周期にわたり平均を取り, 計算すると

$$\begin{aligned} W &= \frac{1}{T} \int_0^T \mathrm{Re}(\boldsymbol{E}) \, \mathrm{Re}(\boldsymbol{J}_d) dt \\ &= \frac{1}{T} \int_0^T \varepsilon_0 \varepsilon_{r2} \omega E^2 \cos^2 \omega t \, dt \\ &= \tfrac{1}{2} \varepsilon_0 \varepsilon_{r2} \omega E^2 \\ &= \tfrac{1}{2} \varepsilon_0 \varepsilon_{r1} \omega E^2 \tan \delta \end{aligned} \tag{4.32}$$

となる. ただし

$$T = \frac{2\pi}{\omega}$$

は交流の周期 (sec) である. ここで

$$\tan \delta = \frac{\varepsilon_{r2}}{\varepsilon_{r1}} \tag{4.33}$$

は, **誘電正接**と呼ばれる. ジュール熱による電力損失 W の式 (4.32) は, この $\tan \delta$ に比例するので, 誘電体の損失を表す目安となる. ∎

4.3.3 変位分極の誘電分散

次に高い周波数領域まで追随可能な電子分極,およびイオン分極も含めた変位分極の誘電分散について考える.この場合,質量 m で電荷 q を帯びた粒子に対して,変位 x に比例したばね定数 k の復元力が働き,外部電界 E により強制振動を受ける状況を考え,以下の方程式を立てる.

$$m\frac{d^2x}{dt^2} = -kx + qE - \gamma\frac{dx}{dt} \tag{4.34}$$

ここで,右辺第 3 項に速度に比例する抗力の項を加えている($\gamma = m/\tau$,τ は緩和時間).

(4.27a) 式の形で角速度 ω で振動する電界の下,この運動方程式の解として

$$x(t) = x_0 \exp(i\omega t) \tag{4.35}$$

を仮定して,(4.34) 式を (4.35) 式に代入すると

$$(i\omega)^2 mx = -kx + qE - \gamma i\omega x$$

を得る.ここで $\omega_0 = \sqrt{\frac{k}{m}}$ とおき,変位 x について整理すると

$$x = \frac{q}{m}\frac{E}{\omega_0^2 - \omega^2 - i\frac{\gamma}{m}\omega} \tag{4.36}$$

となる.単位体積当たり N 個の双極子モーメントによる変位分極 P を求めると

$$P = Nqx$$
$$= \frac{Nq^2}{m}\frac{E}{\omega_0^2 - \omega^2 - i\frac{\gamma}{m}\omega}$$

を得る.この式と (4.7) 式を用いて

$$\varepsilon_r^* = 1 + \frac{Nq^2}{\varepsilon_0 m}\frac{\omega_0^2 - \omega^2 + i\frac{\gamma}{m}\omega}{(\omega_0^2 - \omega^2)^2 + \left(\frac{\gamma\omega}{m}\right)^2} \tag{4.37}$$

と表せる.(4.30) 式と同じく,複素誘電率として実数部と虚数部に分けて表すと

$$\varepsilon_{r1} = 1 + \frac{Nq^2}{\varepsilon_0 m}\frac{\omega_0^2 - \omega^2}{(\omega_0^2 - \omega^2)^2 + \left(\frac{\gamma\omega}{m}\right)^2} \tag{4.38a}$$

$$\varepsilon_{r2} = \frac{Nq^2}{\varepsilon_0 m}\frac{\frac{\gamma}{m}\omega}{(\omega_0^2 - \omega^2)^2 + \left(\frac{\gamma\omega}{m}\right)^2} \tag{4.38b}$$

これを図示すると,図 4.4 に示すように,$\omega = \omega_0$ において,複素誘電率は大きく変化する.特に虚数部 ε_{r2} においては共鳴的に吸収が起こる.[例題 4.3] で見たように,吸収されたエネルギーはジュール熱による損失として失われる.

4.4 誘電体材料の実際

4.4.1 種々の誘電体の誘電率と用途

典型的な誘電体を比誘電率 ε_r について整理すると表4.1 のようになる．空気（すなわち酸素 20%，窒素 80%）やアルゴンなどの気体の比誘電率はほぼ 1 程度と低い．また，身近な塩化ナトリウムなどの固体はこれらの数倍で 1 桁台程度の比誘電率である．

これに対し，有極性物質であるエチルアルコール（C_2H_5OH）や水（H_2O）は永久双極子となる OH 結合を有するため，他の物質に比べて極めて大きな比誘電率を示すが，無極性のシリコーン油はそれほど大きくない．

表4.1 種々の物質の比誘電率（理科年表より）

物質名	比誘電率 ε_r	備考
空気	1.000536	乾燥，20°C
アルゴン（Ar）	1.000517	気体，20°C
エチルアルコール	24.3	液体，25°C，有極性
水（H_2O）	80.4	液体，20°C，有極性
シリコーン油	2.2	液体，20°C
塩化ナトリウム（NaCl）	5.9	25°C
溶融石英（SiO_2）	3.8	20〜150°C
ソーダガラス（Na_2O–SiO_2）	7.5	20°C
アルミナ（Al_2O_3）	8.5	20〜100°C
ダイヤモンド（C）	5.68	20°C

4.4.2 コンデンサ用誘電体材料

高い誘電率が有利となる応用はコンデンサ（キャパシタ（capacitor）とも呼ばれる）に見ることができる．表4.2 に各種のコンデンサに用いられる誘電体材料をまとめた．

電子材料用のコンデンサの需要は，機器の高速，高性能化に伴い増加傾向にある．携帯電話などの IT 関連機器や，液晶 TV，DVD プレーヤーなどのデジタル家電分野の発展である．これらの電子・電気機器は，小型・薄型・高性能化が進展しており，搭載される電子部品も小型・薄型・高性能化が強く求められる．

4.4 誘電体材料の実際

表4.2 コンデンサ用の誘電体

種類	材料	比誘電率 ε_r	特徴・用途
電解コンデンサ	酸化アルミニウム (Al_2O_3)	8.5	アルミニウム表面の酸化膜
	酸化タンタル (Ta_2O_5)	27.9	陽極にタンタルを使用，薄型，軽量
フィルムコンデンサ	PET, PP, PPS, PEN	2.2～3.2	優れた周波数特性，温度特性
積層セラミックコンデンサ	酸化チタン (TiO_2)	4～200	温度補償用，Class 1 コンデンサ
	チタン酸バリウム ($BaTiO_3$)	1000～20000	大容量，Class 2 コンデンサ

PET：ポリエチレンテレフタレート，PP：ポリプロピレン，
PPS：ポリフェニルスルフィド，PEN：ポリエチレンナフタレート

(1) **電解コンデンサ** 電解コンデンサは，陽極の材質としてアルミニウム（Al），もしくはタンタル（Ta）が用いられる．**図4.5 (a)** に示すように，アルミニウム電解コンデンサは，陽極用高純度アルミニウム箔表面に形成された酸化皮膜（アルミナ，Al_2O_3）を誘電体とし，陰極用アルミニウム箔，電解液，電解紙から構成される．**図4.5 (b)** のようにシート状の層を丸めて，アルミケース内に封止される．

コンデンサの電極となる高純度アルミニウム箔はエッチングにより粗面化され，実効的な表面積を拡大することで小型，大容量，かつ軽量なコンデンサが得られる．液体もしくは固体電解質は粗面化された酸化被膜と陰極の間に入り込むため，コンデンサとしての表面積を高める効果がある．これは，平行平板コンデンサの容量が，次式で決まることを考えれば容易に理解できる．

$$C = \varepsilon_0 \varepsilon_r \frac{S}{d} \tag{4.39}$$

アルミニウム酸化被膜は**陽極酸化**と呼ばれる電気化学的な手法により

$$2Al + 3H_2O \longrightarrow Al_2O_3 + 3H_2 + 3e^- \tag{4.40}$$

という反応で酸化される．これは水中で陽極側の Al が酸素と結びつき酸化される電気化学的な現象を利用している．このとき陽極では Al が電子を奪われ酸化される一方で，陰極側で電子が供給され還元が起こる．この電気化学反応により約 1 nm のアルミナ（Al_2O_3）の酸化皮膜が形成される．

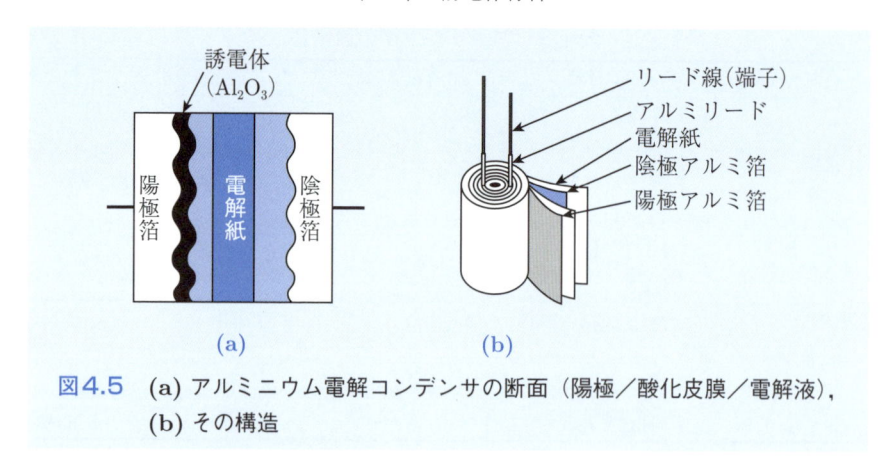

図4.5 (a) アルミニウム電解コンデンサの断面（陽極／酸化皮膜／電解液），(b) その構造

近年 CPU の高速化・高機能化により，コンデンサは高周波特性に優れ，小型で低い**等価直列抵抗**（**ESR**：equivalent series resistance）を有することが求められる．現実のコンデンサには，理想的な容量以外に，部品として種々の寄生抵抗，寄生容量，寄生インダクタンスが存在する．これを直列等価回路において，抵抗として示したのが ESR である．

また，コンデンサは CPU 近傍に搭載されるため高温環境下でもより安定な特性が求められる．これらの要求特性は電解液を使用した電解コンデンサでは対応が難しく，電解液の代替として導電性高分子を使用した**固体電解コンデンサ**である．PPy（ポリピロール）や PEDOT（ポリエチレンジオキシチオフェン）のように，熱安定性の高い導電性高分子が主に採用されている．とりわけ，アルミ酸化膜よりも誘電率の高いタンタル酸化膜（Ta_2O_5）を用いた**タンタル固体電解コンデンサ**は，単位体積当たりの容量が他のコンデンサよりも大きく，周囲温度や印加電圧の変動に対する静電容量値の安定性に優れている．このため，モバイル機器などに広く採用されている．

たとえば，タンタル固体電解コンデンサにおいては，タンタルの微粒子を加圧成形して真空中で焼結したものを陽極とし，固体電解質を充填被覆した後，カーボンと導電性ペーストで陰極引き出し層が形成される．その大容量化は，タンタル微粒子の微細化により進められ，数ミクロンからサブミクロンサイズの微粒子を用いて (4.39) 式における焼結体の実効的な表面積 S を高めている．タンタル微粒子の微細度は **CV 値**と呼ばれる，単位質量当たりの微細粉末を陽極酸化したときの，陽極酸化電圧 V と出現する容量 C の積で表される．現在，数十

万 $\mu F \cdot V \cdot g^{-1}$ レベルの高 CV 値が達成されている．タンタルの陽極化成反応は

$$2Ta + 5H_2O \longrightarrow Ta_2O_5 + 5H_2 + 10e^- \tag{4.41}$$

という電気化学的な過程で生成される．

(2) **フィルムコンデンサ** 送電系統の安定度向上，送電容量増大のための調相用の進相コンデンサとして，早くから電力用コンデンサが開発されてきた．その歴史は古く，1932 年に OF（Oil Feeding）式の絶縁紙を使用した実用器が開発された．

フィルムコンデンサは，誘電体としてプラスチックフィルムを用いる．高電圧用途では，1972 年以降，電力用に PP フィルムと絶縁紙を交互に巻いた複合誘電体と合成絶縁油を組み合わせた紙フィルムコンデンサが用いられた．絶縁耐力および $\tan\delta$ の観点からは，オールフィルム化が望ましく，1973 年にフィルム表面とアルミ箔の粗面化，含浸条件の工夫などにより，オールフィルムコンデンサが実用化された．さらに 1990 年には 22 kV 30 Mvar という大容量のタンク形オールフィルムコンデンサが開発された．

また，SF_6（1985 年）や N_2（2000 年）を封入した**オイルレスコンデンサ**が開発され，防災ニーズの高いビルの受配電設備などに設置されている．金属箔ではなく，プラスチックフィルムの表面に数十 nm の非常に薄い Al や Zn 合金を真空蒸着して電極としたフィルムが用いられ，一部が絶縁破壊しても破壊点近傍の微小面積の蒸着金属が消失し，瞬時に絶縁機能を回復するセルフヒーリング機能を持つ．そのため信頼性の高いフィルムコンデンサとして利用される．

低圧用のフィルムコンデンサは，家庭電化製品をはじめとする各種のモータ運転用，照明用，低圧進相用などの電気機器用に普及している．誘電体として，PET, PP, PPS および PEN といった汎用樹脂が用いられている．これらの樹脂と Al などの金属箔，あるいは金属を蒸着されたフィルムを巻いた構造を取る．周波数特性および寿命面で電解コンデンサに比べ優れている．機器のコンパクト化に対応して，高密度実装用にはチップ型の積層フィルムコンデンサも開発され，その用途はハイブリッド車や電気自動車などの車載用にも広がりつつある．

(3) **積層セラミックコンデンサ** 小型化が要求される表面実装用には，図 4.6 に示すようなチップ状の**積層セラミックコンデンサ**が用いられる．その構造は外部端子電極の一方に接続した内部電極と，他方の外部端子電極に接続した内部電極とが交互にセラミックスを挟んで電極の表面積を高めることで高い容量を

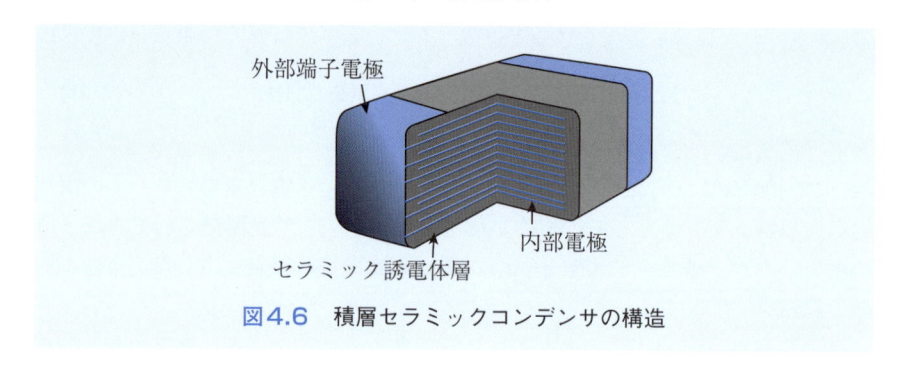

図 4.6 積層セラミックコンデンサの構造

得ている．したがって，できる限りセラミックスを薄くして相互の積層数を増やすことで容量を増やすことができるため，数百層の多層化，厚さが数ミクロンレベルまで薄膜化が進んでいる．

その最小サイズは 2.0 mm × 1.2 mm（2012 サイズ）から 1.6 mm × 0.8 mm（1608 サイズ），1.0 mm × 0.5 mm（1005 サイズ）と小型化が進み，現在 0.6 mm × 0.3 mm（0603 サイズ）が主流となり，超小型・大容量品が実現されている．0402 サイズ（0.4 mm × 0.2 mm）がスマートフォンなどに使われ，2013 年の現時点で最小 0201 サイズ（0.25 mm × 0.125 mm）の開発が報告されている．その誘電体層の薄型化と新しい誘電体材料の開発を進めることで，小型化と大容量化が着実に進行しつつある．その特徴は，低い ESR により周波数特性に優れるということであり，同時に異常電圧に強く，絶縁破壊による故障の確率が低くなる．

前述の電解コンデンサが，主に $10\,\mu\mathrm{F}$ の大容量領域において用いられるのに対して，セラミックコンデンサは pF の微小容量から大容量まで広い範囲をカバーする．セラミックスの配合比によって温度特性や容量の範囲が変わり，温度補償用コンデンサ（Class 1）と高誘電率コンデンサ（Class 2）に分けられる．

Class 1 のセラミックコンデンサには酸化チタン（TiO_2）が用いられ，容量範囲が $1\,\mathrm{pF}$ から $1\,\mu\mathrm{F}$ までをカバーする．温度変化を嫌う発振回路，フィルタなどの回路に用いられる．Class 2 のコンデンサは，チタン酸バリウムを主とする高誘電率の強誘電体（次節参照）を用いる．Class 1 の材料と比べると温度変化と損失が大きいが，$100\,\mu\mathrm{F}$ までの大容量が得られる．チタン酸バリウムの温度は，強誘電体特有のキュリー点に対応した複雑な誘電率の温度依存性を有するためである．

4.5 強誘電体材料

4.5.1 強誘電体材料の性質

これまで見てきた誘電体は，(4.2) 式に示すように外部電界 E に比例した双極子モーメント μ が発生し，そのベクトル和として分極 P が発生するものであった．このような誘電体を**常誘電体**と呼ぶ．これに対して，本節で説明する**強誘電体**とは，外部電界を印加せずとも双極子モーメント，すなわち分極を保持するもので，一般にこれを**自発分極**と呼ぶ．

表4.3 に強誘電性を示す物質とその自発分極 P_s およびキュリー温度 T_c を示す．これらの物質の誘電率は外部から印加される電界により変化し，その比誘電率 ε_r は常誘電体に比べると数千から数万と極めて高い．強誘電体の自発分極は温度依存性を持っており，キュリー温度 T_c 以上になると，自発分極が消滅する．一般に温度や圧力が変わることで，結晶がある構造から別の構造へと形を変えることを**構造相転移**と呼ぶ．強誘電体において，キュリー温度 T_c を境に安定な構造がある状態 A から他の状態 B へと移ることも，この構造相転移の一種である．

表4.3 典型的な強誘電体の自発分極 P_s とキュリー温度 T_c（代表値）

タイプ	種類	$P_s\ [10^{-2}\,\mathrm{C\cdot m^{-2}}]$ （温度）	$T_c\ [\mathrm{K}]$
変位型	$BaTiO_3$	26.0　（296 K）	408
	$LiNbO_3$	71　（296 K）	1480
秩序・無秩序型	KH_2PO_4	4.75　（96 K）	123
	KD_2PO_4	4.83　（180 K）	213

強誘電体の大きな特徴は，分極 P と電界 E が図4.7に示すようなヒステリシスループを描く点である．点 O の $E=0$ で $P=0$ から出発して，電界の印加により徐々に分極が発生し，点 A, B を経由して点 C で分極が飽和する．常誘電体と異なり，強誘電体の比誘電率 ε_r，電気感受率 χ，分極率 α などが定数でなく，外部電界 E によって変化する．

双極子モーメントを持つ分子は，各分域ごとに双極子モーメントの向きが揃っており，外部電界のない状態でも自発分極を示す．ここで，P_r を**残留分極**（remnant polarization），E_c を**抗電界**（coercive field）と呼び，電界を取り去っても，残留分極を生

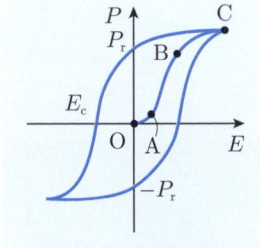

図4.7 強誘電体における分極と電界の関係（P–E 曲線）

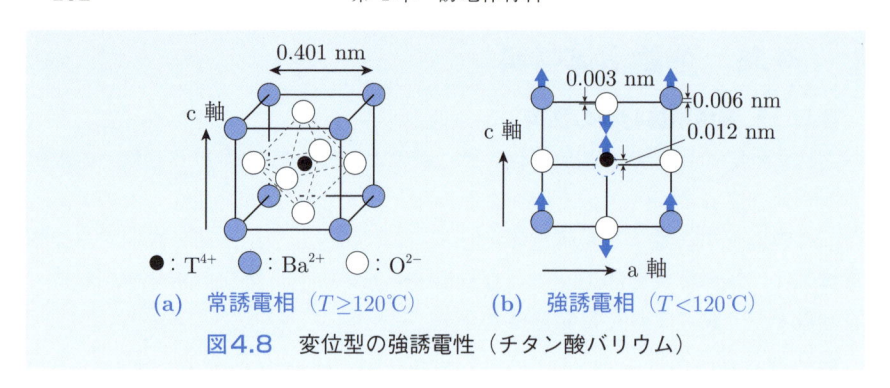

図4.8 変位型の強誘電性（チタン酸バリウム）

(a) 常誘電相（$T \geq 120°C$）
(b) 強誘電相（$T < 120°C$）

●：T^{4+}　●：Ba^{2+}　○：O^{2-}

じるので，逆向きに E_c を加えて初めて分極をゼロにできる．

強誘電体は，自発分極の発生の機構により，変位型と秩序・無秩序型に分けられる．**変位型**はイオン結晶性を持つ物質において，結晶内のイオンが平衡位置から少しずれていることにより，自発分極が発生するものである．

その代表例は，図4.8 (a) に示すような**ペロブスカイト構造**と呼ばれる結晶構造を取るチタン酸バリウム（$BaTiO_3$）である．これは典型的なイオン結晶であり，Ti^{4+} イオンを中心に，各頂点に酸素イオン O^{2-} を配置した正6面体構造の面心にバリウムイオン Ba^{2+} が存在する．チタン酸バリウムはキュリー点である T_c：120°C 以上において立方晶の対称な構造を取り，常誘電体として振る舞う．

一方，120°C 以下の温度ではチタン酸バリウムは正方晶となり，図4.8 (b) のように大きな電荷を持つ Ti^{4+} が，酸素イオンの作る正八面体構造の中心から変位する．正負イオンのc軸方向に対するわずかな変位により自発分極を生じる．

これに対して**秩序・無秩序型**は，結晶内に回転もしくは反転可能な双極子が存在し，これらが整列すると自発分極を形成する．その代表例である，**リン酸二水素カリウム**（KH_2PO_4，略称で **KDP** とも呼ばれる．図4.9 参照）においては，PO_4 酸素四面体が水素結合で三次元的に結合している．

このとき，水素原子 H が隣接する 2 つの PO_4 間においてどちらかに偏り，2 つの水素結合の形態 (O–H⋯O)，(O⋯H–O) のいずれかに安定な配置を取り得る．この 2 つの配置において，$(H_2PO_4)^-$ と K^+ の作る双極子の配向状態は異なるが，配向が無秩序であれば自発分極は生じない．キュリー温度 T_c 以下では，配向秩序を持つために自発分極が現れる．この誘電性は水素イオンの運動と

図4.9 秩序・無秩序型の強誘電性（リン酸二水素カリウム）

関係しているので，重水素で置換すれば T_c は 2 倍近くになる．この KDP 結晶は，オプトエレクトロニクス分野において，電気光学素子として用いられる．

個々の双極子を揃える自発分極が発生する機構は，以下のように理解できる．ローレンツによる局所電界 (4.18) 式を (4.16) 式に代入し，双極子分極 $\boldsymbol{P}$ を求めると，次式を得る．

$$\boldsymbol{P} = \frac{\frac{N\mu_p^2}{3kT}}{1 - \frac{N\mu_p^2}{9k\varepsilon_0 T}}\boldsymbol{E} \tag{4.42}$$

自発分極が生じるということは，巨視的電界 $\boldsymbol{E} = \boldsymbol{0}$ であっても $\boldsymbol{P} = \boldsymbol{0}$ とならないということを意味する．このとき $T = T_c$ にて (4.42) 式の分母がゼロであればよい．たとえば，$N = 3 \times 10^{28}\,[\mathrm{m}^{-3}]$，$\mu_p = 0.3 \times 10^{-29}\,[\mathrm{C \cdot m}]$ を代入すると，$T_c = \frac{N\mu_p^2}{9k\varepsilon_0} = 246\,[\mathrm{K}]$ という値が得られる．この値は**表4.3**に示す秩序・無秩序型の T_c の数値と同程度である．

4.5.2 強誘電体の応用

強誘電体の高い誘電率だけでなく自発分極を活かした応用例としては，圧電性および焦電性，および不揮発メモリへの応用がある．ここでは，**強誘電体メモリ**（**FeRAM**：ferroelectric random access memory）について紹介する．FeRAM は**図4.7**の P–E 曲線の正負の残留分極値 $+P_r$，$-P_r$ を，バイナリ情報の 0 と 1 に対応させることで電源を切っても記憶内容が消えない不揮発性のメモリとなる．また分極反転時間が数 ns 程度と速く，高速動作が可能である．

デバイスの基本的な構造は，DRAM と同じく 1 トランジスタ/1 キャパシタ*（1T/1C）セルである．その書込み時には，**図4.10**に示すように**ワード線**（WL）を用いてセルを選択した後に，**ビット線**（BL）と**プレート線**（PL）との間に電圧を印加して，強誘電体キャパシタを分極させる．これは**キャパシタ型 FeRAM** と呼ばれ，読出し時には一定方向のパルス電圧を加え，強誘電体膜の分極反転に伴う電流が外部回路に流れたかどうかを判定する．もし印加パルスが自発分極の方向と同じ方向であれば分極反転は起こらず，ヒステリシスに対応したわずかな電荷が

図4.10
キャパシタ型（**1T/1C** 型）の **FeRAM** のセル構成．破線部は強誘電体キャパシタを示す．

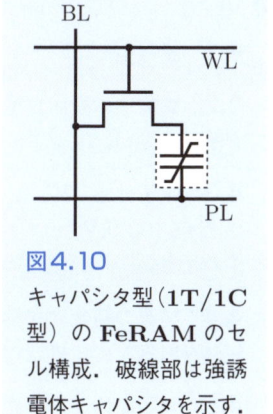

*：コンデンサと同義だが，エレクトロニクス分野ではこの呼称が一般的である．

流れる．また，分極方向がパルスの方向と逆方向の場合には，分極反転してより大きな電流が流れる．この読出し動作後には分極の方向が揃ってしまうので再書込み動作が必要である．

このとき，強誘電体キャパシタに蓄えられた電荷は電源を切っても消失しない．このため DRAM とは異なりリフレッシュ動作が必要ないので，消費電力は DRAM よりもはるかに少ない．フラッシュメモリと比較すると，FeRAM では情報の書換え回数がフラッシュメモリより 100 万倍以上多く可能で，書換え速度もはるかに速い．また消費電力が低いだけではなく動作電圧も低い．

FeRAM 用の強誘電体材料として，PZT 系と Bi 系がある．前者はチタン酸ジルコン酸鉛 $Pb(Zr_x Ti_{1-x})O_3$ (PZT)，後者には $Bi_4 Ti_3 O_{12}$ (BIT)，$SrBi_2 Ta_2 O_9$ (SBT)，および $Bi_{4-x} La_x Ti_3 O_{12}$ (BLT) がある．これらの薄膜作製プロセスは，第 3 章で半導体薄膜の形成法として紹介したスパッタリング法や MOCVD 法により作製され，半導体 CMOS プロセスと互換性が保たれている．

現在，容量 32 Kbit〜256 Kbit で，100 ns オーダーの書換え速度，10^{12} 回の読出し書込みが可能な FeRAM が実用化されている．これらの特徴を活かし FeRAM は IC カードや電子タグなどに使われている．また認証動作を多数回行うリアルタイム認証用のデバイスではフラッシュメモリより高速動作が可能な FeRAM が主に使われている．DRAM の読出し書込み耐性である 10^{15} 回には及ばないが，産業機器，車載機器，通信機器などに用いられている．

4章の問題

4.1 誘電体とコンデンサの容量 コンデンサの容量を高める方法を述べなさい．

4.2 誘電体の高周波損失 高周波用コンデンサ用の誘電体材料で，配慮すべき点を挙げなさい．

4.3 電子分極 He $(Z=2)$ の電子分極率 α_e は 0.2×10^{-40} $[F \cdot m^2]$ である．電界 $E = 100$ $[kV \cdot m^{-1}]$ が印加されたときの He 原子の原子核と電子雲のずれ x を求めなさい．

4.4 物質の極性 有極性物質および無極性物質の例を挙げて，その分子構造や誘電体材料としての性質の違いを述べなさい．

4.5 強誘電体メモリデバイス 強誘電体を用いたメモリ素子である FeRAM の特徴を，他の DRAM やフラッシュメモリといったメモリ素子と比較し，その優劣に基づき，有効な応用例を示しなさい．

第5章

絶縁材料

　絶縁体は，ケーブルや高電圧機器における，いわゆる重厚長大な絶縁体から，マイクロエレクトロニクス分野の微細な絶縁体に至るまで，種々の応用がある．いずれも高電界にさらされるという点では変わりはない．

　本章では，電力分野やエレクトロニクス実装分野，LSI分野において重要な絶縁体について述べる．

第5章 絶縁材料

5.1 絶縁体とは

物質を抵抗率により分類する考え方によれば，絶縁体とは抵抗率が $10^8 \sim 10^{16}\,\Omega\cdot\mathrm{m}$ 程度の物質である．また，エネルギーバンド構造から考えると，絶縁体は半導体と比べて，禁制帯幅が大きいのみで本質的な違いはない．

実用的な絶縁材料は必ずしも結晶構造を取るとは限らない．電力ケーブルは柔軟性の点から，絶縁材料に有機高分子が用いられる．このような有機高分子は，結晶質と非晶質部が混ざった状態にあり，物理定数を抽出するのが一般に困難である．

本章ではまず絶縁体中のキャリアの振舞いを説明し，絶縁体の電流を抑制する機能について理解する．後半では，電力，電気機器分野で用いられる有機絶縁材料やエレクトロニクス分野の LSI 用無機絶縁材料などの具体例を解説する．

● 絶縁材料は縁の下の力持ち ●

絶縁材料というと，電力技術に用いられる重厚長大な電力ケーブルを思い浮かべるなど，古くて成熟した技術という印象を持たれるかもしれない．後述するが，軽薄短小かつ先端技術の象徴である LSI においても半導体中の絶縁材料は活躍している．

20 世紀は LSI を中心とする半導体エレクトロニクスの時代として花開き，個別部品の高性能化・小型化が進むとともに，それらを実装した電気電子機器の小型化が進展した．たとえば，1980 年代の携帯電話が肩掛けサイズ（ショルダーホン，重量が約 3 kg，1985 年～）から，500 ml ペットボトル程度のサイズ（重量約 900 g，1987 年～）を経て，今や手のひらに収まる携帯電話に至る．携帯電話においては，多種多様な電子部品を限られた領域内に実装するため，絶縁性と優れた熱的・機械的特性を兼ね備えたエンジニアンリングプラスチックを利用したエレクトロニクス実装技術により支えられている．

電力分野の絶縁材料においてもナノテクノロジー技術が適用されている．電力輸送を支える数十～数百 kV の絶縁開閉装置や変圧器では，現行の温室効果ガスである絶縁用 SF_6 を代替するため，固体絶縁用ナノコンポジット絶縁材料が開発されている．

以上のように，我々の生活や環境は，縁の下の力持ちである絶縁材料の技術によって成り立っていることを認識してほしい．むしろ，古くからある技術分野であるからこそ，材料技術の革新により我々の生活や環境の質を着実に高めることができるのである．

5.2 絶縁体における電気伝導

5.2.1 絶縁体中のキャリアの振舞い

絶縁材料は抵抗率が無限大であるわけではなく，高電界や薄膜など特殊な条件下では，絶縁体であっても微小な電流が流れる．電磁気学におけるマクスウェル方程式によれば，アンペールの式における電流には変位電流 j_d と伝導電流 j_c と 2 つの成分からなる．

$$j = j_d + j_c \tag{5.1}$$

変位電流 j_d は，平行平板にはさまれた絶縁体に電流を流したとすると，電束密度 D の時間変化で表され，$D = \varepsilon_0 E + P$ であるから，次式で表される．

$$j_d = \frac{\partial D}{\partial t} = \varepsilon_0 \frac{\partial E}{\partial t} + \frac{\partial P}{\partial t} \tag{5.2}$$

この変位電流の最右辺第 2 項の分極電流は，第 4 章の誘電体の項で説明したように電子分極やイオン分極などの変位分極，あるいは双極子の回転による．

一方で，真電荷 e のキャリアによる伝導電流 j_c は定常的に流れる電流であり，**漏れ電流**ともいう．これはキャリア密度を n，その平均速度を $\langle v \rangle$ として

$$j_c = en\langle v \rangle \tag{5.3}$$

と表せる．したがって，キャリアの発生機構と輸送機構の両方について考える必要がある．半導体の電気伝導において導入した移動度 μ を用いると

$$\langle v \rangle = \mu E \tag{5.4}$$

という比例関係が成り立ち，(5.3) 式と (5.4) 式を合わせて

$$j_c = en\mu E \tag{5.5}$$

としてオーム則が成り立つはずである．ただし，絶縁体の場合，金属や半導体と比べて，単純ではない．絶縁体におけるキャリアの起源として **図5.1 (a)** および **(b)** のエネルギーバンド図に示すように 2 つの可能性が考えられる．

まず，絶縁体のキャリア密度を禁制帯幅が大きな真性半導体と捉えて，真性キャリア密度を考えると，第 3 章の半導体の項で示したように

$$n_i = \sqrt{N_c N_v} \exp\left(-\frac{E_g}{2kT}\right) \tag{5.6}$$

と表される．ここで，上式の指数部分に着目すると，半導体である Si 結晶 ($E_g \simeq 1.1\,[\mathrm{eV}]$) と絶縁体である SiO_2 ($E_g \simeq 9.0\,[\mathrm{eV}]$) を比べれば，熱的なキャリアは $\frac{\exp(-1.1)}{\exp(-9.0)} = \exp(7.9) = 2700$ 倍ほど異なり，**図5.1 (a)** のような熱励起によるキャリア生成は無視できるほど小さいと考えられる．

図5.1 金属／絶縁体／金属構造における絶縁体中のキャリア発生と注入の模式図.
(a) 熱励起　(b) 電極からのキャリア注入

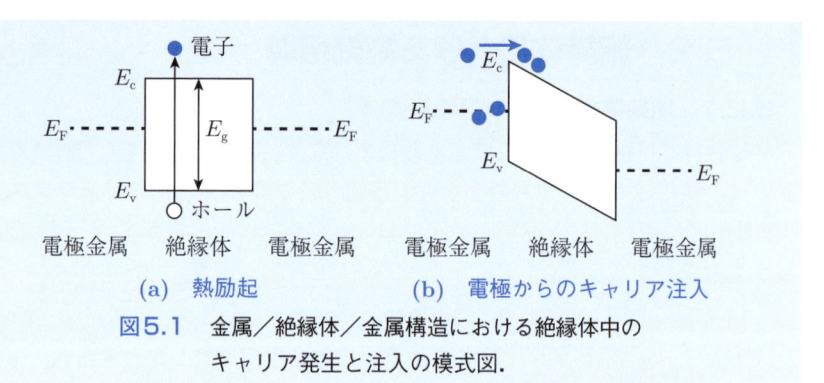

図5.1 (b) の電極からのキャリア注入の場合，絶縁体の伝導帯の下端 E_c とフェルミレベル E_F との差は数 eV となり，高電界下で初めて注入が生じる．たとえば，後述の集積回路などにおける微細化に伴う薄膜化などによって，絶縁体が高い電界となる場合，キャリアの注入による影響が無視できなくなる．

キャリアの輸送機構には，**エネルギーバンドモデル**とホッピングモデルがある．多くの半導体に見られるような結晶を考えた場合，図5.2 (a) のように明確なバンド端が形成される．これに対して，重要な絶縁体の多くは，高分子やガラスのような非晶質体であり，**局在準位**と呼ばれる状態をキャリアが移動する（ホッピング）ことにより輸送される．このとき，移動度 μ は

$$\mu = \mu_0 \exp\left(-\frac{U}{kT}\right) \tag{5.7}$$

により表される．たとえばポリエチレンは，μ が $10^{-7} \sim 10^{-14}\,\mathrm{m^2 \cdot V^{-1} \cdot s^{-1}}$ 程度と非常に小さく，(5.7) 式に示されるようにアレニウス型で U は**活性化エネルギー**と呼ばれ，局在準位間を移動する際のエネルギー障壁に相当する．

高電界では図5.1 (b) に示すように電極から絶縁体への電子注入が支配的になる．このとき，電荷（電子，正孔）の注入，電荷の捕獲，および絶縁体からの掃出しのバランスにより，空間電荷制限電流あるいはショットキー電流の2つのタイプの電流が流れる．これらについて説明する．

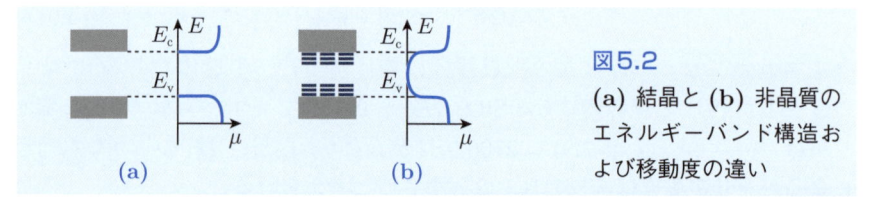

図5.2
(a) 結晶と (b) 非晶質のエネルギーバンド構造および移動度の違い

5.2.2 空間電荷制限電流

電荷注入の結果，絶縁体中に電荷が捉えられる現象を一般に**キャリアの捕獲**といい，その結果生じた電荷を**空間電荷**と呼ぶ．図5.3に電子が捕獲された際のエネルギーバンドの様子を示す．電荷注入前の**(a)**から空間電荷の形成が生じる**(b)**の場合，界面で電子の注入を妨げるような電界 $E(x=0) > 0$ の成立条件は

$$E(x) = \frac{dU(x)}{dx} \tag{5.8}$$

より，$\frac{dU(0)}{dx} > 0$ となるときである．

図5.3に示すように，電極近傍に注入された電子が空間電荷として蓄積した状況に相当する．絶縁体の比誘電率を ε_r とするとガウスの定理（$\mathrm{div}\,\boldsymbol{D} = \rho$）より

$$\frac{dE(x)}{dx} = -\frac{en_e}{\varepsilon_r \varepsilon_0} \tag{5.9}$$

である．注入電子 n_e の増加で，図5.3のようにポテンシャル $U(x)$ は上に凸になり，その曲率が増加する．このとき流れる電流は**空間電荷制限電流**と呼ばれ，次式で表される．

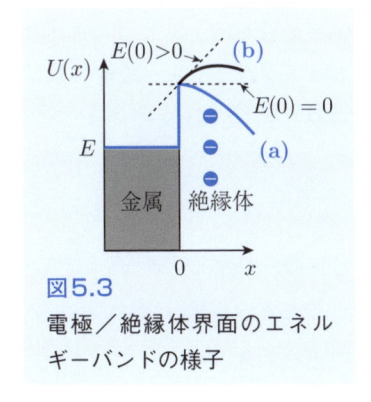

図5.3 電極／絶縁体界面のエネルギーバンドの様子

$$J = \frac{9}{8} \varepsilon_r \varepsilon_0 \mu \frac{V^2}{d^3} \tag{5.10}$$

ここで，V と d はそれぞれ，絶縁体への印加電圧と厚さである．両対数グラフに J–V 特性を取ると，直線の傾き 1（オーム則）から傾き 2 へと変化する．このとき電流は**輸送律速**されているという．

5.2.3 ショットキー電流

電子注入が支配的な場合でも，膜が十分に薄いなど，次々に膜外に電子が掃き出される場合，空間電荷の形成はない．このときの電流は，**注入律速**されているという．電界による金属の仕事関数の低下を**ショットキー効果**と呼ぶ．

図5.4において，このとき，実効的な仕事関数 Φ_{eff} は金属の仕事関数 Φ_M に対して，鏡像力によるポテンシャルの低下分 $\Phi_{\max}$（< 0）を考慮して

$$\Phi_{\mathrm{eff}} = \Phi_M + \Phi_{\max} \tag{5.11}$$

と表せる．ただし

$$\Phi_{\max} = -\sqrt{\frac{e^3 E}{4\pi\varepsilon_r\varepsilon_0}} \quad (5.12)$$

となり，障壁が最大となる位置 $x_{\max}$ は次式で表される．

$$x_{\max} = \sqrt{\frac{e}{16\pi\varepsilon_r\varepsilon_0 E}} \quad (5.13)$$

金属中の電子はフェルミ–ディラック分布に従うが，マクスウェル–ボルツマン分布で近似すると，障壁 Φ_{eff} 以上の電子の分布は $\exp\left(-\frac{\Phi_{\mathrm{eff}}}{kT}\right)$ に比例する．よってショットキー電流の式は，(5.11) 式および (5.12) 式より

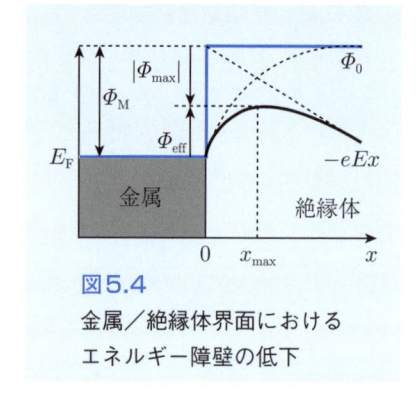

図5.4 金属／絶縁体界面におけるエネルギー障壁の低下

$$J = J_0 \exp\left(-\frac{\Phi_{\mathrm{M}} - \beta_{\mathrm{s}}\sqrt{E}}{kT}\right) \quad (5.14)$$

となる．ただし，$\beta_{\mathrm{s}} = \sqrt{\frac{e^3}{4\pi\varepsilon_r\varepsilon_0}}$ である．金属からの熱電子放出を表す関係式

$$J = J_0 \exp\left(-\frac{\Phi_{\mathrm{M}}}{kT}\right) \quad (5.15)$$

と比較すると，(5.14) 式では，電界が印加された絶縁体に対しエネルギー障壁が $\beta_{\mathrm{s}}\sqrt{E}$ だけ低下することがわかる．このとき，$\log_e J \propto E^{1/2}$ となることから，縦軸 $\log_e J$，横軸 $E^{1/2}$ でプロット（**ショットキープロット**）したときに，直線に乗るかどうかで，ショットキー電流であるかどうかの判別ができる．

■ 例題5.1 ■

(5.12) 式および (5.13) 式を求めなさい．$\varepsilon_r = 1$ として $E = 10^7 \, [\mathrm{V\cdot m^{-1}}]$ の場合には上記の $x_{\max}$，$\Phi_{\max}$ はいくらとなるか求めなさい．

【解答】 金属表面から x の位置に電子を置くと静電誘導によって金属表面に逆符号の電荷が生じる．電子に働く力は $-x$ の位置に鏡像電荷 $+e$ を置いたと見なして，$F = -\frac{e^2}{4\pi\varepsilon_r\varepsilon_0(2x)^2}$ と表せる．エネルギーは無限遠を基準に取り，電子のポテンシャルエネルギーを求めると，次式を得る．

$$\begin{aligned}\Phi_0(x) &= -\int_\infty^x F\,dx = \int_\infty^x \frac{e^2}{4\pi\varepsilon_r\varepsilon_0(2x)^2}\,dx \\ &= -\frac{e^2}{16\pi\varepsilon_r\varepsilon_0 x}\end{aligned}$$

電界 E が $-x$ 方向に印加された際の電子のポテンシャルエネルギー $\Phi(x)$ は

$$\Phi(x) = \Phi_0(x) - eEx = -\frac{e^2}{16\pi\varepsilon_r\varepsilon_0 x} - eEx \tag{5.16}$$

と表せる．したがって

$$\frac{d\Phi(x)}{dx} = \frac{e^2}{16\pi\varepsilon_r\varepsilon_0 x^2} - eE = 0$$

より，ポテンシャルの最大値を与える位置 $x_{\max}$ として (5.13) 式が得られ，$\Phi_{\max} = \Phi(x_{\max})$ として (5.12) 式が得られる．

$$x_{\max} = \sqrt{\frac{1.60\times10^{-19}}{16\times3.14\times1\times8.85\times10^{-12}\times10^7}}$$
$$= 6.00\,[\text{nm}]$$

および

$$\Phi_{\max} = -\sqrt{\frac{(1.60\times10^{-19})^3\times10^7}{4\times3.14\times1\times8.85\times10^{-12}}}$$
$$= 1.92\times10^{-20}\,[\text{J}] = 0.120\,[\text{eV}]$$

を得る． ∎

5.2.4 トンネル電流

図 5.5 に示すようにエネルギー障壁 $U(x)$ を介して，電子の波動関数のしみだしが可能な場合，トンネル電流が流れる．電子が障壁を通過する確率 T は

$$T(E_x) = \exp\left(-\frac{4\pi}{h}\int_{S_1}^{S_2}\sqrt{2m^*\{U(x)-E_x\}}\,dx\right) \tag{5.17}$$

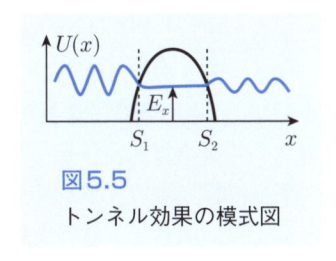

図 5.5 トンネル効果の模式図

と表せる．エネルギー障壁の厚み $S_2 - S_1$ が極めて薄い場合，あるいは高電界において，$U(x)$ の形が変化し等価的に薄くなった場合，トンネル電流が流れる．前者は**直接**トンネリングと呼ばれる．一方，後者はファウラー–ノルドハイム (Fowler-Nordheim) と呼ばれ，これによるトンネル電流の大きさは次式で表される．

$$J = AE^2 \exp\left(-\frac{B}{E}\right) \quad (A, B \text{ は定数}) \tag{5.18}$$

このとき，縦軸 $\log_e \frac{J}{E^2}$，横軸 $\frac{1}{E}$ でプロット（F-N プロット）し，直線に乗るかどうかで F-N トンネル電流かどうか判定することができる．

5.3 絶縁体の応用

5.3.1 有機固体絶縁材料

(1) 有機材料の基本的な性質 絶縁体はその形態から，気体絶縁体，液体絶縁体，固体絶縁体に分けられる．さらに実用上重要な固体絶縁体は，無機絶縁体と有機絶縁体に分けることができる．

天然の有機絶縁材料は，樹脂，ろう，ゴム，繊維などがあるが，工業製品に使われる機会は少ない．今日，工業的に用いられるものに**絶縁紙**がある．紙の主成分は木材から得られるセルロースであるが，そのメリットは薄いシート状のものを容易に作れる点にある．シートは導体に巻きつけて使うことができるのでコンデンサ，ケーブル，変圧器などの機器絶縁に用いられる．厚さ 0.05〜0.1 mm のクラフト紙や厚さ 0.5〜13.0 mm のプレスボードがあり，前者は電力ケーブルや機器の絶縁に，後者は電力用の大型変圧器や柱上変圧器に用いられる．

絶縁材料として使用される合成有機材料は，一般に高分子である．合成有機材料は**可塑性**（plasticity）を有するため**プラスチック**（plastic）とも呼ばれる．

数千から数百万という多数の原子からなる高分子物質は，**単量体**（monomer）と呼ばれる基本構造が互いに結合し，**重合体**（polymer）となる．単量体が結合する際の反応を**重合**（polymerization）と呼ぶ．図 5.6 (a) に示すのは，単量体であるエチレン C_2H_6 が，他の単量体と結合を形成し，鎖状のポリエチレンを形成する反応である．異なる単量体が重合する場合を**共重合**（copolymerization）と呼び，生じた高分子を**共重合体**（copolymer）と呼ぶ．これにより，種々の単量体の特徴を組み合わせた多様な高分子の生成が可能となる．また，基本構造の形成過程において単量体同士が結合する際に，水などの小さな分子を取り外しながら，結合する過程を**縮合**と呼ぶ．さらに連鎖的な重合により高分子が生成する過程を，**縮重合**あるいは**縮合重合**（condensation polymerization）と呼ぶ．図 5.6 (b) に示すように，ポリエチレンテレフタレート（PET）は，エチレングリコール $C_2H_6O_2$ とテレフタル酸 $C_8H_6O_4$ とを脱水縮合させて作られる．

(2) 有機高分子の熱物性 表 5.1 に典型的な高分子材料の熱的な性質を示す．有機高分子の特徴は，金属材料に比べて，その状態や物性の変化，あるいは劣化する温度が低く，その範囲が狭い点である．たとえば，成型加工はこのような特徴をうまく利用している．高分子材料は，結晶部と非晶部からなる**結晶性高分子**と非晶部のみからなる**非晶性高分子**に分類できる．後者は，さらに**ガラス転移点**（T_g）が室温より低い**ゴム状高分子**と室温より高い**ガラス状高分子**に分類さ

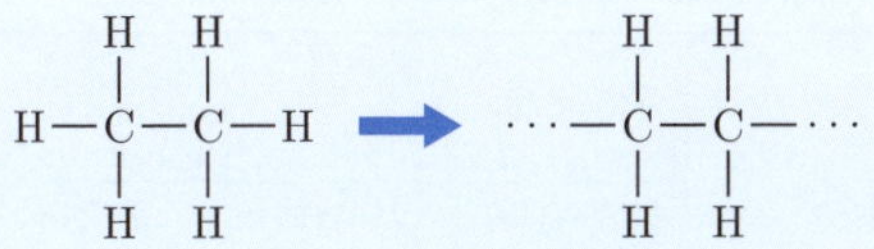

(a)　ポリエチレンの重合反応

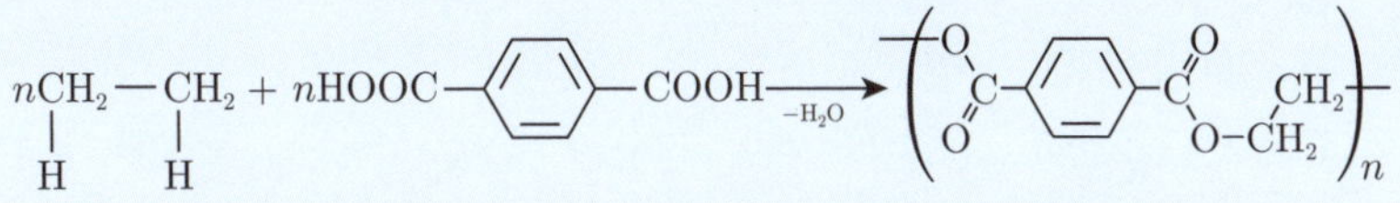

(b)　ポリエチレンテレフタレート（PET）の縮重合反応

図5.6　(a) ポリエチレンの重合反応，および
(b) ポリエチレンテレフタレートの縮重合反応

れる．結晶性高分子と非晶性高分子の物性は，それぞれ結晶部の融点（T_{m}）と T_{g} の前後で大きく変化するので，使用最高温度も T_{m} と T_{g} により制限される．

結晶性高分子の場合，融点を境に結晶状態から溶融状態に変化し，その体積は不連続的に増加する．一方，非晶性高分子は T_{g} 以下でガラス状態，T_{g} 以上で温度の上昇に伴いゴム状態から溶融状態へと変化し，体積が増加する．たとえば，ポリスチレンのような非晶質性樹脂は，ガラス転移点 T_{g} において低温でガラス状の脆い状態から，高温で柔らかくてゴム状弾性を示す状態に移る．ガラス転移のもともとの意味は，高温で柔らかい高分子が冷却固化してガラス化することである．結晶性樹脂であるポリエチレンの場合，加熱により軟化するが，融点 T_{m} に達すると融解する．逆に融解した結晶性樹脂を冷却すると，一般に T_{m} よりも低い結晶化温度で結晶化する．

一般に，高分子材料の熱膨張係数は T_{g} 以下であっても金属やセラミックスに比べて数倍以上大きい．これは低温から高温にかけて励起される多様な分子運動によって分子鎖間の自由体積が増加するためである．高分子材料の体積膨張を制御するのは困難であるが，ガラスクロスや炭素繊維などの無機充填材との複合材料化により熱膨張係数が数 $\mathrm{ppm \cdot K^{-1}}$ の基板も製造されている．

高分子材料は，温度上昇による分子運動の活発化により弾性率が T_{m} または T_{g} 以上で顕著に低下する熱可塑性樹脂と，高温で分子間反応が進み弾性率が上昇する熱硬化性樹脂に分類される．

熱硬化性樹脂であるエポキシ樹脂やフェノール樹脂の絶縁破壊強度は，極性

表5.1 代表的な高分子材料と金属の熱物性（代表値）

構造	種類	T_g [°C]	T_m [°C]	耐熱性 [°C]	熱伝導率 [W·m^{-1}·K^{-1}]	熱膨張係数 [ppm·K^{-1}]
結晶性	LDPE	-120	108〜126	82〜100	0.33	100〜220
結晶性	HDPE	-120	126〜136	122	0.46〜0.52	110〜130
結晶性	PP	-20	164〜170	107〜127	0.12	58〜102
結晶性	PA（ナイロン66）	50	253〜263	82〜121	0.24	80
結晶性	PC	150	220〜230	125	0.19	66
結晶性	PTFE	-33	327	260	0.25	100
非結晶性	PS	110	—	65〜77	0.10〜0.14	60〜80
非結晶性	PMMA	72〜105	—	60〜93	0.17〜0.25	50〜90
非結晶性	PI	>400	—	350	0.18	27
非結晶性	Epoxy	120〜140*	—	120	0.19	40〜70
非結晶性	Phenolic	150〜170*	—	120	0.15	22〜60
金属	鉄	—	1536	800	83.5 （0°C）	11.8 （20°C）

* 熱変形温度．LDPE：低密度ポリエチレン，HDPE：高密度ポリエチレン，
PP：ポリプロピレン，PC：ポリカーボネート，PTFE：ポリテトラフルオロエチレン，
PS：ポリスチレン，PI：ポリイミド，Epoxy：エポキシ樹脂，Phenolic：フェノール樹脂

基を有しないポリエチレン（PE），ポリテトラフルオロエチレン（PTFE）に比べて低いものの 12〜20 kV·mm^{-1} 以上であり，体積抵抗率も 10^9〜10^{10} Ω·m 以上と優れた電気絶縁性を示す．ただし，ポリマー材料の絶縁破壊強度や体積抵抗率は分子運動の活発化に伴って低下し，T_g 以上では急激に劣化する．

誘電体の比誘電率は材料内の電子分極，双極子分極，イオン分極の配向運動からの寄与の和によるため，電子分極，双極子モーメント，イオン含量の高い高分子材料が大きな誘電率や tan δ の値を示す．温度の上昇に伴い，電子分極に加えて局所回転（γ分散），側鎖回転（β分散），主鎖の並進運動（α分散）が順に生じ，これらが双極子やイオンの運動・配向を誘起するため，誘電率は上昇する．高分子材料を絶縁体として使用する場合，誘電率および誘電正接が低いことが好ましく，熱物性および電気物性の観点からも T_g の高い高分子材料が優れている．PTFE に代表されるフッ素樹脂は，耐熱性が高く，誘電率や誘電正接が小さいが，他材料（高分子材料，金属，無機物）との接着性に劣るため，エポキシ樹脂やポリイミドが広く使用されている．

5.3.2　合成有機絶縁体

表5.2に典型的な合成有機絶縁体の絶縁特性を示す．前述のように，一般に樹脂は熱的過程を経て，成型されることから大きく熱硬化性樹脂および熱可塑性樹脂に分けられる．前者は，加熱による化学反応で不可逆な三次元構造を形成し，硬化するという特徴を示す．後者は加熱すると化学構造を変えることなく軟化するという特徴がある．その他にゴム材料や繊維質材料がある．

(1)　<u>熱硬化性樹脂</u>　熱硬化性樹脂は加熱すると，まず可塑性を示したのち，分子が三次元的な結合により硬化し，溶剤などにも溶けにくくなるという性質を示す．熱硬化性樹脂は機械的に強く，化学的な安定性を示す．フェノール樹脂（phenolic resin）は，フェノール（C_6H_5OH）やレゾール（$C_6H_4(CH_3)OH$）などのフェノール類とホルムアルデヒドやアセトアルデヒドなどのアルデヒド類が縮合してできる縮合物であり，1907年に発明された，ベークライト（商品名）が有名である．このとき酸触媒とアルカリ触媒を使い分けて，縮重合することで，それぞれノボラック樹脂とレゾール樹脂が得られる．さらに，これらを3次元的に架橋させることで，**図5.7 (a)**に示すような構造を取るフェノール樹脂が得られる．

エポキシ樹脂（epoxy resin）は，**図5.7 (b)** および **(c)** に示すような環状のエポキシ基を分子鎖の末端に有する樹脂である．エポキシ樹脂は，寸法安定性や耐水性・耐薬品性および電気絶縁性が高く，経済性に優れることから，電気・電子産業において前述のフェノール樹脂とともに最も多く使われている．

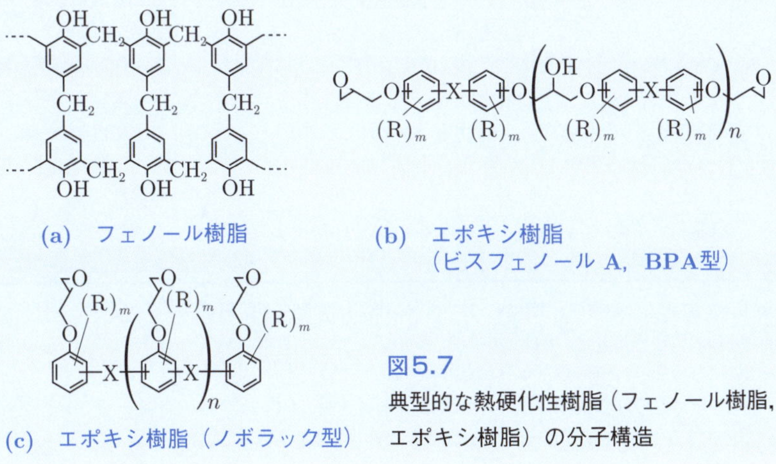

(a)　フェノール樹脂

(b)　エポキシ樹脂
　　（ビスフェノール A，BPA型）

(c)　エポキシ樹脂（ノボラック型）

図5.7
典型的な熱硬化性樹脂（フェノール樹脂，エポキシ樹脂）の分子構造

表5.2 合成有機絶縁体材料の絶縁特性

分類		比誘電率 (60 [Hz], 20°C)	体積抵抗率 [Ω·m] (20°C)	絶縁耐力 [kV·mm^{-1}]	特徴・用途
熱硬化性樹脂	Phenolic	5〜6.5	$10^9 \sim 10^{10}$	12〜16	成型・積層された回路部品，電子部品．
	Epoxy	3.5〜5.0	$10^{13} \sim 10^{15}$	16〜20	高電圧機器用絶縁．積層，注型含浸用樹脂．
	UP	3.0〜4.4	10^{12}	15〜20	充填材料との複合・成型による中・低電圧用機器の絶縁．
	Silicone	2.8〜3.1	10^{13}	22	H種絶縁（許容最高温度180°C）．
熱可塑性樹脂	PE	2.25〜2.35 2.30〜2.35	$> 10^{14}$ $> 10^{14}$	LD：17〜40 HD：17〜20	電力ケーブル用絶縁材料，外被材．
	PP	2.2〜2.6	$> 10^{14}$	20〜26	優れた機械的・電気的特性．コンデンサ用フィルムなど．
	PVC（軟質）	5.0〜9.0	$10^{12} \sim 10^{13}$	10〜16	低周波用途の絶縁（ビニル線，絶縁テープ）．
	PS	2.45〜3.1	$> 10^{14}$	20〜28	高周波用途の絶縁材料，コンデンサ用フィルム．
	PMMA	3.3〜4.5	$> 10^{12}$	15〜22	優れた加工性，接着性．プラスチック光ファイバ．
	PC	2.97〜3.17	2.1×10^{14}	15	優れた耐衝撃性．コネクタ，光ディスク基板．
	PA（ナイロン66）	4.3	$10^9 \sim 10^{12}$	23	高い機械的強度．電線シース材や機械部品．
	PTFE	< 2.1	$> 10^{16}$	19	フッ素樹脂の一種．耐熱性，耐薬品性，電気絶縁性．
	ABS	2.4〜5.0	$1.0 \sim 5.0 \times 10^{14}$	14〜20	優れた成型・加工性，耐衝撃性，耐薬品性．

Phenolic：フェノール樹脂，Epoxy：エポキシ樹脂，UP：不飽和ポリエステル，
Silicone：シリコーン樹脂，PE：ポリエチレン，
PP：ポリプロピレン，PVC：ポリ塩化ビニル，
PS：ポリスチレン，PMMA：ポリメタクリル酸メチル，PC：ポリカーボネート，
PA：ポリアミド，PTFE：ポリエチレンテレフタレート，ABS：ABS樹脂

エポキシ樹脂は**プレポリマー**と呼ばれるエポキシ化合物と硬化剤を反応させることにより，架橋が生じ硬化する．プレポリマーと硬化剤を型に入れて（注型），加熱処理を行うことで硬化させることで成型可能である．プレポリマーとしては，**ビスフェノールA**が有名であり，図5.7 (b) に示すような分子構造を有する．さらに**ガラス繊維**などの充填材の添加により，性能を向上させることができる．エポキシ化合物，硬化剤，充填材の選択によりさまざまな性質の材料が得られる．高い絶縁性を有することから，回転機の固定子コイルの含浸樹脂，配電用注型変圧器など高電圧機器の絶縁に用いられる．

シリコーン樹脂（silicone resin）は，**シロキサン結合**と呼ばれる，Si-O-Si 骨格を有する高分子である．側鎖にアルキル基やフェニル基などの有機官能基を有するものの，強固なシロキサン結合を有するため耐熱性が高く，化学的特性に優れる．架橋により三次元的な網目構造を形成するが，その架橋の程度に応じて，液状，ゴム状，樹脂状などの形態を取る．

(2) **熱可塑性樹脂** 熱可塑性樹脂は加熱すると軟化し，冷却すると元の硬さに戻るタイプの樹脂である．この**熱可塑性**（thermal plasticity）を用いると自由に成型加工ができることから，いわゆるプラスチックとして幅広く用いられている．三次元的な分子構造を有する熱硬化性樹脂との構造的な違いは，単量体が一次元的に結合し**鎖状構造**を取る点である．そのため結合方向には強いが，垂直な分子間結合は弱く，熱的なエネルギーにより軟化するのが特徴である．表5.2 よりわかるように，熱硬化性樹脂よりも優れた絶縁耐力を有するものが多い．

ポリエチレンは，低誘電率，低誘電正接，高絶縁耐力といった特徴を兼ね備える代表的な電気絶縁材料である．その構造は直鎖状の有機高分子で，一部が結晶化した結晶性高分子で，分子鎖が折りたたまれ**球晶**と呼ばれる，複雑な構造を取る．低密度および高密度ポリエチレンに分けられる．絶縁ケーブルの主絶縁体として，内部導体と外部導体を絶縁するのが**低密度ポリエチレン**（LDPE）である．LDPE は融点が 108〜126°C と低く，耐熱性を改善するために，架橋した**架橋ポリエチレン**（XLPE）が用いられる．6.6 kV から 500 kV クラスの電力ケーブル用では XLPE を絶縁体とする **CV ケーブル**（CV：cross-linked polyethylene vinyl sheathed cable）が主流である．**高密度ポリエチレン**（HDPE）は，融点が 125〜140°C と高く，機械的特性にも優れる一方で加工性には劣るので，電力ケーブルの外被材として用いられる．

ポリプロピレン（PP）は高い融点，低い密度，PE より優れた機械的特性により，電気絶縁材料としてはコンデンサ用フィルムなどの油浸絶縁に用いられる．

ポリ塩化ビニル（PVC）は耐水，耐酸，耐アルカリ性に優れる．成型性や難燃性に優れるため，絶縁テープ，シートとして用いられる．また，ポリスチレン（PS）は低い誘電正接のため高周波用途に適する．ポリメタクリル酸（PMMA）とポリカーボネートは透明性や機械的強度が高く**有機ガラス**とも呼ばれる．加工性や接着性に優れ，絶縁材料やプラスチック光ファイバとして用いられる．

5.3.3 エンジニアリングプラスチック

電気絶縁性ではなく，耐熱性や機械的特性における分類でエンジニアリングプラスチック（通称エンプラ）と呼ばれる一群の材料がある．これらは，高い耐熱性（> 100°C）と高い機械特性を有する高分子材料であり，電気電子分野のみならず，家電，自動車，精密機械などの産業分野に不可欠である．

代表的なエンプラとしてポリアミド（PA），ポリオキシメチレン（POM），ポリカーボネート（PC），ポリエステル（PBT, PET），変性ポリフェニレンエーテル（変性 PPE）が挙げられる．これら5つのエンジニアリングプラスチックの生産量は合計 100 万トン/年を超え，汎用性が高く**5 大エンプラ**とも呼ばれる．

さらに，ポリフェニレンスルフィド，ポリエーテルスルホン，ポリエーテルケトン類，芳香族ポリエステル，液晶性ポリアリレート，アラミド，ポリイミドは，耐熱性，機械的特性が特に優れる**スーパーエンジニアリングプラスチック**に分類される．特にスーパーエンプラの一種である**ポリイミド（PI）**は，携帯情報機器などのエレクトロニクス実装技術において重要な役割を果たし，今日の電気・電子・情報分野に不可欠な材料である．PI は商標名が**カプトン（Kapton）**の名で知られ，1960 年代にデュポン（DuPont）社により開発された長鎖ポリマーである．図5.8 に市販の 3 種類のポリイミドの分子構造を示す．複数の芳香族がイミド結合を介して剛直で強固な分子構造を持ち，イミド環構造が強い

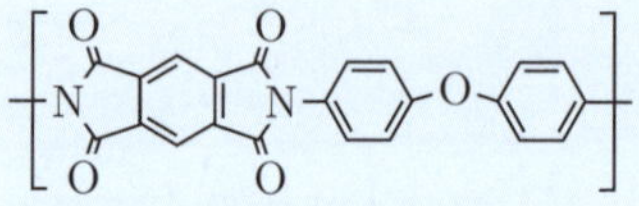

PMDA/ODA(Kapton–H)

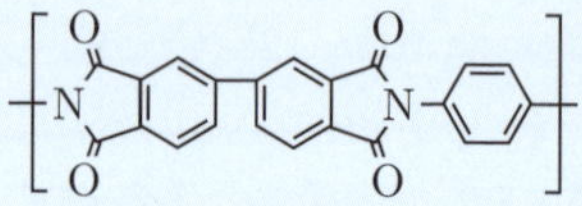

BPDA/PDA(Upilex–S)

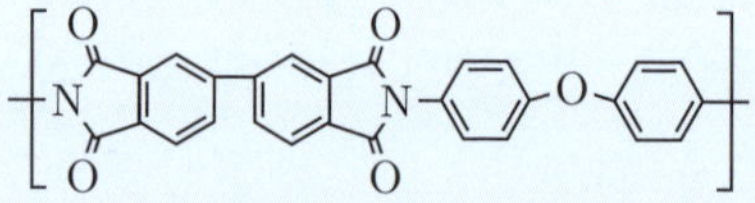

BPDA/ODA(Upilex–RN)

図5.8　市販の各種ポリイミドの分子構（**PMDA**：無水ピロメリット酸，**ODA**：4,4'-ジアミノジフェニルエーテル，**BPDA**：3,3',4,4'-ビフェニルテトラカルボン酸二無水物，**PDA**：p-フェニレンジアミン）

分子間力を持つためにポリマー中で最高レベルの熱的,機械的,化学的性質を示す.電気絶縁材(フレキシブルプリント配線板(FPC),電動機絶縁,電線被覆)に加え,半導体素子の表層保護膜や極低温での超電導応用,人工衛星の温度制御膜やソーラーセールなどの航空・宇宙用途で広く使用されている.

5.3.4 無機絶縁体

マイカ,石綿,ガラスなどの Si-O 結合を骨格に持つ**ケイ酸塩類**は化学的に安定で,機械的特性に優れ,電気機器の耐熱性絶縁材料として利用される.また,微細化,薄膜化が進行する LSI 材料においても無機絶縁膜は重要である.

(1) マイカ 古くから絶縁材料として利用されてきた**マイカ**(雲母)は,比較的豊富な天然資源として,電気機器の電気絶縁に用いられている.SiO_4 からなる正四面体構造が層状に配列し,層間には Al や Mg などの金属化合物が入った**層状ケイ酸塩鉱物**であるため,へき開性により薄くはがれる.電気絶縁材料として,**マスコバイト**(白雲母,組成:$KAl_2(Si_3Al)O_{10}(OH)_2$)と呼ばれる硬質のマイカと**フロゴバイト**(金雲母,組成:$KMg_3(Si_3Al)O_{10}(OH)_2$)が使用される.

これらは,有機絶縁材料と比べて耐熱性に優れ,マスコバイトは 620 K,フロゴバイトは 970 K の耐熱温度を有する.電気絶縁性(絶縁破壊強度:25〜70 kV·mm^{-1}),機械的強度,耐熱性に優れるのみならず,高電圧絶縁に要求される耐部分放電性,耐トラッキング性に優れるため,高圧回転機の固定子コイル導体の固定子鉄心に対する対地絶縁において,熱硬化性樹脂と組み合わせて用いられる.

(2) ガラス材料 絶縁材料として用いられる**ガラス材料**には,**石英ガラス**,および SiO_2 を主成分としてアルカリ金属やアルカリ土類金属を含有する**ケイ酸塩ガラス**が用いられる.天然水晶を溶融した**溶融石英ガラス**は,耐熱性(軟化点:1923 K)も高く,熱膨張係数(5.4×10^{-7} K^{-1})も低いために,耐熱性絶縁材料として超高圧水銀ランプなどの絶縁体として用いられる.その構造はマイカと異なり,SiO_4 からなる正四面体が酸素を介し,ランダムな網目構造を構成する非晶質である.

不純物としてアルカリ金属やアルカリ土類金属を含有するソーダ石灰ガラス(Na_2O–SiO_2,$10^9 \sim 10^{11}$ Ω·m)やホウケイ酸ガラス(B_2O_3–SiO_2,$10^{10} \sim 10^{12}$ Ω·m)は,不純物によるイオン伝導により抵抗率は石英ガラス(1×10^{17} Ω·m)よりも低いが,軟化点がそれぞれ,973〜1013 K および 976〜1093 K と低く,加工性が比較的良い.特にホウケイ酸ガラスは**パイレックス**(商標)として知

られ，低い熱膨張係数（$3.2 \times 10^{-6}\,\mathrm{K^{-1}}$）を有するため，耐熱性ガラスとして用いられる．

(3) 絶縁磁器 磁器とは金属酸化物を高温で焼き固めた焼結体で，セラミックスの一種である．通常，多結晶体であり，絶縁性のみならず耐熱性や耐候性に優れる．ケイ酸アルミナ磁器は，粘土（カオリン），長石(ちょうせき)（$K_2O \cdot Al_2O_3 \cdot 6SiO_2$），珪石(けいせき)（$SiO_2$）を粉体にして，成型，乾燥後，焼結したもので SiO_2（70〜75%），Al_2O_3（20〜25%）を主成分とする．比較的安価で大型品を作れるので，電気絶縁性，耐湿性，機械的強度に優れ，がいし，がい管，ブッシングなど，電力用機器に用いられる．

また，組成や結晶構造が異なる磁器として，耐熱性の高いアルミナ（Al_2O_3），熱伝導率の高いベリリア（BeO），高周波領域で低損失であるステアタイト（$MgO \cdot SiO_2$）やフォルステライト（$2MgO \cdot SiO_2$），熱膨張係数が小さく耐熱衝撃性のあるコージェライト（$2MgO$–Al_2O_3–$5SiO_2$），ムライト（$3Al_2O_3$–$2SiO_2$），ジルコン（ZrO_2–SiO_2）といった材料の特徴を活かし，電気機器において用いられている．

(4) 絶縁薄膜 LSI 用に用いられる代表的な無機絶縁体を **表 5.3** に示す．**図 5.9** に LSI の基本構造である **MOSFET** の構造を示す．MOSFET において，ゲート絶縁膜は金属（metal）／酸化物（oxide）／半導体（semiconductor）からなる MOS コンデンサを構成し，電界効果により Si 表面に反転層による n チャネルを形成し，スイッチングを行う．MOSFET の駆動電流は

$$I_\mathrm{on} \propto \mu \frac{\varepsilon_\mathrm{r}}{t_\mathrm{ox}} \tag{5.19}$$

と表され，ゲート絶縁膜の比誘電率 ε_r と酸化膜の厚さ t_ox が重要となる．MOS-LSI の設計と製造においては，熱酸化膜の厚さ t_ox を減少させる，いわゆる

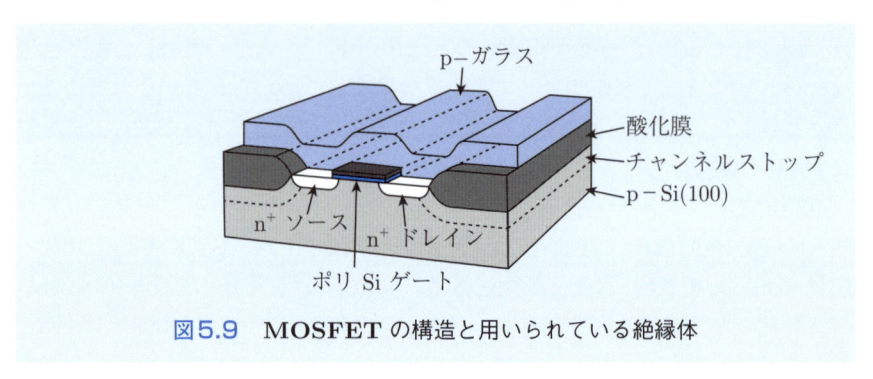

図 5.9 MOSFET の構造と用いられている絶縁体

5.3 絶縁体の応用

表5.3 LSI に用いられる典型的な無機絶縁薄膜

用途	材料	物質名	比誘電率 ε_r	禁制帯幅 E_g [eV]	電子障壁 Φ_B [eV]
	シリコン単結晶	Si	11.8	1.1	
ゲート絶縁膜	熱酸化膜	SiO_2	3.82	9	3.2
		SiON	> 3.9		
	高誘電体膜 (high-k)	Si_3N_4	7	5.3	2.4
		Al_2O_3	9	8.8	2.8
		Ta_2O_5	22	4.4	0.35
		TiO_2	80	3.5	0
		$SrTiO_3$	2000	3.2	0
		HfO_2	25	5.8	1.4
		HfO_2–SiO_2	11	6.5	1.8
		ZrO_2	25	5.8	1.5
		La_2O_3	30	6	2.3
素子分離, 層間絶縁膜	熱酸化膜	SiO_2	3.82	9.0	—
	CVD 膜	TEOS–SiO_2	< 3.9	< 9	—
	低誘電率薄膜	SiOF	3.5〜3.8	—	—
		多孔質 SiO_2	1.8〜2.2	—	—

比例縮小(スケーリング)則により,性能と生産性の向上が図られてきた.

Si を熱酸化させて形成するゲート熱酸化膜は,原子レベルで優れた界面を形成できる.これにより MOSFET の移動度の低下をもたらすことなく,スケーリング則により LSI の微細化を実現してきた.ゲート長が数十 nm レベルのいわゆるナノ MOSFET の時代になると,2005 年以降の 65 nm 世代のゲート酸化膜は 1.2 nm 厚にまで至り,薄膜化の限界に至った.

図5.10 (a) に MOS 構造のエネルギーバンド図を示す.高電界下の MOS 構造においては図5.10 (b) に示すように,実効的なポテンシャル障壁の厚さが薄くなり,反転層の電子は酸化膜の伝導帯に F-N トンネルする.この現象は 3〜4 nm 程度の厚さで顕在化する.さらに酸化膜の厚さが 3 nm 以下になると,図5.10 (c) に示すように SiO_2 の禁制帯を通り抜けて poly-Si の伝導帯へ直接トンネルする.

この直接トンネル電流は,近似的に次式 (5.20) で示され,スケーリングにより物理的な膜厚が数 nm レベルに至る 65 nm 以降の世代では,MOSFET のゲートリーク電流として,消費電力を増大するため無視できなくなった.

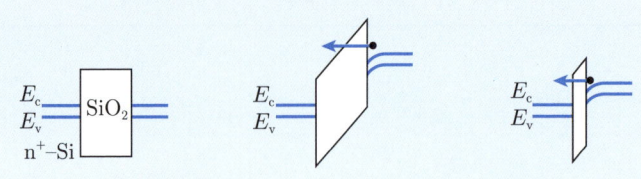

(a) フラットバンド状態 **(b)** F–N トンネル **(c)** 直接トンネル効果

図5.10 MOS 構造におけるトンネル効果（n 型 poly-Si ゲート電極）において，反転層の電子がトンネルする様子．

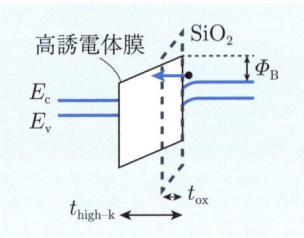

図5.11
Si 熱酸化膜より物理的に厚い高誘電体膜を用いて，電子の直接トンネルを抑制する．

$$I_g \propto \exp\{-(m^*\Phi_B)^{1/2} t_{ox}\} \tag{5.20}$$

これ以降のスケーリングを行うには，十分な物理膜厚を得るために，MOS コンデンサの容量を保ちつつ，ゲートリーク電流を抑制する必要がある．Si 熱酸化膜の誘電率 ε_{SiO_2} よりも高い誘電率 $\varepsilon_{high\text{-}k}$ を有するゲート絶縁膜を新たに導入することで，次式で定義される**等価酸化膜厚**（EOT：equivalent oxide thickness）を小さくしてスケーリングする．これにより，ゲート絶縁膜の膜厚 $t_{high\text{-}k}$ をある一定以上に保つことができる．この様子を模式的に**図5.11**に示す．

$$\text{EOT} = \left(\frac{\varepsilon_{SiO_2}}{\varepsilon_{high\text{-}k}}\right) t_{high\text{-}k} \tag{5.21}$$

表5.3にゲート絶縁膜用の**高誘電体膜**（high-k）の候補を示す．電極からのショットキー電流を抑制するために少なくとも 1 eV 以上の障壁 Φ_B が必要となる．したがって，HfO_2, ZrO_2, La_2O_3 などが候補として挙げられ，65 nm 世代以降，HfO_2 系の高誘電体膜が用いられている．

一方で，多層化が進む LSI 配線においては，配線遅延を回避するため，**低誘電率薄膜**（low-k）の必要性がある．これは充放電の時定数が RC で決まることから，寄生容量 C を下げるためである．このため，層間絶縁膜には**表5.3**に示す低誘電率の SiOF や多孔質 SiO_2 が用いられる．

(5) **トンネル酸化膜** 電子のトンネル効果は絶縁機能に限界をもたらした．逆にこれを積極的に利用したのが，**フラッシュメモリ**である．デジタルカメラ，携帯電話，携帯音楽プレーヤーなどの携帯デバイスの記憶媒体として，数百 GB 以上の大容量のフラッシュメモリは画像情報の蓄積も含めて，今や不可欠といえる．電源を切っても記憶を保持が可能なフラッシュメモリには NOR 型と NAND 型の 2 種類がある．

図5.12 (a)に示すように，NAND 型フラッシュメモリは 32〜64 個のメモリセルを直列接続して構成される．メモリセルの基本構造は MOSFET において，ゲート電極とチャネルの間に浮遊ゲートを形成した構造である．図5.12 (b)に示すように，書込み時にはゲートに高電界を印加し，**トンネル酸化膜**と呼ばれる 10 nm 前後の SiO_2 膜を介して，F-N トンネル効果により浮遊ゲートへの電子注入を行う．図5.12 (c)の消去時にはその逆の動作を行う．この電荷の蓄積状態の有無を 1 と 0 のビットに対応させ，MOSFET のしきい値電圧の変化を検出する．

コンタクト領域を複数個のメモリセルで共有するため，小面積で大容量を実現できる．また，書込み時にソース–ドレイン間に電位差がないため，微細化が容易であり，書込みに F-N トンネルを利用するため消費電力が小さい．トンネル効果を用いた書込みや消去を繰り返すと，トンネル酸化膜中の捕獲準位の数が増加し，その結果としてデータ保持不良のセル数も増加する．そのため，読出し書込み耐性は 10 万回程度に制限される．これは，トンネル酸化膜の中に生

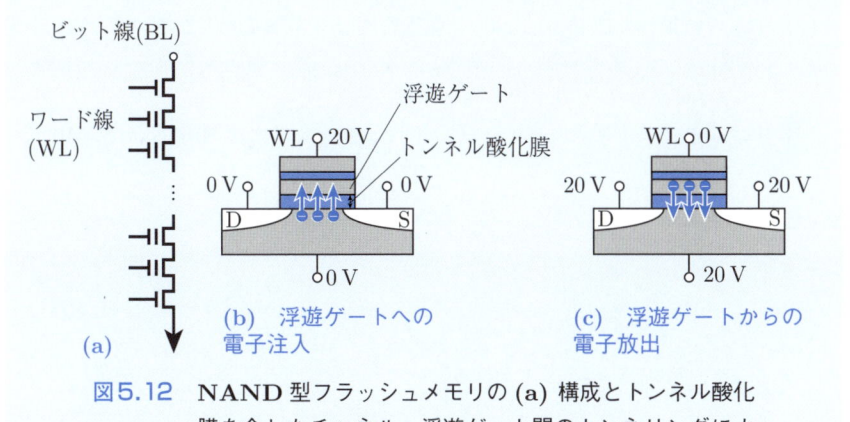

図5.12 NAND 型フラッシュメモリの (a) 構成とトンネル酸化膜を介したチャネル・浮遊ゲート間のトンネリングによる (b) データ書込みと (c) 消去

成した電荷を捕獲する準位を介して，浮遊ゲート内の電子がチャネルに漏れることで，記憶されたデータが破壊されるためである．

フラッシュメモリはモバイル機器の普及により，ニーズが高く，微細化による大容量化が求められている．原理的には微細化が 10 nm レベルまで可能なことから最先端の半導体製造工程が用いられ，半導体製造技術をけん引している．

5章の問題

□**5.1 絶縁体のエネルギーバンド構造** エネルギーバンド構造に基づき，絶縁材料が具備すべき条件を述べなさい．

□**5.2 有機絶縁材料の合成法** 重合反応および縮合反応の実例を挙げて，その反応を示しなさい．

□**5.3 絶縁用樹脂の特徴** 電気電子分野において重要な熱硬化性樹脂および熱可塑性樹脂の例を挙げて，その応用例を述べなさい．

□**5.4 エンジニアリングプラスチック** 典型的なエンジニアリングプラスチックの例を挙げて，その特徴と応用例を示しなさい．

□**5.5 空間電荷制限電流** 厚さ d の絶縁体が両端の電極により電圧 V が印加されている．このとき空間電荷制限電流が定常的に $J = J_s$ だけ流れているとする．

(1) 絶縁体内における電界を $E(x)$ としたとき，電子密度 n_e，移動度 μ を用いて電流密度 J を表しなさい．

(2) (1) の結果および (5.9) 式より，電流密度 J の式を導出しなさい．ただし，定常状態において電流密度 J が流れているとし，空間電荷が蓄積された極限として $x = 0$ で電界 $E = 0$ となる場合を考える．

(3) (2) より $E(x)$ を求め，$V = \int_0^d E(x)dx$ であることを利用して，(5.10) 式を導きなさい．

第6章

磁 性 材 料

　磁性材料は，古くは電力用変圧器の鉄心や永久磁石として利用され，電気電子工学の発展に寄与してきた．磁性材料は，半導体材料とともに，今日の情報化社会の発展をけん引する基幹材料である．近年は，電子スピンを利用した**スピントロニクス**と呼ばれる新分野も開拓されつつある．

　本章では，磁化現象を微視的な視点に掘り下げて解説する．

6.1 磁化現象

磁化という現象は，物質を構成している原子あるいは分子に束縛されている電子の磁気モーメントが磁界の向きに揃うことによって生じる．図6.1 に示すように，物質を磁界 H の中に置いたとき，真空中での**磁束密度** B [T]($=$[Wb·m^{-2}])は

$$B = \mu_0 H \tag{6.1}$$

と表せる．ここで，真空中の透磁率 $\mu_0 = 4\pi \times 10^{-7}$ [H·m^{-1}] である．磁界中に置かれた物質の磁化 M により，その内部における磁束密度は

$$B = \mu_0(H + M) \tag{6.2}$$

となる（SI 単位系，**E-B 対応**とも呼ばれる）．ここで，磁化 M は磁界 H と同じ次元を取るが，それは磁化が電流に起因するためである．なお，同じく SI 単位系ではあるが，**E-H 対応**においては，磁化は

$$J = \mu_0 M$$

と定義される．E-B 対応ではすべてが電流を基準にした考え方に基づいており，磁気モーメントと円電流は等価である．

磁化 M [A·m^{-1}] は磁界 H と同じ単位を持ち，単位体積あたりの**磁気モーメント** μ_m の和であり，その単位体積当たりの個数を N 個とすると

$$M = N\mu_m \tag{6.3}$$

となる．すなわち磁気モーメント μ_m の大きさの単位は [A·m^2] = [J·T^{-1}] である．また，磁性体の**透磁率**を μ（磁気モーメントの μ と区別すること），**磁化率**を χ_m とおくと，磁束密度 B と磁化 M はそれぞれ

$$B = \mu H \tag{6.4}$$

$$M = \chi_m H \tag{6.5}$$

と表すことができる．χ_m は無次元量である．(6.2) 式と比較すると，透磁率 μ

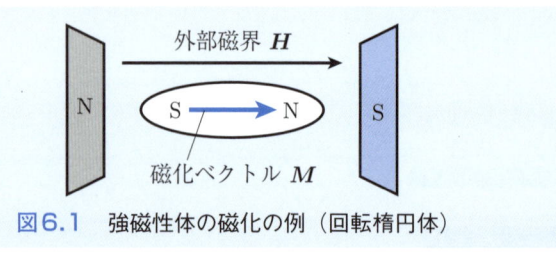

図6.1　強磁性体の磁化の例（回転楕円体）

と磁化率 χ_m の間には，次の関係が成り立つことがわかる．

$$\mu = \mu_0(1 + \chi_\mathrm{m}) \tag{6.6}$$

表6.1 に示すように磁化率 χ_m の正・負によって磁性を反磁性と常磁性とに分類できる．このような分類に加えて，物質中で磁気モーメントが揃っている場合，強磁性やフェリ磁性のような強い磁性が現れる．

表6.1 磁性の分類

	物質の例	磁化率 χ_m
反磁性	He, Ne などの希ガス	-10^{-5}
常磁性	Fe_2O_3, $MnSO_4$ など	$10^{-3} \sim 10^{-5}$
強磁性	Fe, Co, Ni	χ_m は磁界に依存し，$10^2 \sim 10^5$ 程度

● 磁束密度と磁化の単位 ●

磁束密度 $\boldsymbol{B}$ は単位系によって定義式が異なり，CGS ガウス系では

$$\text{CGS ガウス系} \quad \boldsymbol{B} = \boldsymbol{H} + 4\pi \boldsymbol{M} \; [\text{G}] \tag{1}$$

となり，$\boldsymbol{B}$ および $\boldsymbol{M}$ の単位は $\boldsymbol{H}$ [Oe] と同一の次元だが，それぞれ [G]（ガウス）および [emu·cm^{-3}] という単位が与えられている．MKSA 単位系には (6.2) 式で示した E-B 対応に加えて，E-H 対応による定義では磁化を $\boldsymbol{J} = \mu_0 \boldsymbol{M}$ と表し

$$E\text{-}H \text{ 対応} \quad \boldsymbol{B} = \mu_0 \boldsymbol{H} + \boldsymbol{J} \; [\text{Wb}\cdot\text{m}^{-2}] \tag{2}$$

と定義される．SI 単位系の磁化 $\boldsymbol{M}$ の単位は $\boldsymbol{H}$ [A·m^{-1}] と同じで，E-H 対応 MKSA の磁化 $\boldsymbol{J}$ の単位は $\boldsymbol{B}$ と同じく [Wb·m^{-2}] である．10^4 [G] $=$ 1 [Wb·m^{-2}] という関係がある．

E-B 対応および E-H 対応という言葉は，第4章の誘電体材料で示した (4.5) 式

$$\boldsymbol{D} = \varepsilon_0 \boldsymbol{E} + \boldsymbol{P} \tag{3}$$

との対応に基づく．E-B 対応の場合 (6.2) 式より

$$E\text{-}B \text{ 対応} \quad \boldsymbol{H} = \frac{1}{\mu_0}\boldsymbol{B} - \boldsymbol{M} \; [\text{A}\cdot\text{m}^{-1}] \tag{4}$$

となり，(3) と比べると D-H, E-B, P-M 間に対応がある．E-H 対応の場合，(2) を (3) と比較すると D-B, E-H, P-J 間に対応がある．E-B 対応で，磁界 $\boldsymbol{H}$ および磁化 $\boldsymbol{M}$ をいずれも電流を起源として考えるのに対して，E-H 対応では磁化に関して，仮想的な磁極（あるいは磁荷）を出発点に考えるためである．磁性分野では，これらの単位系が混在して用いられるので，注意が必要である．

6.2 常磁性

磁化率 χ_m が正の値を取るのが**常磁性**である．孤立した原子の磁性において常磁性に寄与するのは，電子の軌道運動やスピン，すなわち，軌道角運動量 $\boldsymbol{l}$ とスピン角運動量 $\boldsymbol{s}$ である．奇数個の電子を持つ原子，分子および欠陥，不完全殻を持つ原子やイオン，遷移金属イオンや希土類イオンは常磁性を示す．

6.2.1 磁気モーメントの合成

N 個の電子からなる多電子系では，一つ一つの電子からの寄与を足し合わせて，合成軌道角運動量および合成スピン角運動量をそれぞれ

$$\boldsymbol{L} = \boldsymbol{l}_1 + \boldsymbol{l}_2 + \cdots + \boldsymbol{l}_N \tag{6.7}$$

$$\boldsymbol{S} = \boldsymbol{s}_1 + \boldsymbol{s}_2 + \cdots + \boldsymbol{s}_N \tag{6.8}$$

と表す．全角運動量は次式で表される．

$$\boldsymbol{J} = \boldsymbol{L} + \boldsymbol{S} \tag{6.9}$$

このように全軌道角運動量と全スピン角運動量が合成され，(6.9) 式のように全角運動量が合成される結合の仕方を **LS 結合**と呼び，遷移金属イオンや希土類イオンは LS 結合で決まる．

磁界が印加されると，図6.2 に示すように磁気モーメントは重力場でのコマのような運動（ラーモア歳差運動）をしている．その磁気モーメントは，全軌道角運動量 $\boldsymbol{L}$ と全スピン角運動量 $\boldsymbol{S}$ の寄与を合わせた，全角運動量 $\boldsymbol{J}$ および 1.7 節にて導入したボーア磁子 μ_B を用いて次式で表される．

$$\boldsymbol{\mu}_\mathrm{J} = \boldsymbol{\mu}_\mathrm{L} + \boldsymbol{\mu}_\mathrm{S} = -g\mu_\mathrm{B}\boldsymbol{J} \tag{6.10}$$

$$g = 1 + \frac{J(J+1)+S(S+1)-L(L+1)}{2J(J+1)} \tag{6.11}$$

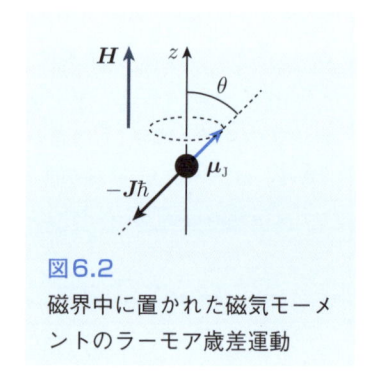

図6.2 磁界中に置かれた磁気モーメントのラーモア歳差運動

ここで，g はランデの **g 因子**（g-factor）と呼ばれる．ここで，S および L は全スピン角運動量および全軌道角運動量の量子数である．g 因子は，(6.9) 式で表される電子の軌道運動 L とスピン S の全角運動量 J への寄与を考慮に入れ，磁気モーメントと全角運動量を関係づける．磁気モーメントがスピンのみの寄与によるとき（$L = 0$）には $g = 2$，軌道運動のみからの寄与によるとき

($S=0$) には $g=1$ となる．また両者の寄与が混ざり合う場合には，1 と 2 の中間的な値を取る．このとき，全磁気モーメントの大きさは

$$\mu = -g\mu_B \sqrt{J(J+1)} \tag{6.12}$$

と表せる．また，z 方向の磁界中 H_z における磁気モーメントは

$$\mu_z = -gm_J\mu_B \quad (m_J = -J, -J+1, \ldots, J-1, J) \tag{6.13}$$

となり，$2J+1$ 通りの量子数 m_J により量子化され，そのエネルギーも

$$U = -\mu_0 \boldsymbol{\mu}_J \cdot \boldsymbol{H} = m_J g \mu_0 \mu_B H_z \tag{6.14}$$

と量子化される．

6.2.2 電子スピンによる常磁性

いま，磁性への寄与がスピン角運動量 $\boldsymbol{S}$ だけからなる原子の場合 ($L=0$)，$m_J = \pm\frac{1}{2}$, $g=2$ であるので，その磁気モーメントの z 成分は

$$\mu_z = -gm_J\mu_B = -2\left(\pm\tfrac{1}{2}\right)\mu_B = \mp\mu_B \tag{6.15}$$

の 2 通りで，そのエネルギーは (6.14) 式より

$$U = m_J g \mu_0 \mu_B H$$
$$= \left(\pm\tfrac{1}{2}\right) 2\mu_0 \mu_B H = \pm\mu_0 \mu_B H \tag{6.16}$$

である．このとき，図 6.3 に示すようにスピンが磁界に平行な成分 ($m_J = +\frac{1}{2}$) の磁気モーメントは $-\mu_B$ であり，スピンが反平行な成分 ($m_J = -\frac{1}{2}$) の磁気モーメントは $+\mu_B$ である．

磁気モーメントがボルツマン分布を取ると仮定すると，エネルギーの低い状態 ($m_J = -\frac{1}{2}$) と高い状態 ($m_J = +\frac{1}{2}$) をそれぞれ占める磁気モーメントの

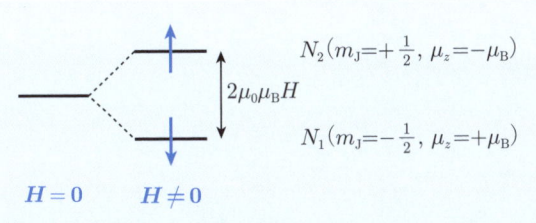

図 6.3 磁界 H 中に置かれた電子スピンのエネルギー準位．磁気モーメントと図中の矢印で示されるスピンの向きは反対である．

数を N_1, N_2 とおいて，それぞれの占有率は次式で表せる．

$$\frac{N_1}{N} = \frac{\exp\left(\frac{\mu_0\mu_\mathrm{B}H}{kT}\right)}{\exp\left(\frac{\mu_0\mu_\mathrm{B}H}{kT}\right)+\exp\left(-\frac{\mu_0\mu_\mathrm{B}H}{kT}\right)} \tag{6.17a}$$

$$\frac{N_2}{N} = \frac{\exp\left(-\frac{\mu_0\mu_\mathrm{B}H}{kT}\right)}{\exp\left(\frac{\mu_0\mu_\mathrm{B}H}{kT}\right)+\exp\left(-\frac{\mu_0\mu_\mathrm{B}H}{kT}\right)} \tag{6.17b}$$

このとき，$N = N_1 + N_2$ である．

磁気モーメントが外部磁界と平行な状態となる電子の数 N_1 が反平行な状態となる電子の数 N_2 より多ければ，常磁性を示す．単位体積当たり N 個の原子の作る磁化の大きさ M は以下のように計算できる．

$$\begin{aligned} M &= (N_1 - N_2)\mu_\mathrm{B} \\ &= N\mu_\mathrm{B} \frac{e^x - e^{-x}}{e^x + e^{-x}} = N\mu_\mathrm{B} \tanh x \end{aligned} \tag{6.18}$$

ここで，$x = \frac{\mu_0\mu_\mathrm{B}H}{kT}$ とおいた．特に

$$x = \frac{\mu_0\mu_\mathrm{B}H}{kT} \ll 1$$

となる条件においては，$\tanh x \simeq x$ と近似して

$$\begin{aligned} M &= N\mu_\mathrm{B} \tanh \frac{\mu_0\mu_\mathrm{B}H}{kT} \\ &\simeq \frac{N\mu_0\mu_\mathrm{B}^2 H}{kT} \end{aligned} \tag{6.19}$$

を得る．したがって，磁化率 χ_m は次式で表せる．

$$\begin{aligned} \chi_\mathrm{m} &= \frac{M}{H} \simeq \frac{N\mu_0\mu_\mathrm{B}^2}{kT} \\ &= \frac{C}{T} \end{aligned} \tag{6.20}$$

これは電子スピンによる常磁性について成り立つキュリーの法則で，C はキュリー定数と呼ばれる．ここで $N = 10^{28}\,[\mathrm{m}^{-3}]$, $T = 300\,[\mathrm{K}]$ を代入すると，磁化率 χ_m は 7.8×10^{-4} と極めて小さい．より一般的には，全角運動量量子数 J である原子からなる物質の磁化は

$$M = Ng\mu_\mathrm{B}JB_\mathrm{J}(x) \tag{6.21}$$

と表される．ここで

$$x = \frac{g\mu_0\mu_\mathrm{B}JH}{kT}$$

である．ブリルアン関数 $B_\mathrm{J}(x)$ は

$$B_{\mathrm{J}}(x) = \frac{2J+1}{2J}\coth\frac{(2J+1)x}{2J} - \frac{1}{2J}\coth\frac{x}{2J} \tag{6.22}$$

と定義され，(6.19)式は(6.21), (6.22)式に $g=2, J=\frac{1}{2}$ を代入した場合に相当する．ここで，$x \ll 1$ である場合

$$\coth x = \frac{1}{x} + \frac{x}{3} - \frac{x^3}{45} + \cdots$$

と展開できるので

$$M = \frac{NJ(J+1)\mu_0 g^2 \mu_{\mathrm{B}}^2}{3kT} H \tag{6.23}$$

$$\begin{aligned}\chi_{\mathrm{m}} &= \frac{M}{H} \simeq \frac{NJ(J+1)\mu_0 g^2 \mu_{\mathrm{B}}^2}{3kT} \\ &= \frac{Np^2 \mu_0 \mu_{\mathrm{B}}^2}{3kT} = \frac{C}{T}\end{aligned} \tag{6.24}$$

を得る．(6.24)式より，常磁性磁化率 χ_{m} は温度に反比例することがわかる．ここで p は**有効ボーア磁子数**と呼ばれ，次式で定義される．

$$p = g\sqrt{J(J+1)} \tag{6.25}$$

6.2.3 電子配置と磁性

周期表において磁性に関係のある元素は，第3周期にある第1遷移元素，その中でも鉄族元素，あるいは第5周期にある希土類元素である．これらの元素は塩化物や酸化物などとして2価もしくは3価の磁性イオンとなり，電子配置は不完全殻を取る．これらの元素が磁性を示す原因は，不完全殻のd軌道やf軌道にある電子の配置にある．

(1) **多電子系の電子配置** 鉄族および希土類イオンのような多電子系の場合，L, S, J の量子数である L, S, J の値は，以下の **フントの規則** により決まる．

 (a) パウリの排他原理を満たしながら，S が最大となるように配置する．すなわちスピンを平行に揃えながら配置する．
 (b) (a)の条件を満足した上で，L が最大となるように配置する．
 (c) 不完全殻では，半分以下の場合 $J=|L-S|$，半分以上満たしている場合 $J=L+S$ となる．
 ここで，パウリの排他原理とは「4つの量子数 n, l, m, s で指定される状態は，1個の電子しか取り得ない」というものである．

(2) 鉄族イオン 図6.4にフントの規則に従い配置した鉄族遷移金属イオンの電子配置の例を示す．たとえば図6.4 (a)の場合，3つのスピンを平行に揃えながら全スピン量子数は $S = \frac{3}{2}$ となる．このとき，L も最大となるように揃えるため，全軌道量子数は $L = 2 + 1 + 0 = 3$ となる．したがって次式を得る．

$$J = |L - S| = \frac{3}{2}$$

一方，図6.4 (c)の場合も同様であるが，$S = 1$，L が最大になるように配置し，$L = 3$ となる．したがって次式となる．

$$J = L + S = 4$$

表6.2に鉄族イオンの電子配置を示す．(6.25) 式で定義した有効ボーア磁子数 p において，p の計算値として，$L = 0, g = 2, J = S$ と仮定して求めた計算値が，実測値とよい一致を示していることに留意してほしい．鉄族イオンにおいては $L \neq 0$ であるが，これは軌道角運動量による寄与が無いことを意味する．これを**軌道角運動量の凍結**と呼ぶ．鉄族イオンでは，常磁性に寄与する3d電子は一番外側に位置するため，周りのイオンによって作られる一様ではない電界を感じ，軌道面が動き回り，平均化されるためである．また，同じ鉄族元素でも，Fe, Ni, Co が金属を形成すると**強磁性**と呼ばれる強い磁性を示す．

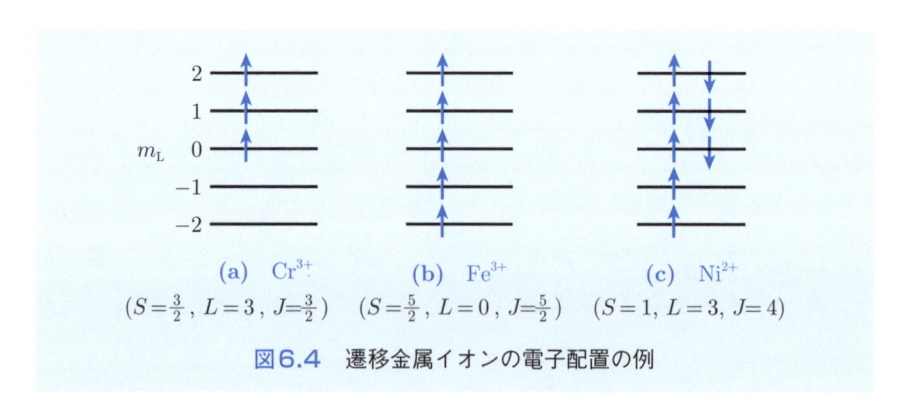

(a) Cr^{3+} $(S = \frac{3}{2}, L = 3, J = \frac{3}{2})$

(b) Fe^{3+} $(S = \frac{5}{2}, L = 0, J = \frac{5}{2})$

(c) Ni^{2+} $(S = 1, L = 3, J = 4)$

図6.4 遷移金属イオンの電子配置の例

(3) 希土類イオン 表6.3に示すように，希土類イオンは，固体中で最外殻の3つの電子を放出して示すように3価イオンとなることが多く，常磁性を示す．この場合，鉄族イオンのような軌道角運動量の凍結は起こらず，有効ボーア磁子数 p において $J = L + S$ とした計算値が実測値と一致する．その理由は，4f軌道の電子は 5s, 5p 電子の内側にあるため，外部電界からは遮蔽されることによるものである．

表6.2 鉄族元素およびイオンの電子配置と有効ボーア磁子数 p

	電子配置*	鉄族元素イオンの電子配置		$p = 2\{S(S+1)\}^{1/2}$ (計算値)	p (実測値)
Ti	$[Ar]3d^24s^2$	Ti^{3+}	$[Ar]3d^1$	1.73	1.7〜1.9
V	—$3d^34s^2$	V^{3+}	—$3d^2$	2.83	2.7〜2.9
Cr	—$3d^54s$	Cr^{3+}	—$3d^3$	3.87	3.8〜3.9
Mn	—$3d^54s^2$	Mn^{3+}	—$3d^4$	4.90	4.8〜4.9
Fe	—$3d^64s^2$	Mn^{2+}, Fe^{3+}	—$3d^5$	5.92	5.8〜5.9
		Fe^{2+}	—$3d^6$	4.90	5.2〜5.5
Co	—$3d^74s^2$	Co^{2+}	—$3d^7$	3.87	4.8〜5.1
Ni	—$3d^84s^2$	Ni^{2+}	—$3d^8$	2.83	2.8〜3.3
Cu	—$3d^{10}4s$	Cu^{2+}	—$3d^9$	1.73	1.8〜2.0

*：[Ar] は Ar の閉殻型の電子配置を示す．

表6.3 希土類元素およびイオンの電子配置と有効ボーア磁子数 p

元素	電子配置*	3価イオンの電子配置		$p = g\{J(J+1)\}^{1/2}$ (計算値)	p (実測値)
Ce	$[Xe]4f5d6s^2$	Ce^{3+}	$[Xe]4f$	2.54	2.4
Pr	—$4f^36s^2$	Pr^{3+}	—$4f^2$	3.58	3.5
Nd	—$4f^46s^2$	Nd^{3+}	—$4f^3$	3.62	3.5
Pm	—$4f^56s^2$	Pm^{3+}	—$4f^4$	2.68	—
Sm	—$4f^66s^2$	Sm^{3+}	—$4f^5$	1.55	1.5
Eu	—$4f^76s^2$	Eu^{3+}	—$4f^6$	3.40	3.4
Gd	—$4f^75d6s^2$	Gd^{3+}	—$4f^7$	7.94	8.0
Tb	—$4f^96s^2$	Tb^{3+}	—$4f^8$	9.72	9.5
Dy	—$4f^{10}6s^2$	Dy^{3+}	—$4f^9$	10.65	10.6
Ho	—$4f^{11}6s^2$	Ho^{3+}	—$4f^{10}$	10.61	10.4
Er	—$4f^{12}6s^2$	Er^{3+}	—$4f^{11}$	9.58	9.5
Tm	—$4f^{13}6s^2$	Tm^{3+}	—$4f^{12}$	7.56	7.3
Yb	—$4f^{14}6s^2$	Yb^{3+}	—$4f^{13}$	4.54	4.5

*：[Xe] は Xe の閉殻型の電子配置を示す．

(4) 伝導電子による常磁性　金属中の多数の自由電子の電子スピンが磁性に及ぼす影響を考える．**図6.5 (a)** は，縦軸が電子のエネルギー E，横軸が状態密度 $D(E)$ のグラフで磁界ゼロでは互いにスピンが反平行の電子が2個ずつ，下から順に状態密度を埋めてゆき，磁化は $M=0$ である．

外部磁界が印加されると，上向きおよび下向きスピンのエネルギー状態は，**図6.5 (b)** に示すように，それぞれ $\pm\mu_0\mu_B H$ ずつ変化した結果（破線），フェルミエネルギー E_F がフラット（実線）になるように一部の電子のスピン状態が変化し，偏りが生じる．右側の下向きスピンの電子の方が多いので，磁化を示す．このとき移動した電子の割合は，全体の深さ E_F に対して $\mu_0\mu_B H$ 程度であるので，伝導電子密度 n の半分にこの割合を掛け，$\frac{n}{2}\times\frac{\mu_0\mu_B H}{E_F}$ となる．したがって，磁化の大きさは近似的に

$$M \simeq \mu_B \left\{ \frac{n\mu_0\mu_B H}{2E_F} - \left(-\frac{n\mu_0\mu_B H}{2E_F}\right) \right\}$$
$$= \frac{n\mu_0\mu_B^2 H}{E_F} \tag{6.26}$$

と見積もられる．このとき磁化率は次式で示される．

$$\chi_m = \frac{M}{H} = \frac{n\mu_0\mu_B^2}{E_F} = \frac{n\mu_0\mu_B^2}{kT_F} \tag{6.27}$$

これを**パウリ常磁性**と呼ぶ．ここで，T_F はフェルミ温度（一定）であり，磁化率が温度に依存しないことを意味する．ここで $\mu_B = 9.274\times 10^{-24}\,[\mathrm{J\cdot T^{-1}}]$，$B=\mu_0 H = 1\,[\mathrm{T}]$ とすると，$\mu_0\mu_B H \simeq 6\times 10^{-5}\,[\mathrm{eV}]$ 程度であり，フェルミエネルギー E_F の $1\,\mathrm{eV}$ 程度と比べると非常に小さい．

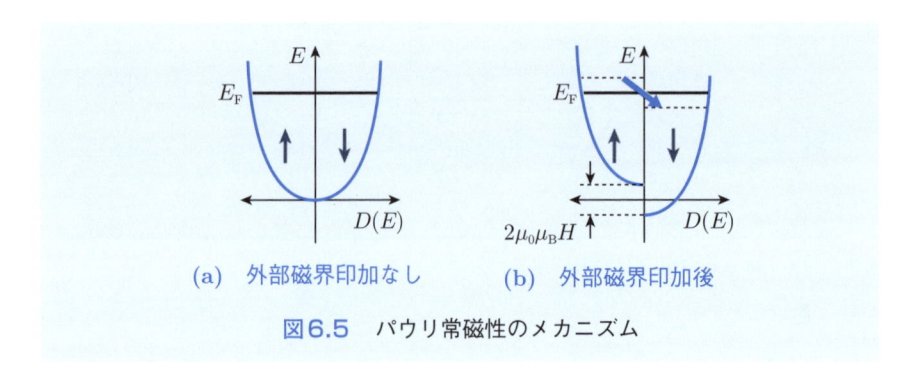

(a) 外部磁界印加なし　**(b)** 外部磁界印加後

図6.5 パウリ常磁性のメカニズム

6.3 強磁性体

6.3.1 磁性体の種類

磁性材料として電気電子機器に用いられるのは，磁化率 χ_m が大きな強い磁性を示す物質である．物質を構成する個々の原子が寄与する磁気モーメント間には様々な相互作用が働くが，これらの相互作用の大きさが熱的エネルギーよりも大きければ，磁気モーメントは相互作用のエネルギーを最小にするような特定の配列を持つ．このような磁性体を**秩序磁性**と呼び，強磁性，反強磁性，フェリ磁性などがある．図6.6 に常磁性と比較して，それらの磁気モーメントの様子を示す．

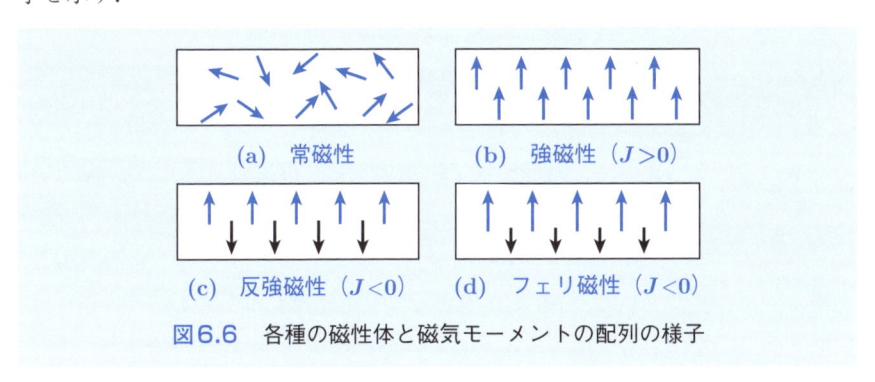

図6.6 各種の磁性体と磁気モーメントの配列の様子

Fe, Co, Ni などは典型的な強磁性体であり，図6.6 (b) に示すように，隣接するスピンが平行状態にありフェロ磁性（強磁性）とも呼ばれる．図6.6 (c) に示す反強磁性体は**アンチフェロ磁性**（反強磁性）とも呼ばれ，反平行の隣接スピンの大きさが等しく打ち消しあうので磁化を示さない．鉄族元素の Cr および Mn は不完全殻構造を取り，孤立原子の状態で磁化を示す．しかしながら，その集合体である Cr や Mn の金属は強磁性を示さず，互いに反平行になり磁気モーメントを打ち消しあう反強磁性を示す．図6.6 (d) に示すフェリ磁性においては，それぞれ個々の原子の寄与によるスピンは反平行であるが，大きさが異なるため互いの磁気モーメントの差分だけ磁化を示し，その典型がフェライトである．

6.3.2 磁気モーメント間の相互作用と温度依存性

(1) 強磁性の温度依存性　磁気モーメントを互いに平行に向ける相互作用が働けば，強磁性体となる．このような相互作用を**分子場**と呼ばれる実効的な磁界

H_E による整列作用と考える．ある磁気モーメントに着目し，周りの全ての磁気モーメントが分子場を作ると考え，磁化 M に比例すると仮定すると

$$H_E = \lambda M \tag{6.28}$$

と表される．この分子場の存在により外部磁界 H がゼロであっても磁化が生じる．外部磁界 H の下で磁化 M が生じた際に磁気モーメントに働く実効的な磁界 H_{eff} は

$$H_{\text{eff}} = H + H_E = H + \lambda M \tag{6.29}$$

と表せる．ここで常磁性磁化率を表す (6.24) 式より

$$\chi_m = \frac{M}{H} = \frac{C}{T} \quad \text{ただし} \quad C = \frac{NJ(J+1)\mu_0 g^2 \mu_B^2}{3k} \tag{6.30}$$

である．この式において，外部磁界 H の代わりに H_{eff} を代入して，M について解くと

$$M = \frac{C}{T - \lambda C} H \tag{6.31}$$

を得る．この式において，$H = 0$ であっても磁化 M が生じるための条件は，分母 $T - \lambda C$ がゼロとなることである．この温度を $T = T_C$ とおいて

$$T_C = \frac{N\lambda J(J+1)\mu_0 g^2 \mu_B^2}{3k} \tag{6.32}$$

を得る．この T_C を**キュリー温度**（Curie temperature）と呼ぶ．したがって，強磁性体のキュリー温度 T_C 以上での磁化率は

$$\chi_m = \frac{M}{H} = \frac{C}{T - T_C} \tag{6.33}$$

と表せる．これは**キュリー–ワイスの式**と呼ばれ，強磁性体はキュリー温度 T_C 以上において，磁化率が $T - T_C$ に反比例することを示す．χ_m の逆数をプロットすると，図6.7 の破線に示すように $T - T_C$ に比例する．

図6.7 の実線に示すように，強磁性体の磁化 M と温度 T の関係はキュリー温度 $T = T_C$ で磁化 M の大きさが急激に減少

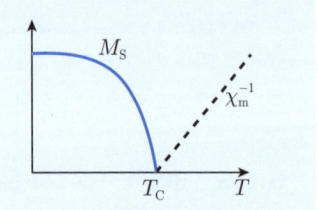

図6.7 キュリー温度における磁化の変化

6.3 強磁性体

し，ゼロになる．$T > T_C$ の場合には，熱エネルギーが大きいため磁気モーメントは秩序配列を取ることができず，乱雑な方向を向く．これを**無秩序磁性**と呼び，常磁性を示す．このように温度 T_C において強磁性やフェリ磁性の秩序配列が失われ，様々な環境で利用される磁性材料の実用において極めて重要である．また反強磁性の秩序配列が失われる温度を**ネール温度**（Neel temperature, T_N）という．

■ **例題6.1** ■

Fe の飽和磁化は，低温で $M_S = 1740\,[\text{kA}\cdot\text{m}^{-1}]$ である．Fe の結晶格子が体心立方格子で，格子定数が 0.287 nm であることを利用して原子 1 個当たりの磁気モーメントを求めなさい．

【解答】 体心立方格子の単位格子の中には原子が 2 個あるから，単位体積当たりの原子数は

$$N = 2 \div (0.287 \times 10^{-9})^3$$
$$= 8.47 \times 10^{28}\,[\text{m}^{-3}]$$

である．したがって，Fe 原子 1 個当たりの磁気モーメント μ_{Fe} は

$$\mu_{\text{Fe}} = \frac{M_S}{N} = \frac{1740 \times 10^3}{8.47 \times 10^{28}} = 2.05 \times 10^{-23}\,[\text{A}\cdot\text{m}^2]$$

であるから

$$\frac{\mu_{\text{Fe}}}{\mu_B} = \frac{2.05 \times 10^{-23}}{9.274 \times 10^{-24}} = 2.22$$

を得る．これは孤立原子における値 $\frac{\mu_{\text{Fe}}}{\mu_B} \simeq 6$ とは大きく異なる（**表6.4** 参照）．固体金属の磁気モーメントは，孤立原子の $\boldsymbol{L}, \boldsymbol{S}$ を計算するのではなく，固体全体の電子のエネルギー状態を計算する必要がある． ■

表6.4 強磁性体のキュリー温度

	飽和磁化 [kA·m^{-1}] M_S（室温）	飽和磁化 [kA·m^{-1}] M_S（0 K）*	$\frac{\mu}{\mu_B}$ (0 K)**	T_C [K]
Fe	1707	1740	2.22	1043
Co	1400	1446	1.72	1388
Ni	485	510	0.606	62
Fe$_3$O$_4$	410	—	4.1	858
NiO·Fe$_2$O$_3$	270	—	2.4	858

*：0 K での外挿値　**：1 組成式当たりの飽和磁気モーメント

(2) **スピン間の交換相互作用**　強磁性体においてスピンが揃う機構を説明するには量子力学的な相互作用を考慮する必要がある．磁性に関与する電子は不完全殻の d 軌道や f 軌道にある．フントの規則にあるように磁気モーメントが平行状態にある場合，エネルギーが低下することがある．このような電子間のエネルギーは**交換相互作用**で説明される．

2 つの隣接する原子の磁性電子のスピンが互いの向きに依存するエネルギーを

$$-2J \boldsymbol{S}_1 \cdot \boldsymbol{S}_2$$

と表す．このときスピンが互いに平行で，かつ $J > 0$ であれば，電子間のエネルギーは負で低くなる．一方，$J < 0$ ならば，エネルギーは正で高くなる．この J を**交換エネルギー**と呼ぶ．結晶の場合，各原子のスピンの向きに関係するエネルギー E_S は，すべての隣り合う原子 (i, j) の組について和を取り

$$E_S = -2J \sum_{i,j} \boldsymbol{S}_1 \cdot \boldsymbol{S}_2 \tag{6.34}$$

で表せる．交換エネルギー J の物理的意味はスピン状態による静電エネルギーの差であるので，この J が大きいほどスピンを平行に揃える力が強く，キュリー温度 T_C は高くなる．したがって，交換エネルギーが正の場合，スピンは全て平行になれば E_S は最小になり，強磁性を示す．

逆に J が負ならば，スピンが反平行となることで E_S が最小となる．このとき結晶としては正味の磁気モーメントを持たず，反強磁性が現れる（**図 6.6 (c)**）．このため，Mn や Cr は不完全な d 軌道を持つ遷移金属元素であるが，交換エネルギー J が負であるため反強磁性を示す．

6.4 磁気ヒステリシス

6.4.1 磁化曲線

通常，強磁性体のような磁性材料を評価する際には，外部磁界 H の変化に対する磁化 M の様子を調べる．このとき，強磁性体の磁化 M は磁界 H の印加履歴に依存する．印加磁界 H に対しては図6.8のような**磁化曲線**と呼ばれる閉曲線（M-H 曲線）を描く．

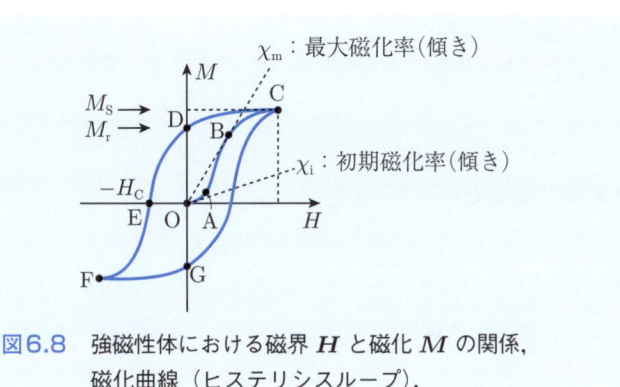

図6.8 強磁性体における磁界 H と磁化 M の関係，磁化曲線（ヒステリシスループ）．

まず，原点 O に対応する状態は**消磁状態**と呼ばれる．この状態に磁界 H を印加し，徐々に増大させると，初期磁化曲線 OABC を経て，M は増大して**飽和磁化** M_S に近づく．H を減少させると M は，往路より大きい M の値を持つ復路を描き，徐々に減少する．磁化曲線の M 軸を切る点 D における M_r を**残留磁化**，H 軸を切る点 E における H_C を**保磁力**と呼ぶ．

このように H に対して M が変化する磁化の過程は，以下のように説明される．まず，図6.8の消磁状態 O においては，図6.9 (a) の**磁区**（magnetic domain）と呼ばれる自発磁化を持つ領域に分かれ，磁化が平均として打ち消しあっている状態がある．ここから磁界を強めると，磁区と磁区の境界にある**磁壁**が移動する過程は，磁化曲線 OAB の部分に相当し，図6.9 (b) のように磁界方向の磁区が成長しながら磁壁が移動する．磁壁は磁性体内の磁気的な欠陥にひっかかりながら移動し，磁界に対して非可逆的で不連続的な変化を示す．磁化曲線 BC において，磁界がさらに強まると単磁区状態の M が逆向きの磁界方向に回転することによって磁化が進む．最終的に磁気異方性に抗して M が磁界方向に向いた状態が図6.9 (c) の状態である．

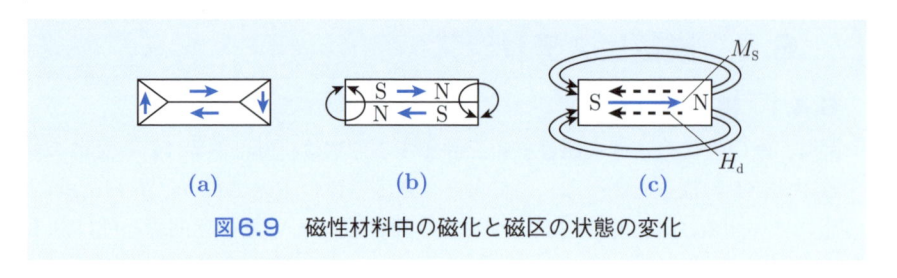

図6.9　磁性材料中の磁化と磁区の状態の変化

6.4.2　磁区の起源

磁区の起源となる静磁エネルギーについて考える．磁性体が磁化されると，表面に磁極 N および S が露出し，そこから外部に向かって磁界が生じる．それと同時に，内部にも磁化 $\boldsymbol{M}$ と逆向きに反磁界 $\boldsymbol{H}_d$ が生じる．この反磁界 $\boldsymbol{H}_d$ と角度 θ をなす磁化 $\boldsymbol{M}$ にはトルク

$$T = -\mu_0 M H_d \sin\theta \tag{6.35}$$

が働き，同じ向きに戻そうとする．反磁界に対して角度 θ をなす磁化 $\boldsymbol{M}$ のポテンシャルエネルギーは

$$U = \int_0^\theta T d\theta = -\int_0^\theta \mu_0 M H_d \sin\theta d\theta = \mu_0 M H_d (1 - \cos\theta)$$

と表せる．磁化と反磁界が逆向き $\theta = 180°$ をなすとき，大きな静磁エネルギーが生じる．エネルギーの基準を $\theta = 180°$ に取り直すと

$$U = -\mu_0 M H_d \cos\theta = -\mu_0 \boldsymbol{M} \cdot \boldsymbol{H}_d \tag{6.36}$$

と表せる．磁性体における磁気モーメントは静磁エネルギーを軽減するため，表面に磁極を露出させないよう，小さな磁気的分域に分かれる．これが磁区の起源である．

■ 例題6.2 ■

図6.8 の磁化曲線と参照し，(6.36) 式の静磁エネルギーに基づき，図6.9 の各磁区の状態のエネルギーの大きさを比較しなさい．

【解答】　図6.8 の磁化曲線の C 点や F 点において飽和磁化 M_S を生じているとき，磁区の中の磁気モーメントは 図6.9 (c) に示すように一方向に整列する．このとき内部の反磁界 H_d と磁化 M の向きが逆のため，(6.36) 式の静磁エネルギー U は最大である．図6.9 (b) の場合，隣り合う磁区の反磁界が打ち消しあって静磁エネルギー U を下げることができるので，(c) の状態よりも低くな

る．これらは 図6.8 の点 A, B に相当する．さらに原点 O の消磁状態では，図6.9 (a) にあるように隣接する磁区の間で磁力線が閉じた還流磁区を形成すると平均した磁化はゼロとなる．このとき両端に磁極が現れず，エネルギーは最小となる．よって，エネルギーの大きさは (a) < (b) < (c) となる．

6.4.3 磁化率と透磁率

強磁性体は**磁気ヒステリシス**を有し，磁化過程により異なる磁化率を示すので，常磁性体のように $\bm{M} = \chi_m \bm{H}$ という比例関係では表すことができない．また，実用的には誘導起電力は磁束密度 $\bm{B}$ に依存するので，M-H 曲線よりも B-H 曲線を考えた方が都合の良いことがある．(6.4)～(6.6) 式より

$$\bm{B} = \mu_0 (1 + \chi_m) \bm{H} = \mu_0 \bm{H} + \mu_0 \bm{M} \tag{6.37}$$

である．図6.10 に M-H 曲線（破線）と B-H 曲線（実線）の関係を示す．

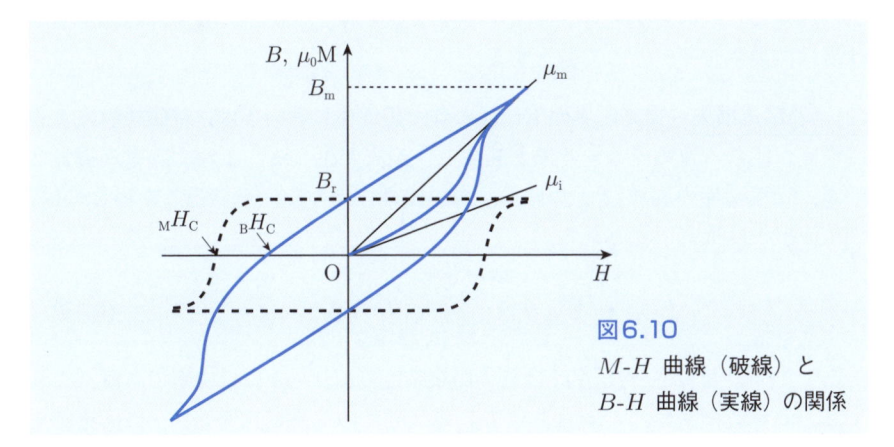

図6.10 M-H 曲線（破線）と B-H 曲線（実線）の関係

B-H 曲線において，原点 O の消磁状態から磁界を増加させたときの初磁化曲線の原点付近の傾きを μ_0 で割った比透磁率を**初透磁率** μ_i，原点から B-H 曲線の接線を引いたときの直線の傾きを**最大透磁率** μ_m と呼ぶ．残留磁束密度 B_r と残留磁化 $\mu_0 M_r$ は等しくなるが，保持力は異なるので M-H 曲線と B-H 曲線において $_M H_C$ と $_B H_C$ と区別して表記する．

磁性材料は軟磁性材料と硬磁性材料に大別される．ヒステリシスが小さく，透磁率の大きな磁性体を**軟磁性材料**と呼ぶ．磁気回路の鉄心，磁気シールド材などに用いられる．一方，大きな H_C を有し，ヒステリシスが大きい磁性体を**硬磁性材料**と呼び，代表例が**永久磁石**である．

6.4.4 鉄損

磁性体がコイルやトランスの磁心として用いられる際に，交流磁界の下では鉄損が生じる．鉄損は電気機器や部品への応用上極めて重要であるため，その低減が求められる．

(1) **ヒステリシス損失**　図6.8の磁化曲線が囲む面積をヒステリシス損失と呼び

$$W_\mathrm{h} = \mu_0 \oint \boldsymbol{H} \cdot d\boldsymbol{M} \tag{6.38}$$

と表せる．これは，1サイクルの磁化の過程に必要な仕事 $W\,[\mathrm{J\cdot m^{-3}}]$ に相当する．強磁性体の磁化過程は一般に不可逆的であり，外部からなされた仕事がポテンシャルエネルギーとして蓄えられるのは一部である．ヒステリシスループを一周すると，同じポテンシャルエネルギーを有する状態に戻り，外部からの仕事は熱エネルギーとして散逸する．

(2) **渦電流損失**　交流磁界の下に置かれた磁性体においては，電磁誘導により渦電流が流れるためジュール熱が発生し，損失が生じる．これを**渦電流損失**と呼ぶ．交流磁界の周波数 f が低く，かつ磁性体内の磁区を無視した場合には，渦電流損失は次式で表される．

$$W_\mathrm{e} = \frac{\pi^2 t^2 B_\mathrm{m}^2 f^2}{6\rho}\,[\mathrm{W\cdot m^{-3}}] \tag{6.39}$$

ここで，$t\,[\mathrm{m}]$ は厚さ，$B_\mathrm{m}\,[\mathrm{T}]$ は最大磁束密度，$\rho\,[\Omega\cdot\mathrm{m}]$ は抵抗率である．これより，渦電流損失は，f, t および B_m それぞれの二乗に比例し，ρ に反比例する．渦電流損失は，低抵抗の金属磁性体において支配的であり，後述のフェライトなどの高抵抗体においては小さい．

6.5 磁気異方性と磁歪

6.5.1 磁気異方性

(1) **結晶磁気異方性** 原子の磁気モーメントが秩序配列したとき,磁気的エネルギーが空間的に異なる現象を**磁気異方性**(magnetic anisotropy)と呼ぶ.磁気異方性には,結晶構造や形状など,いくつかの起源がある.結晶構造に起因する磁気異方性を**結晶磁気異方性**(magneto-crystalline anisotropy)と呼ぶ.Fe, Ni, Co は磁性を示すが,結晶構造はそれぞれ,体心立方格子(bcc),面心立方格子(fcc),六方最密格子(hcp)を取る.そのため,これらの結晶は異なる磁気異方性を示す.

磁化されやすい軸を**容易軸**,磁化されにくい軸を**困難軸**と呼ぶ.磁化が容易軸方向を向くときは,結晶磁気異方性のエネルギーは低く,困難軸を向くときには,エネルギーは高くなる.3つの等価な軸を有する bcc や fcc などの Fe や Ni においては

$$E_a = K_1(\alpha_1^2\alpha_2^2 + \alpha_2^2\alpha_3^2 + \alpha_3^2\alpha_1^2) + K_2\alpha_1^2\alpha_2^2\alpha_3^2 + \cdots \tag{6.40}$$

と表され,$K_1, K_2, \ldots$ を**磁気異方性定数**と呼ぶ.ここで,$\alpha_1, \alpha_2, \alpha_3$ は磁化 M の [100], [010],および [001] に対する方向余弦である.すなわち,磁化 M と x, y, z 軸とのなす角を $\theta_1, \theta_2, \theta_3$ とすると

$$\alpha_1 = \cos\theta_1,$$
$$\alpha_2 = \cos\theta_2,$$
$$\alpha_3 = \cos\theta_3$$

である.

表6.5 **Fe** と **Ni** の磁気異方性定数

	$K_1 [\mathrm{J\cdot m^{-3}}]$	$K_2 [\mathrm{J\cdot m^{-3}}]$
Fe	4.72×10^4	-0.075×10^4
Ni	-5.7×10^3	-2.3×10^3

■ 例題6.3 ■

表6.5 に磁気異方性定数の例を示す．Fe における容易軸の方向を求めなさい．

【解答】 [100], [110], および [111] に対して (6.40) 式より

$$E_{a,100} = 0, \quad E_{a,110} = \frac{K_1}{4},$$
$$E_{a,111} = \frac{K_1}{3} + \frac{K_2}{27}$$

となるので，異方性エネルギーの大きさは [100] < [110] < [111] となる．したがって，容易軸が [100] となる． ■

(2) **形状磁気異方性**　磁性体の内部には磁化 M と逆向きに大きさ H_d の反磁界が形成される．反磁界の大きさは，磁性体の形状に対応して，次式で表される．

$$H_{d,i} = -N_i M_i \tag{6.41}$$

N_i は**反磁界係数**と呼ばれ，0 から 1 の間の値を取る．直交座標系においては $i = x, y, z$ として，次の関係を満たす．

$$N_x + N_y + N_z = 1 \tag{6.42}$$

反磁界係数は，図6.11 に示すように磁性体の形状によって決まる．大きな反磁界が生じる方向に外部磁界を印加しても，容易に磁化されず，反磁界があまり生じない方向に磁化すれば容易に磁化する．これを**形状磁気異方性**と呼ぶ．

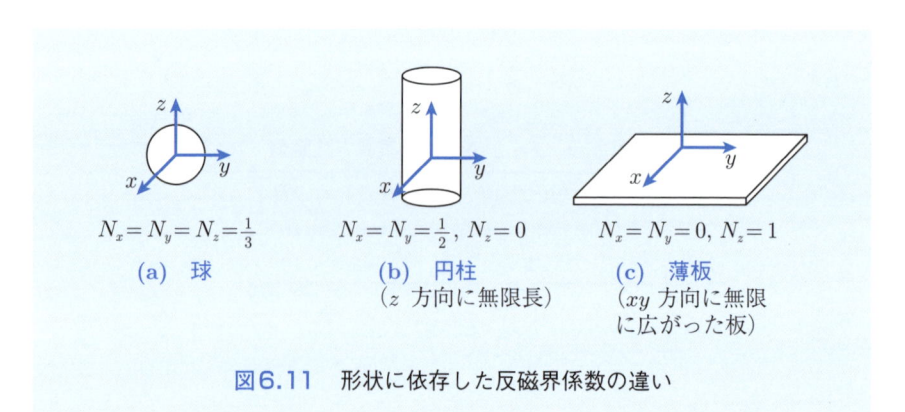

$N_x = N_y = N_z = \frac{1}{3}$

(a) 球

$N_x = N_y = \frac{1}{2}, N_z = 0$

(b) 円柱
(z 方向に無限長)

$N_x = N_y = 0, N_z = 1$

(c) 薄板
(xy 方向に無限に広がった板)

図6.11 形状に依存した反磁界係数の違い

6.5.2 磁気歪み

磁性体が自発磁化を持つことにより磁性体の外的寸法（長さ，体積）などが変化する現象を**磁歪**または**磁気ひずみ**（magnetostriction）という．磁界を印加したときの寸法の変化率をもって磁歪定数 λ を定義する．δl を長さ l の消磁状態から出発して飽和するまでの長さの変化分とすると，$\lambda = \frac{\delta l}{l}$ と表せる．立方晶などの場合，**磁歪定数 λ** は近似的に次式で表せる．

$$\lambda = \frac{\delta l}{l} = \frac{3}{2}\lambda_{100}\left(\alpha_1^2\beta_1^2 + \alpha_2^2\beta_2^2 + \alpha_3^2\beta_3^2 - \frac{1}{3}\right)$$
$$+ 3\lambda_{111}(\alpha_1\alpha_2\beta_1\beta_2 + \alpha_2\alpha_3\beta_2\beta_3 + \alpha_3\alpha_1\beta_3\beta_1) \tag{6.43}$$

ここで，$\alpha_1, \alpha_2, \alpha_3$ は磁化 M の [100], [010], [001] に対する方向余弦である．また，$\beta_1, \beta_2, \beta_3$ は磁歪測定方向の方向余弦である．$\lambda_{100}, \lambda_{111}$ はそれぞれ [100] および [111] 方向に磁化が向いているときの [100], [111] 方向の磁歪定数である．この磁歪定数の大きさは，表6.6 に示すように，Fe や Ni で 10^{-5} 程度である．

磁歪の発生機構は，磁化の方向により結晶内の電子系のエネルギーが変化するので，結晶格子との相互作用によりエネルギーが下がるように結晶格子を歪ませることによる．結晶が歪むと弾性エネルギーが増大する．したがって，磁気的なエネルギーの減少と弾性エネルギーの増大のつり合うところまで，$\frac{\delta l}{l}$ は変化し飽和する．

この現象は磁歪素子として利用される．Ni やフェライト棒に巻き線を形成し，直流電流 I_{dc} を流して長さ方向に静的磁界を与える（バイアス磁化）．これに交流電流 I_{ac} を重畳すると，棒の磁化はバイアス磁化 M_{dc} を中心値として変動し，磁歪現象により棒は振動子となるので端面からは音波が発生する．フェライトは水に対して耐蝕性があり，超音波洗浄器，ソナー，超音波加湿器などにおいて周波数が数十〜100 kHz のフェライト振動子が用いられる．

表6.6 Fe と Ni の磁歪定数

	λ_{100}	λ_{111}
Fe	20.7×10^{-6}	-21.2×10^{-6}
Ni	-45.9×10^{-6}	-24.3×10^{-6}

6.6 軟磁性材料

6.6.1 軟磁性材料の特徴

表6.7に軟磁性材料の磁気特性をまとめた．軟磁性材料は**高透磁率材料**とも呼ばれ，その特性として，飽和磁束密度 B_S が高い，保磁力 H_C が低い，透磁率 μ が高い，鉄損 P_c が低い，抵抗率 ρ が高いといった特性が要求される．材料のヒステリシス損失を小さくするためには保持力を低くし，渦電流損失を小さくするためには，抵抗率を大きくする必要があるからである．このような要求から，磁化曲線のヒステリシスと保磁力が小さく，比較的透磁率は高いという特徴がある．

軟磁性材料の場合，磁気異方性定数 K および磁歪定数 λ ができるだけ小さい組成を選択し，熱処理による内部ひずみの低減や，不純物元素の低減が重要である．特に，鉄，ケイ素鋼，パーマロイなどの金属系磁性材料では保磁力が結晶粒径の逆数に比例するため，結晶粒を熱処理により大きくするなどの手法が適用される．

6.6.2 金属系材料

(1) **ケイ素鋼板** ケイ素鋼板は代表的な合金系の軟磁性体である．1900 年に Si を加えると鉄損が減少することが見出された．このとき，Si の添加により，

表6.7 金属系軟磁性材料の磁気特性（代表値）

名称	組成 [wt%]	μ_i	B_S [T]	$_BH_C$ [A·m^{-1}]	ρ [Ω·m]
純鉄	0.01C–Fe	400	2.15	42	11×10^{-8}
ケイ素鋼板	3Si–Fe	4000	2.03	8	48×10^{-8}
	6.5Si–Fe	1000	1.8	12	82×10^{-8}
Fe–Si–Al 合金 [1]	9.6Si, 5.5Al, 残部 Fe	30000	1.1	1.6	80×10^{-8}
Fe–Co–V 合金 [2]	2V, 49Co, 49Fe	800	2.45	64	28×10^{-8}
Fe–Ni 合金 [3]					
36 パーマロイ	36Ni, 64Fe	3000	1.3	16	75×10^{-8}
45 パーマロイ	45Ni, 55Fe	4500	1.5	6.0	45×10^{-8}
78 パーマロイ	78.5Ni, 21.5Fe	8000	1.08	4	16×10^{-8}
スーパーマロイ	79Ni, 5Mo, 16Fe	100000	0.79	0.16	60×10^{-8}

(1) センダスト，(2) パーメンジュール，(3) パーマロイと呼ばれる．

飽和磁束密度は低下するが，電気抵抗が高くなり，鉄損が抑制される．軟磁性体として比透磁率および飽和磁束密度は大きく，残留磁束密度や保持力が小さく，かつ高抵抗率となる組成を選ぶ必要がある．

ケイ素鋼板は方向性ケイ素鋼板と無方向性ケイ素鋼板に大別される．**方向性ケイ素鋼板**は，3 wt%程度の Si を含む鋼板の (110) 面を圧延面として，その結晶粒の磁化容易軸の1つである [001] を圧延方向 [001] に配向させ，(110)[001] 集合組織（ゴス方位と呼ばれる）を形成したものである．Si の少ない組成の合金は磁気異方性 K を十分小さくすることができないため，結晶粒の磁化容易軸方向を圧延により特定方向に揃え特定方向への磁化を容易にし，ヒステリシス損失を低減する．方向性ケイ素鋼板は，主として電力用トランスなどに使用されている．

無方向性ケイ素鋼板は結晶配列が面内においてランダムで，磁気特性の方向性が少ない．そのため回転磁界が発生する発電機，モータ，小型電源トランスなど，磁束が鉄心面内のあらゆる方向を貫く用途に適する．Si 含有量の増加により，K や λ を低減し，抵抗率も増加する．特に 6.5 wt%において λ はゼロになり，高透磁率が得られる．

3%以上の Si を添加すると脆化するが，圧延後 CVD 法により表面からの Si の拡散を用いた手法により，無方向性の 6.5 wt%ケイ素鋼板が実用化された．磁歪がほぼゼロで，高抵抗で従来のケイ素鋼板よりも高周波において低鉄損で騒音を小さくできるため，各種リアクトル，高周波トランスやモータ用鉄心として使用されている．

(2) **Fe–Ni 合金** Fe, Co, Ni は常温で強磁性を示すが，金属系の軟磁性体としては，通常，合金（alloy）として用いられる．その目的は，高透磁率を得ると同時に電気的，機械的特性を改善するためである．Fe–Ni 合金は**パーマロイ**と総称され，高透磁率，低保磁力の他，加工性と耐食性に優れている．その特徴は組成により異なり，μ_i, B_S ともに小さいが，抵抗率が高く，交流磁界での応用に適した 35〜40%組成のもの，B_S が大きな 45〜50%Ni 組成のもの，弱磁界で高い μ_i を示す 70〜85%Ni 組成のものがある．

特に 78%前後の Ni 含有率の 78 パーマロイは純度と熱処理（600°C からの急冷）によって大きく磁気特性が変わり，高い透磁率が得られる．また，5%の Mo を添加した**スーパーマロイ**（supermalloy）は高透磁率かつ高抵抗で，より優れた特性を示す．

6.6.3 フェライト系材料

(1) フェライトの構造 フェライトは Fe_2O_3 を主成分とする磁性酸化物の総称である．高周波用軟磁性材料として重要な**スピネル型**フェライトは，天然鉱物スピネル（$MgAl_2O_4$）と同型の結晶構造を有するフェライトの総称である．その化学式は，$M^{2+}Fe^{3+}_2O_4$ もしくは $MO \cdot Fe_2O_3$ で表される．ここで2価の金属 M（$=$Mg, Mn, Fe, Ni, Cu, Zn）である．

その結晶構造は 図6.12 に示すスピネル型である．M^{2+} と Fe^{3+} が24個，酸素原子32個で単位胞を形成し，金属イオンの配置は酸素4つに囲まれた8個の正四面体位置（8a，Aサイト）と酸素6個に囲まれた16個の正八面体位置（16d，Bサイト）がある．MがAサイト，FeがBサイトに入る場合を**スピネル型**と呼び，一般に非磁性である．逆にFeがAサイト，MとFeがBサイトに入る場合を**逆スピネル型**と呼ぶ．MがZnの場合，スピネル，その他は多くの場合，逆スピネル型の構造を取る．

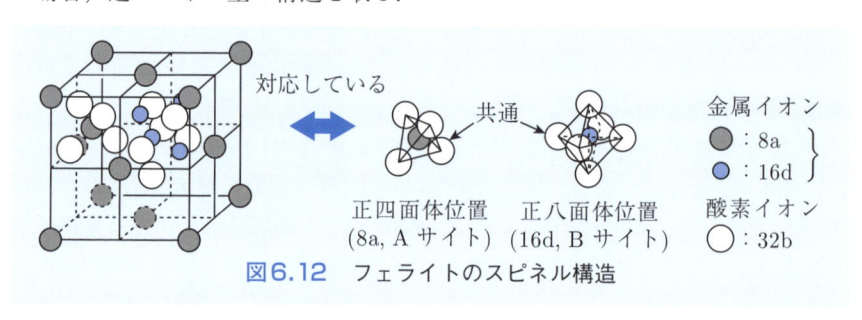

図6.12 フェライトのスピネル構造

(2) フェリ磁性 フェライトの典型であるマグネタイト（磁鉄鉱，$FeO \cdot Fe_2O_3$）の磁気モーメントを考える．図6.12 のスピネル構造において合計24個のFeのうち，$\frac{1}{3}$ の8個が Fe^{2+}，$\frac{2}{3}$ の16個が Fe^{3+} となる．Fe^{2+} の磁気モーメントが $4\mu_B$，Fe^{3+} の磁気モーメントは $5\mu_B$ であるので，すべての磁気モーメントが平行ならば，組成式当たりの磁気モーメントは，$4\mu_B + (2 \times 5\mu_B) = 14\mu_B$ となるはずだが，表6.4 より約 $4\mu_B$ である．この不一致は，マグネタイトが 図6.6 **(d)** に示す**フェリ磁性**を示すことによる．

マグネタイトにおいて Fe^{3+} は8個のAサイトに，Fe^{2+} と Fe^{3+} が16個のBサイトに配置される．Fe^{2+} と Fe^{3+} は，AサイトとBサイトの酸素をはさんで，**超交換相互作用**と呼ばれる機構により，互いに逆向きの磁気モーメントを有し，反強磁性的に結合する．これらのスピンの向きで表すと，$\{Fe^{3+} \downarrow\}_{8a}$ と

$\{Fe^{2+} \uparrow \ Fe^{3+} \uparrow\}_{16d}$ と互いに逆向きになるので，組成式当たりの正味の磁化は $\{-5+(4+5)\}\mu_B = 4\mu_B$ となる．

Niフェライト（$NiO \cdot Fe_2O_3$）の場合，$\{Fe^{3+} \downarrow\}_{8a}$ と $\{Ni^{2+} \uparrow \ Fe^{3+} \uparrow\}_{16d}$ により，組成式当たりの磁化として $\{-5+(2-5)\}\mu_B = 2\mu_B$ が強磁性に寄与する．イオンの種類により飽和磁化，結晶磁気異方性，磁歪の値を変えられるので，スピネル型フェライトは固溶体として用いられる．

(3) <u>高周波用およびマイクロ波用フェライト</u>　フェライトは，金属系材料と比較して飽和磁束密度やキュリー温度が低いが，抵抗率が極めて大きく渦電流が抑制される．そのため，高周波における損失が小さく，透磁率の高周波における低下が比較的小さいので，金属系の使えない高周波用の部品に主に使用されている．表6.8にフェライト系軟磁性材料の磁気特性を示す．

Mn–Znフェライトは，主として数MHz以下の領域において，Ni–ZnフェライトはMn–Znフェライトよりも高い周波数域で使用される．さらに高いマイクロ波領域（$10 \sim 10^5$ MHz）においては，スピネル型フェライト，ガーネット型フェライト，六方晶系フェライトが用いられる．

フェライトは，原料である酸化鉄と2価の金属などの原料を乾式もしくは湿式で目標の組成となるように混合し，低温で仮焼成，粉砕，成型，焼成（900〜1500°C），研磨，加工を経て製造される．

表6.8　フェライト系軟磁性材料の磁気特性（代表値）

名称	周波数	μ_i	B_S [T]*	H_C [A·m^{-1}]	ρ [Ω·m]
Mn–Zn系	100 kHz	2500	0.42	16	7
	100 kHz	5300	0.44	8	1
	10 kHz	10000	0.40	6.4	0.05
Ni–Zn系	0.1 MHz	16	0.28	16	0.05×10^6
	0.1 MHz	10	0.33	10	0.1×10^6
	1 MHz	159	0.24	159	50×10^6

*：B_{10} すなわち，10×100 [A·m^{-1}] = 1 [kA·m^{-1}] における磁束密度を表す．

6.6.4　アモルファス磁性体，ナノ磁性体

表6.9にアモルファス磁性体，ナノ磁性体の磁気特性を示す．アモルファス磁性合金は，結晶磁気異方性が存在しない，結晶粒界に相当する大きな欠陥がない，抵抗率が高いなどの優れた軟磁性を示す．

表6.9 アモルファス，ナノ結晶軟磁性材料の磁気特性（代表値）

種類	名称	組成 [wt%]	μ_i	B_S [T]	H_C [A·m^{-1}]	ρ (10^{-6} [Ω·m])
アモルファス系	Fe–Si–B 系	Fe$_{78}$Si$_9$B$_{13}$	5000	1.56	2.4	1.30
	Co–Fe–Si–B 系	Co$_{70.3}$Fe$_{4.7}$Si$_{15}$B$_{10}$	8500	0.80	0.48	1.34
	Co–Fe–Ni–Si–B 系	Co$_{61.6}$Fe$_{4.2}$Ni$_{4.2}$Si$_{10}$B$_{20}$	120000	0.54	0.16	—
ナノ結晶合金	Fe–Cu–M–Si–B 系**	Fe$_{73.5}$Cu$_1$Nb$_3$Si$_{13.5}$B$_9$	158000*	1.24	0.53	
		Fe$_{73.5}$Cu$_1$Ta$_3$Si$_{13.5}$B$_9$	87000*	1.14	1.3	

*：比透磁率（$f = 1$ [kHz], $H = 0.05$ [A·m^{-1}]）　**：M = Nb, Zr, Hf, Ta, W, Mo

(1) **アモルファス磁性体**　アモルファス磁性体は，Fe, Co, Ni の強磁性元素と，アモルファス化するための半金属元素（B, P, Si, C）もしくは，Ti, Zr, Hf などとの合金である．アモルファス磁性体は，結晶磁気異方性や，結晶粒界がなく，高抵抗で高い透磁率を有する．その作製には，冷却速度を高めて結晶化を防ぐため，単ロール法などの液体急冷法による薄帯材料，回転液中紡糸法によるワイヤ材料，あるいはスパッタ法による薄膜材料の作製法が用いられる．

アモルファス軟磁性材料は Fe 系と Co 系に大別される．Fe 基アモルファス合金はアモルファス合金の中では比較的原料費が安く，飽和磁束密度が高い Fe 系はケイ素鋼板に比べて低鉄損，高透磁率の点で優れている．その最も大きな応用分野は，電力用トランスの磁心材料である．Co 基アモルファス合金は，特に kHz 帯域で高い比初透磁率 μ_i を持っており，パルストランス，ノイズフィルタ，センサ用コアなどに適し，高透磁率により部品の小型，高性能化が可能となる．

(2) **ナノ磁性体**　Fe–Cu–M–Si–B 系アモルファス合金（M：Nb, Zr, Hf, Ta, W, Mo など）を結晶化し，極微細なナノサイズの結晶粒を均一に析出させると，優れた軟磁性が得られる．ケイ素鋼，パーマロイなどの金属系結晶材料と異なり，保持力はナノ領域では微細化に伴い急激に減少するのが**ナノ磁性体**の特徴である．ナノ結晶軟磁性材料は飽和磁束密度が 1～1.7 T 程度と高く，かつ Co 系アモルファス材料やパーマロイに匹敵する非常に高い透磁率を示す．

磁心の製造は，十数 μm と極薄のアモルファス薄帯を所定形状に巻き回して成型後，熱処理によってナノ結晶組織とする．Cu による結晶相の核生成効果と Nb による bcc 結晶粒成長抑制効果の相乗効果により均一微細なナノ結晶粒組織が実現される．ナノ磁性体は EMI フィルタ用コモンモードチョーク，サージ電流およびリンギングの抑制用可飽和コア，カットコア，パルスパワー用コアなどに応用されている．

6.7 硬磁性材料

6.7.1 硬磁性材料の特徴

表6.10 に示すように，硬磁性材料は金属系，フェライト系，希土類系などに分類できる．永久磁石の強度を表す指標として，$(BH)_{\max}$ は B-H 減磁曲線上の磁束密度とそれに対応する磁界の積の最大値で表される．

表6.10 典型的な硬磁性材料の特性（代表値）

分類	名称	組成*	$(BH)_{\max}$ [kJ·m^{-3}]	$_\mathrm{M}H_\mathrm{C}$ [kA·m^{-1}]	B_r [T]
金属系	KS 鋼	Fe-0.9C, 35Co, 5Cr, 4W	7.6	20**	0.9
	Al-Ni-Co (アルニコ 5)	Fe-8Al, 24Co, 14Ni, 3Cu	40〜64	50〜62	1.25〜1.35
	Fe-Cr-Co	Fe-26Cr, 10Co, 1.5Ti	54	47	1.44
フェライト系	Ba 系	BaO·6Fe$_2$O$_3$	29.8	175	0.41
	Sr 系	SrO·6Fe$_2$O$_3$ + La, Co	23.8〜42.0	151〜354	0.36〜0.47
希土類系	Sm-Co 系	Sm$_2$Co$_{17}$ + Fe, Cu, Zr	176〜264	533〜1030	1.02〜1.20
	Nd-Fe-B 系	Nd$_2$Fe$_{14}$B	206〜437	875〜2626	1.05〜1.51

*：金属系の組成は重量比を表す．　**：$_\mathrm{B}H_\mathrm{C}$ の値を示す．

磁性材料を磁化して永久磁石として用いるには，**着磁**という工程が必要である．着磁とは，磁化が飽和するまで充分な外部磁界を印加する工程であり，専用装置の**着磁コイル**と呼ばれる空芯コイルなどに入れて，数千〜数万 A 程度のパルス電流で強磁界を印加する．磁気特性を評価する場合，十分に着磁した状態で図6.13 の左半分に示す減磁曲線を評価する．磁石内部には，磁化 M と逆向きに大きさ H_d の反磁界が形成されるので，磁石の動作点は減磁曲線上の動作点 $\mathrm{P}(-H_\mathrm{d}, B_\mathrm{d})$ における磁界と磁束密度に対応する．減磁曲線上の点 P に対応する磁極間の空隙のエネルギー $B_\mathrm{d} \cdot H_\mathrm{d}$ をプロットしたのが，図6.13 の右半分のエネルギー積である．B-H 減磁曲線の原点と曲線上の点 P を通る直線を**パーミアンス直線**，その傾きを**パーミアンス係数**と呼び

$$P_\mathrm{c} = -\frac{B_\mathrm{d}}{\mu_0 H_\mathrm{d}} \tag{6.44}$$

と表せる．このとき，P_c と反磁界係数 N との間には

$$P_\mathrm{c} = \frac{1-N}{N} \tag{6.45}$$

という関係が成り立つ．したがって，反磁界係数より磁石形状に依存したパーミアンス係数 P_c がわかればパーミアンス直線を引くことができ，B-H 減磁曲線との交点である動作点を求めることができる．

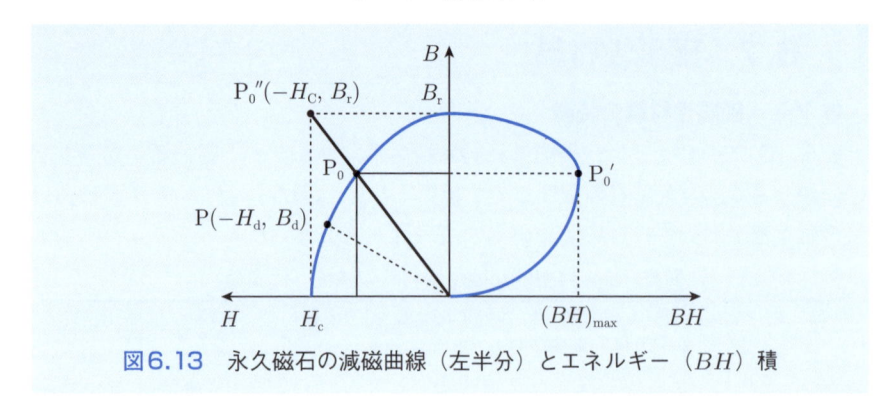

図6.13 永久磁石の減磁曲線（左半分）とエネルギー（BH）積

6.7.2 金属系磁石

永久磁石の発展の歴史は1917年 **KS鋼**（Fe–0.9%C, 35%Co, 5%Cr, 4%W）の開発に端を発し，**タングステン鋼**（Fe–0.7%C, 0.3%Cr, 6%W, 0.3%Mn）に比べ3～4倍の保磁力を有し，当時，世界最強の磁石鋼であった．KS鋼は，焼き入れ硬化型材料であり，鉄を主体とする合金を高温のγ相（面心立方構造）領域から焼き入れると**マルテンサイト組織**と呼ばれる構造に変態し，それにより合金内部に応力分布が生じ，磁壁移動に要するエネルギーを高め，保持力が増大する．

1931年に発明された **MK磁石**（Fe–28%Ni–13%Al合金）は，Fe–Ni–Al系合金であるが，その後，大量のCoの添加，磁界中熱処理の採用など著しい改良が加えられて，**アルニコ**（AlNiCo）**磁石**が誕生した．アルニコは析出硬化型材料であり，高温から急冷することによりFe, Coに富む強磁性相とNi, Alに富む弱磁性相を形成する．このように二成分混合系から急冷により生じる二相分離を**スピノーダル変態**と呼ぶ．アルニコの保持力が高いのは，析出相が単一磁区を形成し，強磁界下の冷却で[100]方向に長軸を揃えて析出する形状異方性による．その後，同様の機構を利用し，塑性加工が可能で，Co含有量も少なく，コスト面で優れるCu–Ni–Fe，Cu–Ni–Co，およびFe–Cr–Co磁石が開発された．

6.7.3 フェライト系磁石

フェライト磁石は，1933年加藤と武井らによるOP磁石（$CoO \cdot 6Fe_2O_3$）の開発に端を発する．1952年ウエント（Went）らによりBaフェライト（$BaO \cdot 6Fe_2O_3$），

1963年にはSrフェライト（$SrO \cdot 6Fe_2O_3$）が発明された．これらのフェライト磁石は，軟磁性体と異なり $MO \cdot 5Fe_2O_3$（M：Ba, Sr, Pb）という組成のマグネトプランバイト型（M型）化合物である．六方晶構造を取り，c軸が容易軸であり，磁気異方性定数が $350\,kJ \cdot m^{-3}$ と大きい．

　フェライト磁石の製造法は原料である $BaCO_3$ または $SrCO_3$ の炭酸塩に酸化鉄 Fe_2O_3 を混合し，空気中で仮焼することで M 型化合物を得る．この M 型化合物サブミクロンサイズに粉砕し，磁化容易軸（c軸）を配向させるために磁界中プレスを行い成型し，1373～1573 K で焼結される．磁石粉末と結合材（樹脂，ゴム）を混合し，固化して作製される**ボンド磁石**もあり，圧縮成型や射出成型法が用いられる．フェライト系磁石は化学的に安定で，低価格の磁石材料として生産量が多い．

6.7.4　希土類磁石

(1)　<u>希土類磁石の特徴</u>　希土類磁石は希土類元素 R と，Fe または Co などの遷移金属 M からなる金属間化合物であるが，アルニコ磁石やフェライト磁石に比べ高い性能を有する（**表6.10** 参照）．Fe や Co の磁気モーメントは 3d 電子のスピン，R は 4f 電子の軌道運動およびスピンの寄与による．R-M 化合物の磁性は 3d-4f 相互作用により決まり，4f 殻が半分までしか満たされていない軽希土類化合物と M との間は強磁性結合を示し，4f 殻が半分以上満たされた重希土類と M は反強磁性結合を示す．このため軽希土類化合物は，重希土類化合物に比べ，大きな飽和磁化 B_S を示す．

(2)　<u>サマリウムコバルト磁石</u>　大きな飽和磁化を有し，1軸結晶磁気異方性の大きな **$SmCo_5$ 化合物**がまず開発された．その後，結晶磁気異方性が1桁小さいが，より大きな飽和磁化を有する **Sm_2Co_{17} 化合物**が実用化された．Sm_2Co_{17} 型磁石は，Sm, Co が $SmCo_5$ に比べてそれぞれ 10 wt%，15 wt%低減できコスト面で優れるのみならず，キュリー点が高く，$SmCo_5$ 系磁石より需要が多い．

　$SmCo_5$ と Sm_2Co_{17} は，保持力の起源がそれぞれニュークリエーション型とピンニング型磁石に分かれ，初磁化過程が異なる．ピンニング型の Sm_2Co_{17} では，Co の一部を Cu で置換し，Fe–Co リッチ相と Cu リッチ相とに相分離し，磁壁がピンニングされる．このとき，初磁化曲線において保磁力付近の磁界で急激に磁化し，ピンニングに打ち勝って磁壁が解放される磁界が保持力を決める．

(3) **ネオジム磁石** 1960年代以降のサマリウム磁石の開発に次いで，1983年Nd–Fe–B系の希土類磁石が開発された．SmやCoなどに比べFeという安価な材料を使うこと，Smは産出量の少ない希土類元素である上に，Coも産地が局在して供給不安があるため，**ネオジム磁石**の開発につながった．この磁石の主成分は$Nd_2Fe_{14}B$で表される正方晶化合物であり，最大エネルギー積が約$470\,kJ\cdot m^{-3}$の世界最高強度の磁石が実現されている．

$Nd_2Fe_{14}B$化合物のキュリー点は$315°C$で，結晶磁気異方性も磁化も温度に依存するので，温度上昇と共に保磁力は低下し，ハイブリッド自動車用モータの動作温度の$200°C$では大幅に低下する．実用上，高温での保磁力低下を抑制するため，$Nd_2Fe_{14}B$化合物のNdをDyで置換し結晶磁気異方性を高めている．Dy置換した$(Nd,Dy)_2Fe_{14}B$相ではNdとDyが反強磁性的結合により磁化が下がり，(Nd,Dy)–Fe–B系磁石で最大エネルギー積は$240\,kJ\cdot m^{-3}$程度となる．

現在，5〜10 wt%程度のDy含有高保磁力磁石がハイブリッド自動車や電気自動車（HV/EV）の駆動モータ用に使用されている．ただし，DyのクラークNはNdの$\frac{1}{10}$ほどで，資源が特定国に偏在するため，Dyフリー化が課題となっている．

● **モータと元素戦略** ●

HVやEVなどの自動車用モータにおいてはブラシレスDCモータが用いられている．このモータは原理的には直流モータと同じで，回転子に希土類磁石を用い，整流子とブラシという機械的部分を制御回路と磁極検出のためのホール素子で置き換えたモータである．特定国に産出地が偏在するレアアースなどの希少元素の供給を輸入に頼るわが国は，世界的な需要の急増や資源国の輸出管理政策により，深刻な供給不足や価格高騰などの状況に見舞われてきた．

上述の理由から，わが国では「元素戦略」という名の下で，磁性材料分野ではDyを用いない希土類磁石の開発，導電材料分野ではInを用いない透明電極材料などが電子論，材料創成，解析評価といった基礎的な観点から研究されている．

6.8 磁気記録用材料

6.8.1 磁気記録の応用例

磁気記録を応用したハードディスク装置（HDD）は，大容量，不揮発，低価格という特徴を備え，アクセス性能やビット当たりのコストに優れるため，現在，SSD と並んで外部記憶装置の中核的存在である．

6.8.2 磁気記録の原理

HDD に用いられる磁気記録の原理は，歴史的には，図 6.14 (a) に示す長手方向磁化を持つ，**面内磁気記録方式**から，さらに図 6.14 (b) に示す**垂直磁化記録方式**へと変化した．いずれも高い保持力 H_C を有する磁気記録媒体に，軟磁性体からなる磁気ヘッドで強い磁界を印加し，媒体の磁化を再配列させる．その結果，媒体上に**記録トラック（シリンダー）**と呼ばれる帯状の残留磁化が残り，情報が不揮発的に記録される．

データ書込みに用いられる記録用磁気ヘッドは，サブミクロン程度の狭い磁気ギャップを有するリング型の磁気コアで構成される．狭い領域に強い高周波磁界を発生できるよう，ギャップ部近傍で断面積が狭くなるように磁気コアをしぼり込み，飽和磁束密度 B_S や高周波での透磁率 μ が高い磁性材料を用いるなどの工夫がなされる．データ読出しの際は，記録媒体の磁化反転領域からの漏れ磁界を再生用磁気ヘッドにより，電磁誘導や後述の巨大磁気抵抗効果により検出する．

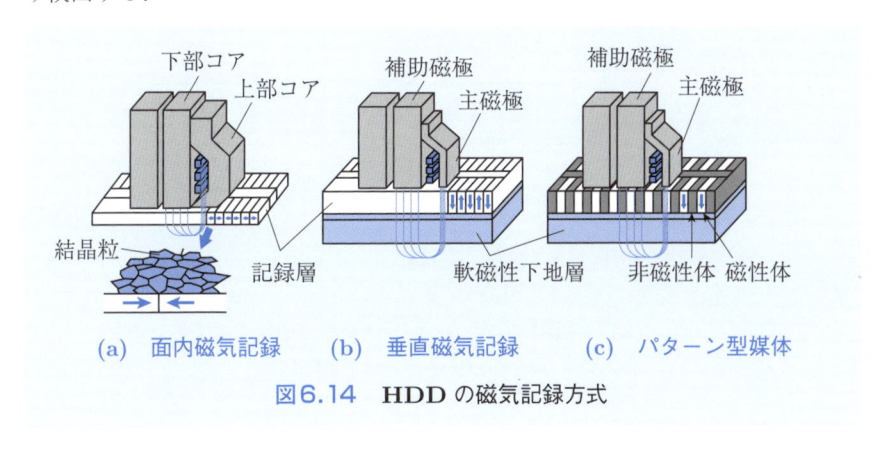

図 6.14　HDD の磁気記録方式

6.8.3 磁気記録用材料

(1) **磁気記録材料の特徴**　磁気記録は当初，磁気テープや磁気ディスクにおいて，γ-Fe_2O_3 などの酸化鉄粉を樹脂製フィルムやアルミディスク上に塗布したものが用いられた．面内磁気記録の場合，長手方向に大きな残留磁化が残るように，針状磁性粉の長軸が長手配向された．その後，磁気テープでは，γ-Fe_2O_3 粒子の表面を Co 皮膜で被覆したものや鉄系メタル粉などが開発され，磁気エネルギーの大きな材料に改善された．

図6.15 (a) に示す**長手磁化方式**においては，0 と 1 の二値情報を磁化の向きを変えて書き込む．磁性膜上での磁化反転の有無が 1 と 0 に対応する．HDD の基板にはアルミやガラスが用いられ，スパッタリング法で面内長手配向に Co–Cr 系金属薄膜を厚さ数十 nm で膜を形成し，Co の多い磁性微結晶粒を Cr の多い非磁性結晶粒界が包んでいる．記録層の下に Cr の厚い層を形成し c 軸を面内に倒し，面内磁気異方性を与える．ただし長手磁化方式で記録密度が高まると，記録磁化内に磁化を打ち消す反磁界が増大し，ビット情報が不安定となる．

その後，2005 年に実用化された**垂直磁化方式**では図6.15 (b) のように膜面に垂直な磁化の反平行な極性反転の有無で，1 と 0 の二値情報を書き込む．垂直磁化方式は，記録磁化内の反磁界は互いの磁化を安定化させる役割を果たし，高密度化に適した記録方式である．垂直磁気メディアの記録層は，磁化容易軸を膜面に垂直方向に揃えたナノサイズの強磁性金属微粒子の集合体である．Co–Cr 系垂直磁気異方性膜は，Co 成分の多い柱状磁性微結晶粒を Cr 成分の多い粒界が包んだ構造を取り，磁化容易軸の c 軸が膜面に垂直である．

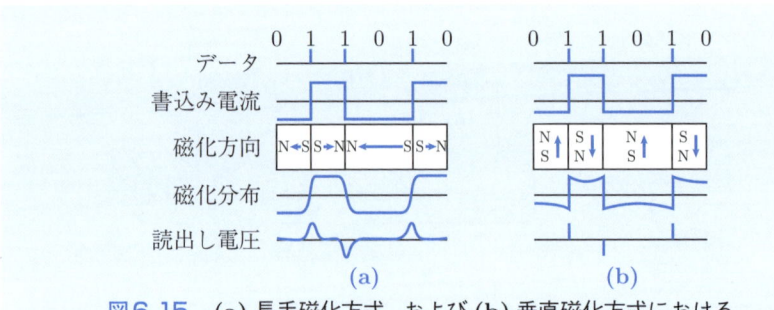

図6.15　(a) 長手磁化方式，および (b) 垂直磁化方式におけるディジタル信号の書込みおよび読出し

(2) 磁気記録媒体の課題 HDDのような磁気記録において高記録密度化を実現するには，記録媒体に微細な結晶粒を形成する必要がある．また，磁化の方向の熱安定性を確保するには，2つの磁化方向の安定点の間のエネルギー障壁 $E_b = K_u V$（K_u：強磁性体の一軸異方性エネルギー，V は磁性粒子の体積）が kT より十分大きい必要がある．高密度化のため結晶粒のサイズ V を小さくすると，E_b を確保するためには，大きな一軸異方性エネルギー K_u を有する材料が必要となる．ここで K_u の大きな材料を記録媒体に用いると，記録容易性の確保のため，記録ヘッドにおける強磁界の発生が必要となる．ただし，記録ヘッド磁極の材料である Co, Ni, Fe の合金の飽和磁束密度は 2.4 T で，より大きな磁界発生は原理的に困難である．

このように垂直磁気記録媒体において，高記録密度化，熱安定性，記録容易性の3つの並立が難しいため，**トリレンマ**と呼ばれる．

(3) パターン媒体 トリレンマの解決のため，パターン型媒体というコンセプトが提案されている．その特徴は，記録分解能が磁気記録媒体上の微細加工された数十 nm サイズのパターンの大きさで決定され，各パターン内の磁性体はお互いに強固に結びついて磁化反転する．このとき熱安定性 E_b に効く磁性体の体積 V は，各パターン全体の体積となる．よって，パターン媒体の適用により大きな磁気異方性 K_u を持つ材料を用いる必要がなく，記録磁界の問題が緩和される．

その課題は，数十 nm サイズのパターンの低コストの作製方法の開発である．その方法として電子線描画などで作製されたパターンマスターをエッチング用マスクの樹脂に押しつけ凹凸を転写する**インプリント法**や自己組織化する 2 種類のポリマー鎖からなる**ブロックコポリマー**を磁性体のエッチングマスクとする方式が提案されている．

6.9 スピントロニクス

電子の電荷とスピンという2つの性質を利用したエレクトロニクス技術はスピントロニクスと呼ばれ注目されている．その例として，磁気抵抗効果を利用した磁気ヘッドおよびメモリの例を紹介する．

6.9.1 磁気抵抗効果

(1) 巨大磁気抵抗効果 1857年にケルビン卿により発見された，等方的物質における強磁性体の磁気抵抗は**異方性磁気抵抗**（**AMR**）と呼ばれるが，そのMR比が1～2%と低く，実用面で注目されることはなかった．しかしながら，1987年にFe/Cr人工格子で，**巨大磁気抵抗**（**GMR**：giant magneto-resistance）効果が発見され，磁気記録の高密度化の要求とあいまって，スピントロニクスの端緒を拓かれた．GMRの発見者のグリュンベルク（Grunberg）とフェール（Fert）は2007年にノーベル物理学賞を受けた．

図6.16 (a)に示すようにFeの強磁性層がCrの非磁性層を介して反強磁性的に結合したとき，GMR効果が現れる．GMRを示す人工格子ではゼロ磁場で隣り合う強磁性層は磁化の向きが反平行に揃い，電子が1つの強磁性層から隣の強磁性層に移動するとスピンの座標が逆転することになる．そのため電子スピンの向きがいずれの場合も散乱され，抵抗は大きくなる．GMR素子は信号検出のための電流を非磁性層の面内方向に流すCIP型および，垂直に電流を流すCPP型がある．GMRの微視的な原因は，CIP-GMRの場合，界面の原子状態の乱れによる散乱がスピンに依存すること，CPP-GMRの場合，各層の電子状態の整合・不整合がスピンに依存することによる．

磁気トンネル接合（**MTJ**：magnetic tunnel junction）と呼ばれる，磁性体／非磁性体／磁性体の3層構造にて，図6.16 (b)に示すように磁界印加により，抵抗が変化する．ここで，**磁気抵抗比**（MR ratio）は，平行，反平行時の抵抗率を ρ_P および ρ_{AP} として，次式で定義される．

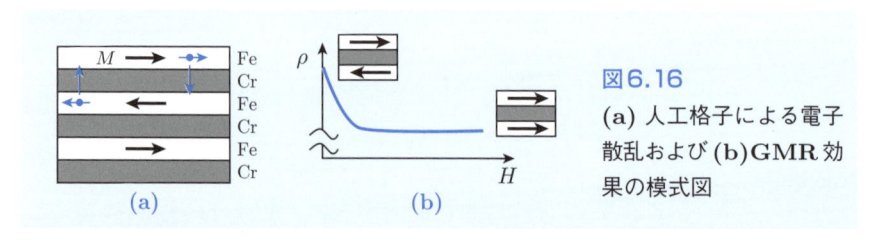

図6.16 (a) 人工格子による電子散乱および(b)GMR効果の模式図

$$\mathrm{MR} = \frac{\rho_{\mathrm{AP}} - \rho_{\mathrm{P}}}{\rho_{\mathrm{P}}} \tag{6.46}$$

HDD の磁気ヘッドの1つとして実用化されたのが，図6.17 (a) に示す構造のスピンバルブ GMR 素子である．非磁性層（Cu）を2つの強磁性層（例：NiFe）で挟み，一方を反強磁性層（例：FeMn）に隣り合わせて磁化をピン止めする．2つの磁性膜の磁化が平行と反平行の場合で，抵抗が異なることを利用し，外部磁界による自由層の磁化反転を検出する．

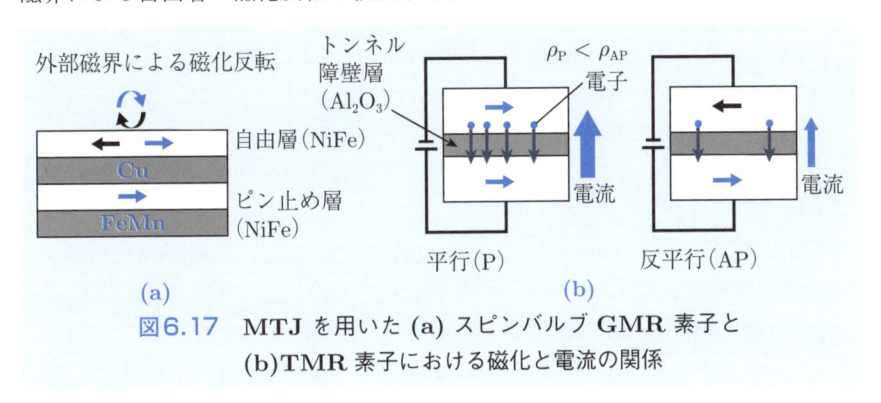

図6.17 MTJ を用いた (a) スピンバルブ GMR 素子と (b)TMR 素子における磁化と電流の関係

(2) トンネル磁気抵抗効果 トンネル磁気抵抗（**TMR**：tunnel magneto-resistance）効果は GMR ヘッドで用いる 図6.17 (a) の Cu 中間層を 図6.17 (b) に示すようにトンネル障壁層（Al$_2$O$_3$）で置き換え，極めて薄い絶縁体を用いることで観測される．

図6.18 に非磁性体と磁性体の状態密度を占めるスピンの様子を模式的に示す．MTJ 構造におけるスピンの偏りは，E_F 近傍の上向き・下向きスピンの状態密度を D_u および D_d とすると，次式で決まる．

$$P = \frac{D_\mathrm{u} - D_\mathrm{d}}{D_\mathrm{u} + D_\mathrm{d}} \tag{6.47}$$

図6.18 **(a)** の非磁性体の場合，スピンの偏りはないが，**(b)** や **(c)** のような状態密度を取る場合，スピンに偏りが生じる．強磁性層 1, 2 の分極率をそれぞれ P_1, P_2 とすると，TMR 比は以下のジュリエール（Julliere）**の式**により決まる．

$$\mathrm{TMR} = \frac{2P_1 P_2}{1 - P_1 P_2} \tag{6.48}$$

よって TMR 比を高めるには高い分極率を持つ強磁性体を用いればよい．

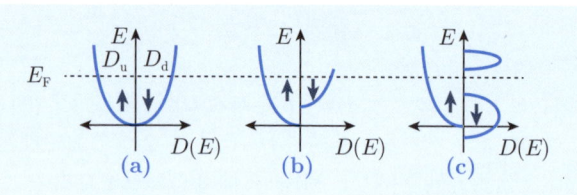

図6.18 (a) 非磁性体 ($D_u = D_d$), (b) 強磁性体 ($D_u > D_d$), (c) ハーフメタル ($D_d = 0$) のスピンの状態密度の模式図

TMRの生じる機構は模式的に，図6.19 (a) および (b) のように表せる．上向きスピンのトンネル確率は，近似的にそれぞれのフェルミエネルギー近傍の上向きスピンの状態密度の積に比例する．下向きスピンについても同様であり，全体のトンネル確率は上向きスピン同士，下向きスピン同士の1と2の状態密度の積の和に比例する．

図6.19において，(a) のように磁化の向きが同じ場合，状態密度の積は大きく，電子はトンネルにより流れやすく低抵抗となる．逆に磁化が互いに逆向きの (b) の場合，状態密度の積は小さく高抵抗となる．強磁性体として，Fe, Co, または合金であるFe–Coなどが用いられる．その間に1 nm以下のAl_2O_3層をトンネル障壁として形成すると，MR比は20～70%と報告されている．非晶質Al_2O_3ではなく，単結晶MgOを用いると150～600%と極めて高いMR比が得られている．

図6.18 (c) に示すように，フェルミレベルE_Fで片方のスピンの状態しか状態を持たない，**ハーフメタル**と呼ばれる磁性体は，100%のスピン分極率を示すので，磁性層として用いると (6.48) 式から原理的に無限大のTMR比も可能である．ハーフメタルであるCo_2MnAl, Co_2MnSi, $Co_2(Cr_{1-x}Fe_x)Al$などのホイスラー合金の適用も検討されている．

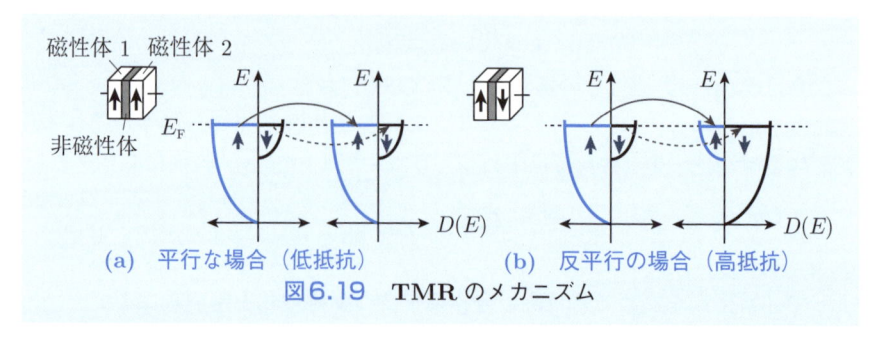

図6.19 **TMRのメカニズム**
(a) 平行な場合（低抵抗）　(b) 反平行の場合（高抵抗）

6.9.2 スピントロニクスの応用例

(1) HDD用磁気ヘッド GMR素子は，図6.17 (a) のように加わる磁場により2つの磁石の磁化の相対角が変わり，抵抗が変化するので磁場を検出できる．HDDではコイルを用いた電磁誘導による従来の読取り法は小型・高密度化には適さず，GMR素子に置き換えられた．その後，GMRに比べてさらに高いMR比が得られるTMR素子を用いた磁気ヘッドが実用化された．記録密度が$1\,\mathrm{Tbits\cdot in^{-2}}$に近づきつつある，HDDの微小磁性体の弱い漏れ磁場を検出するために，高感度のFeCoB/MgO系のTMR素子へと発展し，今日に至る．

(2) 磁気ランダムアクセスメモリ TMR素子ごとに1ビットの情報を担わせ，これをアレイ状に並べることで多数のビット情報を記憶させる，次世代の不揮発メモリとして**磁気ランダムアクセスメモリ**（**MRAM**：magnetic random access memory）が開発された．2006年に製品化された初期のMRAMでは，図6.20 (a) に示すようにビット線磁界を局所的に発生させ，スピンの状態の間を切り替えることで情報を書込む．しかしながら，微細化に伴いビット線磁界の発生に困難が伴うため，その容量は16 Mbit程度であった．

その後，図6.20 (b) に示す**スピン注入磁化反転**（**STT**：spin transfer torque）によるRAMが開発されている．このようなMRAMを**スピンRAM**や**STT-RAM**とも呼ぶ．図6.21に示すように，TMR素子の磁化反転は，直接強め

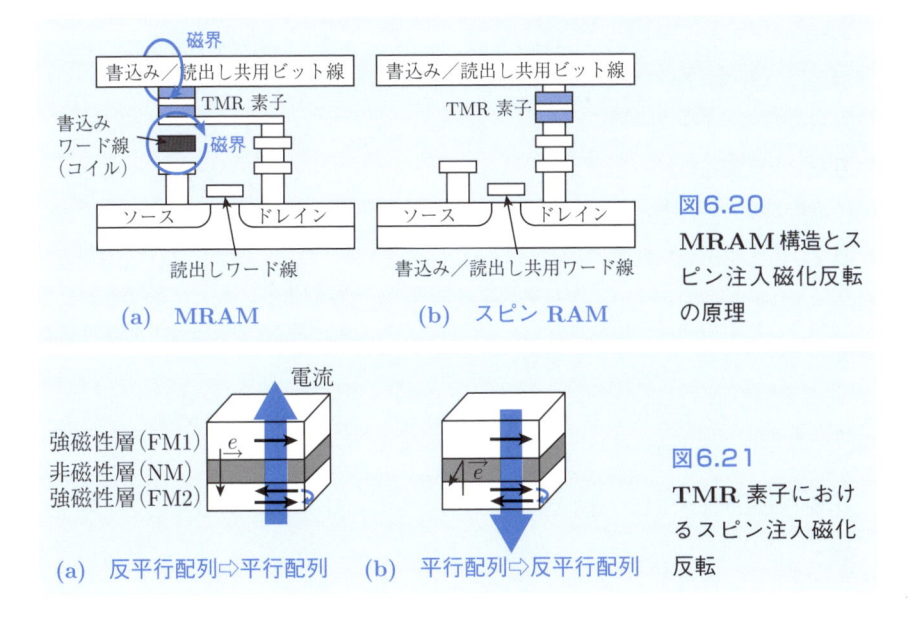

図6.20 **MRAM構造とスピン注入磁化反転の原理**

(a) MRAM
(b) スピンRAM

図6.21 **TMR素子におけるスピン注入磁化反転**

(a) 反平行配列⇒平行配列
(b) 平行配列⇒反平行配列

の電流を流すだけで磁性体層の磁化が反転する．これにより微細化したMRAM素子で高記憶密度化，低消費電力化が進んでいる．

6章の問題

☐ **6.1** 希土類イオンの磁性　フントの規則に従い，希土類イオンの電子配置を求めなさい．

☐ **6.2** 結晶構造と磁性　Niの結晶構造は面心立方格子で，その格子定数が$0.352\,\mathrm{nm}$である．表6.4の飽和磁化M_Sを参照して，原子1個当たりの磁気モーメントμ_Niおよび$\frac{\mu_\mathrm{Ni}}{\mu_\mathrm{B}}$を求めなさい．

☐ **6.3** 磁化の異方性　Ni金属の磁化における容易軸，困難軸を求めなさい．

☐ **6.4** 軟磁性体の損失　軟磁性体におけるヒステリシス損失の(6.38)式，および渦電流損失の(6.39)式を求めなさい．

☐ **6.5** フェライト系軟磁性体の組成と磁性　実用フェライト系軟磁性体は，MnやNiフェライトなどの逆スピネル型とZnフェライトなどのスピネル型との固溶体として，Mn–Zn系やNi–Zn系フェライトが用いられる．ここでZnはAサイトに入りやすくFe^{3+}がBサイトに押し出されるので，M–Zn系フェライト（M : Zn $= 1-x : x$）の組成式は，次式で表される．

$$(1-x)Fe^{3+}[M^{2+}Fe^{3+}]O_4 + xZn^{2+}[Fe^{3+}]O_4 = Fe^{3+}_{1-x}Zn^{2+}_x[M^{2+}_{1-x}Fe^{3+}_{1+x}]O_4$$

M^{2+}, Fe^{3+}, Zn^{2+}の磁気モーメントは，$m_\mathrm{M}\mu_\mathrm{B}$, $5\mu_\mathrm{B}$, およびゼロであることを考慮し，このM–Znフェライトの組成式当たりの磁化は，$\{(10-m_\mathrm{M})x + m_\mathrm{M}\}\mu_\mathrm{B}$であることを示しなさい．

☐ **6.6** 永久磁石のパーミアンス　パーミアンス係数P_Cと反磁界係数Nの関係を表す，(6.45)式の関係を導出しなさい．

☐ **6.7** 巨大磁気抵抗効果　TMR現象におけるジュリエールの式(6.48)式を導出しなさい．このとき，トンネルコンダクタンスΓ_Pと状態密度，および抵抗率ρとΓに関する以下の関係を用いなさい．ここで，$D_{i\mathrm{u}}$, $D_{i\mathrm{d}}$はフェルミレベル近傍の磁性体iのアップスピン，ダウンスピンの状態密度を表す．

$$\Gamma_\mathrm{P} = D_{1\mathrm{u}}D_{2\mathrm{u}} + D_{1\mathrm{d}}D_{2\mathrm{d}}, \quad \Gamma_\mathrm{AP} = D_{1\mathrm{u}}D_{2\mathrm{d}} + D_{1\mathrm{d}}D_{2\mathrm{u}}$$
$$\rho_\mathrm{P} = \Gamma_\mathrm{P}^{-1}, \quad \rho_\mathrm{AP} = \Gamma_\mathrm{AP}^{-1}$$

☐ **6.8** 磁気抵抗メモリ　MRAMのメモリとしての長所をDRAMなどと比較して述べなさい．

第7章

超電導材料

1911年に発見された超電導現象は，1986年のいわゆる高温超電導フィーバを経て，さらに近年は，鉄系超電導の発見を経るなど進展が著しい．2020年代後半には超電導リニア新幹線の開業が予定されている．本章では，超電導材料の基礎と応用について述べる．

7.1 超電導体とは

一般に用いられる物質の抵抗は，最も小さいもので Ag の $1.62 \times 10^{-8}\,\Omega\cdot\mathrm{m}$ である（第 2 章，表2.1 参照）．これらの電気伝導を**常電導**と呼ぶとすれば，この章で紹介するのは，**超電導**（superconductivity）と呼ばれる，抵抗ゼロの究極の導電体の電気伝導である．

超電導現象は 1911 年にカマリング・オネス（Kamerlingh Onnes）の実験により，$4.3\,\mathrm{K}$ 以下で Hg の抵抗が消失することにより発見された．この抵抗ゼロの状態は超電導と呼ばれ，常電導から超電導状態に変化する温度を**臨界温度** T_c（critical temperature）と呼ぶ．超電導の発生は，周期表の多くの金属元素，あるいは合金，酸化物などにおいて観測されている．

超電導現象は，20 世紀初頭の発見以来，物理学の重要課題であった．それと同時に T_c のより高い超電導体を実現できれば，抵抗ゼロの究極の導電体を実現できることから，工学分野の重要な研究対象でもある．

応用例として，Bi 系超電導ケーブル，希土類系高温超電導テープ線材，NMR 用超強力磁石，磁気分離による排水処理，磁気浮上列車，磁気共鳴イメージング（MRI）などがある．このように，エネルギー，医療，環境，交通，インフラに至るまで，多くの応用が期待されている．

臨界温度以下で抵抗がゼロになるということは，リング状の超電導体に**永久電流**を流したり，無損失で送電したりできるため，超電導の最大の魅力である．現実には超電導の応用上，臨界温度以外に，印加可能な磁界や流すことのできる電流密度において臨界値が存在する．したがって，超電導体の実用上，温度を含む，磁界，電流密度の 3 つの臨界値を向上させることが重要である．超電導体が抵抗ゼロの完全導体としての性質のみならず，完全反磁性を示すという磁気的な性質を理解する必要がある．以下では，これらの臨界値を超電導体の特徴と関係づけて，順次説明する．

7.2　超電導材料の開発の歴史

超電導体は，表7.1 に示したように金属系超電導体，酸化物高温超電導体に大きく分けられる．実用的な観点から金属系超電導体の開発を見ると，1911 年の Hg における超電導の発見の後，次々と元素超電導体が発見された．金属間化合物 A-15 の場合，1974 年には Nb_3Ge において 23.2 K にまで達した．

1986 年にはベドノルツ（Bednorz）とミュラー（Muller）が，酸化物である La–Ba–Cu–O 系において，より高い T_c を持つ超電導（28 K）を報告した（1987 年ノーベル物理学賞）．翌 1987 年には BCS 理論の T_c の上限予想（～30 K）をはるかに超える 90 K 級の希土類 123 相（$REBa_2Cu_3O_y$：RE ＝ 希土類元素）が発見された．

液体窒素の利用が現実となり，その応用が飛躍的に高められるという期待から，これ以降，**高温超電導**（high temperature superconductivity）という言葉が用いられた．翌年の 1988 年には初めて T_c が 100 K を超える Bi 系 2223 相（$Bi_2Sr_2Ca_2Cu_3O_y$）が登場した．その後，2001 年には金属系として最も高い T_c が 39 K の二ホウ化マグネシウム（MgB_2）について報告され，2008 年には鉄–ヒ素（Fe–As）系高温超電導体の発見がなされた．これらの発見はすべて日本の研究者によるもので高温超電導材料におけるわが国の貢献は大きい．

表7.1　一般的な超電導体の分類

分類		物質名，（ ）は臨界温度 T_c [K]	特徴・用途
金属系	元素超電導体	Al (1.196), Ti (0.39), Nb (9.23), Hg (4.15)	常圧下，第 1 種超電導体（Nb, V 除く）
		Si (7.1), Ca (4.2), Ge (5.4), Sr (4.0), Y (9.2), Sb (2.7), Ba (5.0), Bi (7.25)	加圧下，第 1 種超電導体
	合金系超電導体	Nb–Ti (9.8), Nb–Zr (11.5), Nb_3Ge (23.2)	実用線材化 第 2 種超電導体
	金属間化合物	A-15 型：Nb_3Sn (18)*, $(Nb,Ti)_3Sn$*, V_3Ga (16.8)*, Nb_3Al	*：拡散法によって実用線材化，第 2 種超電導体
酸化物系超電導体		La–Ba–Cu–O 系，Y–Ba–Cu–O 系，Bi–Sr–Ca–Cu–O 系**	**：パウダーインチューブ法（powder-in-tube method），第 2 種超電導体

7.3 超電導体の特徴

　超電導状態の特徴は，抵抗ゼロの状態と同時に**完全反磁性**と呼ばれる，いわゆる**マイスナー効果**（Meissner effect）の発現により特徴づけられる．これは図7.1に示すように超電導体に外部磁界を加えたとき，超電導体内に磁束が入り込めないという状態を表しており，超電導電流が外部磁界 H を打ち消すために生じる現象である．超電導体内部の磁束密度 B は (6.2) 式より

$$B = \mu_0(H + M) \tag{7.1}$$

と表され，マイスナー効果が生じているとき $B = 0$ と置くと

$$M = -H \tag{7.2}$$

となる．したがって，超電導体内部の磁化 M は，外部磁界 H と等しくなることがわかるが，十分強い磁界を加えると超電導状態は消失する．このしきい値を**臨界磁束密度** B_c と呼ぶ．以上より超電導状態は単なる抵抗ゼロの状態ではないことがわかる．

　他にも超電導の重要な特徴として，**ジョゼフソン効果**（Josephson effect）と呼ばれる現象が挙げられる．これは超電導体に挟まれた 10 nm 以下のごく薄い絶縁体に超電導電流がトンネル効果により流れる現象で，この現象を発見したジョゼフソンは，江崎，ジエーヴァーとともに 1973 年にノーベル物理学賞を受賞している．

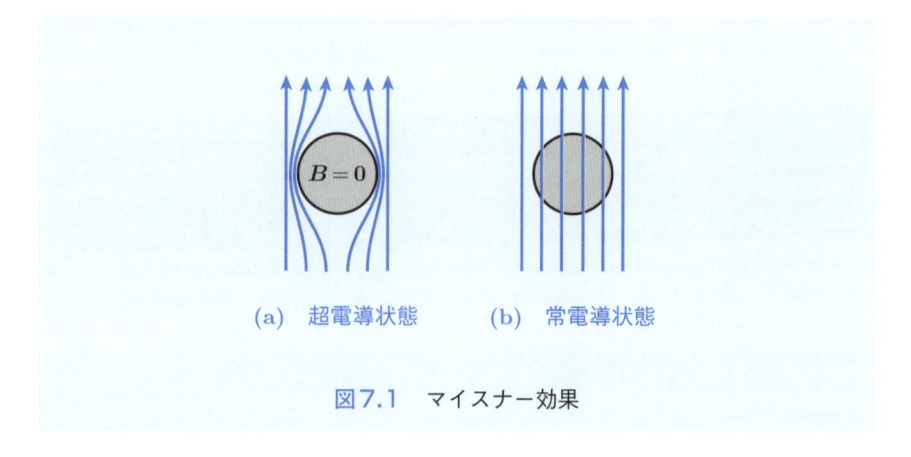

(a) 超電導状態　　**(b) 常電導状態**

図7.1 マイスナー効果

7.4 超電導体の現象論

7.4.1 ロンドン方程式

超電導状態では，単位体積当たり n_S 個の超電導電子と抵抗を持つ n_N 個の常電導電子が共存するとして諸性質を記述する．全電子数 $n = n_S + n_N$ は一定であるとし，絶対零度では $n_S = n$，臨界温度 T_c で $n_S = 0$ になると考える．

超電導体に磁界を加えると電磁誘導により磁界変化を打ち消す電流が誘起される．常電導電流はすぐに減衰するが，超電導電流は減衰することなく流れ続け，超電導体内の磁界変化を完全に打ち消す．このとき打ち消されるのは磁界変化なので，外部磁界が変化する前に超電導体内にあった磁界 B_0 は一定に保たれるはずである．

しかしながら，ロンドン（London）兄弟らは超電導では常に $B_0 = 0$ であることがマイスナー効果の発現（マイスナー状態）を示すことをロンドン方程式に基づいて説明した．超電導体においては，2 章のドルーデのモデルの (2.2) 式において抵抗ゼロ，すなわち，緩和時間 τ を含む右辺第 2 項を略して

$$\frac{d\langle \boldsymbol{v}\rangle}{dt} = -\frac{e\boldsymbol{E}}{m_S} \tag{7.3}$$

と書ける（m_S：超電導電子の質量）．超電導電流 $\boldsymbol{J}$ について，$\boldsymbol{J} = -en_S\langle \boldsymbol{v}\rangle$ が成り立つので

$$\boldsymbol{E} = \Lambda \frac{\partial}{\partial t}\boldsymbol{J} \quad \text{ただし} \quad \Lambda = \frac{m_S}{n_S e^2} \tag{7.4}$$

となる．ここで，マクスウェル方程式より

$$\operatorname{rot} \boldsymbol{E} = -\frac{\partial \boldsymbol{B}}{\partial t} \tag{7.5}$$

に (7.4) 式を代入して，$\boldsymbol{B}$ と $\boldsymbol{J}$ を関係づける**ロンドン方程式**

$$\operatorname{rot} \boldsymbol{J} = -\frac{\boldsymbol{B}}{\Lambda} \tag{7.6}$$

を得る．ここで，マクスウェル方程式（アンペールの法則）

$$\operatorname{rot} \boldsymbol{B} = \mu_0 \boldsymbol{J} \tag{7.7}$$

の両辺の**回転**（rotation）を取り，整理すると

$$\operatorname{rot} \operatorname{rot} \boldsymbol{B} = -\nabla^2 \boldsymbol{B} = \mu_0 \operatorname{rot} \boldsymbol{J} \tag{7.8}$$

となる．ここで，$\nabla \cdot \boldsymbol{B} = 0$ を利用した．(7.6) 式を代入し，$\boldsymbol{J}$ を消去すると

$$\nabla^2 \boldsymbol{B} = \mu_0 \frac{\boldsymbol{B}}{\Lambda} = \frac{\boldsymbol{B}}{\lambda_L^2} \tag{7.9}$$

を得る．ここで λ_L は次式で表され，長さの次元を有する．

$$\lambda_L = \sqrt{\frac{\Lambda}{\mu_0}} = \sqrt{\frac{m_S}{\mu_0 n_S e^2}} \tag{7.10}$$

図 7.2 に示すように超電導体内は $\boldsymbol{B} = \boldsymbol{0}$ なので，磁界の境界条件よりその表面での磁界は，接線方向の成分のみである．$x=0$ に表面のある半無限大の超電導体 ($x>0$) を考え，磁束密度 $\boldsymbol{B}$ は z 方向として (7.9) 式を解くと

$$\boldsymbol{B}(x) = \mu_0 \boldsymbol{H} \exp\left(-\frac{x}{\lambda_L}\right) \tag{7.11}$$

を得る．超電導状態で磁束は，表面から指数関数的に減少する．λ_L は**ロンドンの侵入深さ**（London penetration depth）と呼ばれ，絶対零度（$n_S = n$）で $\lambda_L \simeq 10^{-8}$ [m] 程度と見積もられ，超電導体内部に磁束密度はほとんど侵入しない．

超電導の現象論は，ロンドン理論および**ギンツブルク–ランダウ（GL）理論**により説明される．一方で微視的なメカニズムについては，その発見から 46 年後の 1957 年のバーディーン（Bardeen），クーパー（Cooper），シュリーファー（Shrieffer）らによる，**BCS 理論**により解明された（1972 年ノーベル物理学賞）．超電導状態は引力を介して運動量 p と反対向きの運動量 $-p$ を持つ 2 つの電子が対を作っている状態（**クーパーペア**）であると仮定すれば，超電導状態の基本的性質を説明できることを示した．酸化物高温超電導体の発見以降，BCS 理論に合わない部分が出てきており，新しい理論による解明が待たれている．

BCS 理論も含む微視的なメカニズムについては超電導の専門書を参照されたい．

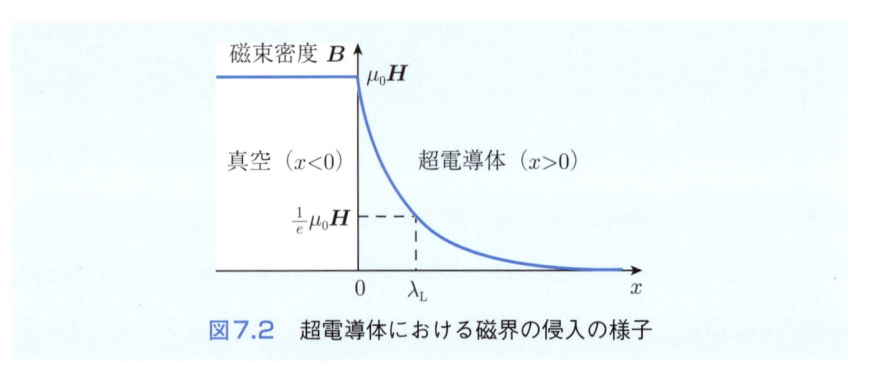

図 7.2 超電導体における磁界の侵入の様子

7.4.2 第1種および第2種超電導体

超電導体における磁化 M と磁束密度 B との関係から,超電導体は2種類に分類される.その様子を磁化と外部磁場の関係を図7.3に示す.

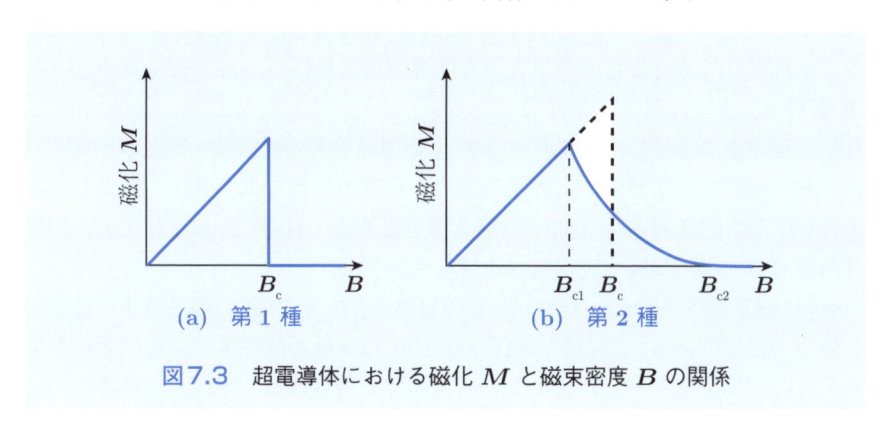

図7.3 超電導体における磁化 M と磁束密度 B の関係

(1) **第1種超電導体** 第1種超電導体は,図7.3 (a)のように磁化 M が外部磁界 H の増加に対し

$$M = -H$$

に従って変化し,臨界磁束密度の値 $B_c = \mu_0 H_c$ にて,急激に $M = 0$ の常電導状態に移るタイプの超電導体である.

(2) **第2種超電導体** これに対し第2種超電導体の場合,図7.3 (b)のように臨界値 $B_c = \mu_0 H_c$ より低い磁束密度 B_{c1} から磁束が内部に侵入し始め,磁化の大きさが急に減少した後,ゆるやかに変化し B_{c2} でゼロになる.この $B_{c1} = \mu_0 H_{c1}$ を下部臨界磁束密度,$B_{c2} = \mu_0 H_{c2}$ を上部臨界磁束密度という.このとき臨界値 B_c を**熱力学的臨界磁束密度**と呼び,温度 T に対して経験的に

$$B_c = B_c(0)\left\{1 - \left(\frac{T}{T_c}\right)^2\right\} \tag{7.12}$$

と変化することが知られている.第2種超電導体では,磁束量子が内部に侵入することで,より安定な超電導状態を維持することができる.

7.4.3 臨界電流密度

ほとんどの実用超電導材料は第 2 種超電導体である．これは第 1 種超電導体が B_c を超えると超電導状態が壊れてしまうのに対し，第 2 種超電導体の場合，B_c に比べて比較的高い B_{c2} 以下であれば，超電導状態を維持できるためである．抵抗ゼロで流せる電流の最大値を**臨界電流密度**（critical current density）J_c と呼ぶ．

第 2 種超電導体には，比較的高い B_{c2} まで超電導状態を保てるという長所があるが，輸送電流を流すと，超電導体内の磁束の運動により抵抗が発生し，損失が生ずる．図7.4 に示すように第 2 種超電導体において，B_{c1} 以上で，磁界は超電導体内部に侵入して常電導領域を形成する．

Φ_0 は**磁束量子**（flux quantum）と呼ばれる，大きさ $\frac{h}{2e}$ の超電導体に侵入する最小の磁束である．このとき超電導体内部に磁場が磁束量子ごとに分散して侵入した状態を取り，これを第 2 種超電導体の**混合状態**と呼ぶ．超電導体内部に侵入した磁束量子は，その周りを流れる超電導電流によって保持され，その直径は $0.1\,\mu\text{m}$ 程度である．

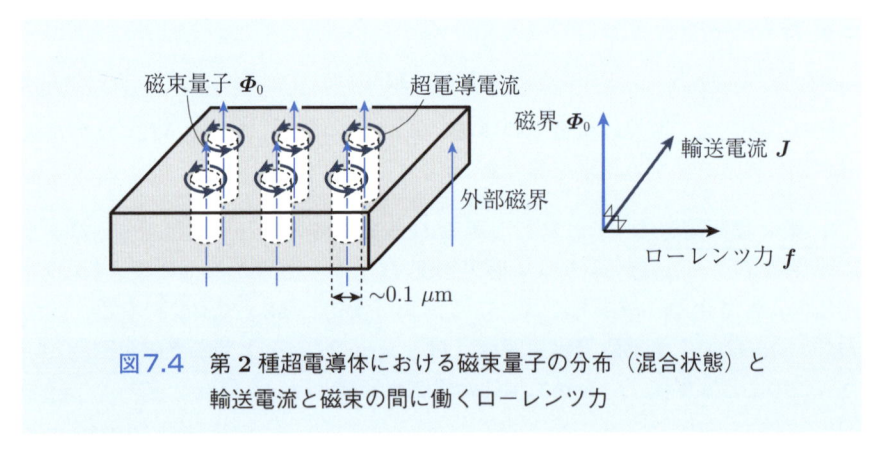

図7.4 第 2 種超電導体における磁束量子の分布（混合状態）と輸送電流と磁束の間に働くローレンツ力

このとき輸送電流を流すと，輸送電流と磁束を保持している渦電流の間に相互作用が働く．図7.4 のように輸送電流と磁束（外部磁界）が垂直の場合には，電流と磁束の渦電流の間に働く相互作用は，輸送電流 J と磁束 Φ_0 の間に働くローレンツ力に等しく，磁束の単位長さ当たりに働く力 f は，次式で表せる．

$$f = J \times \Phi_0 \tag{7.13}$$

その結果，磁束は電流と垂直方向に動こうとする．動きだした磁束に種々の要

因で粘性力が働き，磁束は速度 v で運動する．これを**磁束フロー**（flux flow）**状態**と呼ぶ．このような磁束の運動は超電導体の平均的な磁束密度を B とすると

$$E = B \times v \tag{7.14}$$

で示される電界 E を誘起する．これは輸送電流 J に沿っての電圧降下となるから，通常の電気抵抗と同じように電力が消費される．このため，超電導材料にて輸送電流を抵抗の発生無く流すには磁束の運動を止める必要がある．

磁束の運動を止める作用を**磁束のピン止め**（flux pinning）と呼ぶ．磁束の核がこの常電導領域に入ると常電導領域を貫通する部分に相当する自由エネルギーを系全体として下げられるので，常電導領域はピン止め点として作用する．いくつかの磁束が常電導領域などによってピン止めされると磁束格子全体が動けなくなり，抵抗の発生なしに電流を流せる．このとき磁束をピン止めする力を**ピン止め力** f_p（pinning force）と呼び，(7.13) 式より

$$J\Phi_0 < f_\mathrm{p} \tag{7.15}$$

を満たすとき，抵抗が発生しない．これを巨視的に表すと

$$JB < F_\mathrm{p} \tag{7.16}$$

となる．上式を満たす，輸送電流の密度 J の最大値が臨界電流密度 J_c である．

実用的にはできるだけ高い臨界電流密度 J_c が超電導材料には要求されるが，このために強いピン止め力を超電導材料に導入しなければならない．ピン止め作用を持つものとして，常電導領域を例に挙げたが，実際には超電導材料中の常電導析出物，転移，空隙，結晶粒界などがピン止め点として働く．

7.5　超電導線材の開発

7.5.1　金属系超電導線材

　超電導の線材応用が本格的に行われたのは，その発見から半世紀近くたった 1960 年代である．金属系超電導線材は市販の超電導線材の 95%以上を占め，第 2 種超電導体が超電導応用の主流である．材料面から，金属系線材は合金と金属間化合物に大別される．

　Nb–Ti 合金線は 1965 年に高 J_c 化が実現し，1970 年から極細多芯線として加工され超電導応用の主流となった．Nb–Ti 系の実用線材には B_{c2} の最も高い 65 at%Ti（47〜50 wt%Ti）合金が用いられる．合金線材の作製法は，まず Nb–Ti 棒を六角の Cu 管に挿入した単芯の Nb–Ti/Cu 複合体を Cu 管に組み込んだビレットを作製し，押し出し加工後，線引き加工により単長約 50 km の長尺素線とする．

　Nb–Ti 合金線により，Cu 面積を除いた臨界電流密度 J_c が $2.3\,\mathrm{kA\cdot mm^{-2}}$ と大きな線材が 4.2 K で 6 T，1.9 K で 9 T において得られる．この素線は**ラザフォード型ケーブル**と呼ばれる形態に成型撚線され，1.9 K，9 T における臨界電流 I_c は約 13 kA となる．この線材は，Cu との複合一体化が容易なため，信頼性が高く，9 T 以下の発生磁界においては，医療用 MRI，高エネルギー加速器，磁気浮上列車などに使われている．

　一方，10 T 以上の高磁界発生が必要な場合，Nb–Ti 線材に代わって A-15 型金属間化合物である Nb_3Sn が用いられる．Nb_3Sn 線材は，1970 年にブロンズ法による**化合物極細多芯線**が発明され，1980 年代にはその広い高磁界応用技術が確立された．Nb_3Sn のような金属間化合物は極めて脆く，線材化が困難であったが，拡散法によって実用線材化された．図 7.5 (a) に示す Cu–Sn 合金（ブロンズ）のマトリックスの穴にニオブ棒を挿入した複合体に対して，線引き加工を繰り返し多芯構造にした後，約 700°C での拡散反応により Nb_3Sn 線材を得る．

　Nb_3Sn 線材は，冷媒として 4.2 K の液体ヘリウムを用いた超電導マグネット用線材に使用される．Cu–Sn もしくは Nb に Ti を添加して，一部 Ti で置換した $(Nb,Ti)_3Sn$ 線材はピン止め効果により，外部磁界に対する J_c が改善される．現在，この線材を用いた約 22 T の高磁界発生マグネットが実用化されている．現在，23 T 以上の強磁界を液体ヘリウム温度で実現することを目標として，A-15 型金属間化合物である Nb_3Al 線材の開発が進められている．

7.5 超電導線材の開発

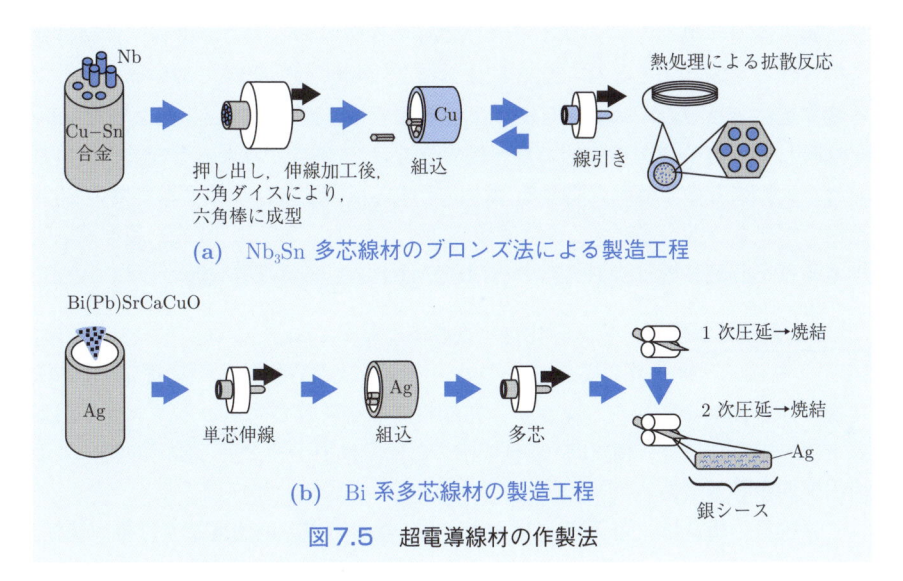

(a) Nb₃Sn 多芯線材のブロンズ法による製造工程

(b) Bi 系多芯線材の製造工程

図7.5 超電導線材の作製法

7.5.2 高温酸化物超電導線材

実用化の観点から，将来有望な高温酸化物超電導体は Bi（ビスマス）系酸化物と Y（イットリウム）系酸化物である．

(1) **Bi 系超電導線材** 一般にセラミックス系の酸化物超電導体においては，結晶粒のいわゆる粒界弱結合の問題があるため，結晶粒の方位を揃えること（配向化）が必要となる．これにより，結晶粒同士の結合性が大幅に改善され，大きな超電導電流を流せるようになる．Bi 系酸化物には，臨界温度 T_c が 80～95 K の **Bi–2212**（$Bi_2Sr_2CaCu_2O_x$）と 100～115 K の **Bi–2223**（$Bi_2Sr_2Ca_2Cu_3O_y$）という 2 つの異なる超電導相がある．

図7.5 (b) に示すように，その線材化には，原料粉末を Ag パイプに充填して加工と熱処理を行う**パウダーインチューブ**（**PIT**：powder-in-tube）法が用いられる．Bi–2223 では配向のために圧延加工によってテープ状とし，銀シースの中にフィラメントがリボン状に配置された多芯線とする．これにより数百 m から数 km 級の長尺線材が生産される．Bi–2223 はその高い T_c から，液体窒素温度（77 K）での利用が期待され，超電導送電ケーブルや常温の外部電源から超電導コイルに接続するための電流リードなどの超電導応用に供される．

一方，Bi–2212 の場合，配向手法が Bi–2223 と異なり熱処理において温度を Bi–2212 の融点の少し上まで上げ，その後ゆっくりと冷却をする，いわゆる部

分溶融・徐冷熱処理というプロセスによって作製できる．この場合，丸型線材も得られる．Bi–2212 は Bi–2223 に比べて T_c が低いが，低温での磁界中における臨界電流密度 J_c が高い．20 K 以下の低温では，高い上部臨界磁束密度 B_{c2} を反映して，30 T 以上の極めて高い磁界まで J_c の劣化がほとんどなく，金属系線材を大幅にしのぐ優れた特性を示す．その応用例は液体ヘリウム不要の 20 K 近傍でマグネットを運転する，冷凍機冷却マグネットである．また，超電導磁気エネルギー貯蔵装置（SMES）や NMR, MRI などへの適用も進められている．

(2) **Y 系超電導線材**　Y 系酸化物超電導体である $YBa_2Cu_3O_y$（Y–123）では，Bi 系よりも二次元性がはるかに小さく，77 K での磁界中の J_c 特性は Bi 系酸化物よりも優れる．しかしながら，結晶粒間の弱結合の問題から，大きな超電導電流を得るには，一軸配向（c 軸配向）だけでは不十分で，二軸配向化による面内配向が必要である．

Y 系線材の構造は，図7.6 に示すように，線材の機械的強度を受け持つ基板，基板と超電導材料との反応を抑制するための中間層，超電導電流を担う超電導層，それを保護するための安定化層からなる．主に気相法を適用して金属基板テープ上に Y–123 の厚膜を形成させる研究が進められており，複数の層に覆われることから**コーテッドコンダクタ**（coated conductor）と呼ばれている．

長尺テープの作製方法の 1 つとして，**IBAD**（ion beam assisted deposition）法と呼ばれる手法がある．その基本的な構造は，ハステロイなどの無配向金属基板テープ上に，$Gd_2Zr_2O_7$（GZO）などの中間層を二軸配向させた状態で成膜し，その上に二軸配向 Y–123 膜を **PLD**（pulsed laser deposition）法などによって，エピタキシャル成長させたものである．IBAD 法でのイオンビームの役割は，スパッタによる中間層成膜の際に基板面に特定の角度からイオンビームを照射し，二軸配向膜の選択的成長を促すことである．

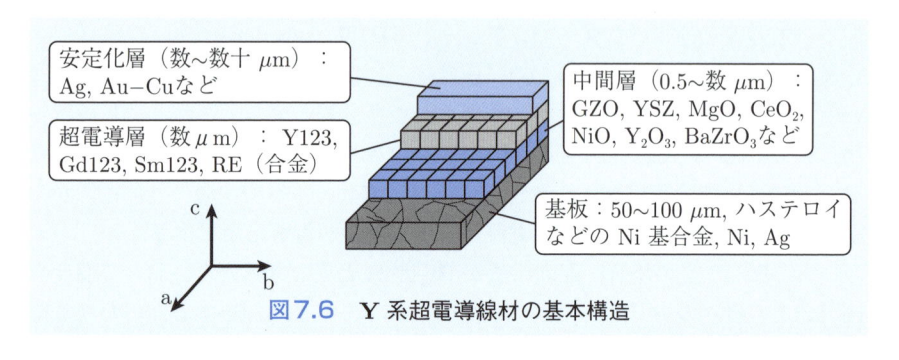

図7.6　Y 系超電導線材の基本構造

- 安定化層（数～数十 μm）：Ag, Au–Cu など
- 超電導層（数 μm）：Y123, Gd123, Sm123, RE（合金）
- 中間層（0.5～数 μm）：GZO, YSZ, MgO, CeO_2, NiO, Y_2O_3, $BaZrO_3$ など
- 基板：50～100 μm, ハステロイなどの Ni 基合金，Ni, Ag

7.6 超電導線材の応用

超電導線材は表7.2 に示すように幅広い分野での応用が期待される．最も早く実用化が進んだのは，MRI や NMR およびシリコン単結晶引上げ用磁石である．また，研究用途では合金系線材の一例として，**LHC**（large hadron collider）用 Nb–Ti ケーブルがある．スイスのジュネーブにある CERN に設置された LHC は円周 27 km のトンネル内に設置された大型加速器である．双極および四極超電導マグネットに必要な巻線の全長は約 7000 km に達する．Cu の代わりに磁気抵抗の小さい Al で安定化した Nb–Ti 線も開発され，同じく LHC の粒子検出器（ATLAS）用大型超電導マグネットにも使用された．また臨界温度の高い Bi 系超電導線材を利用して，液体ヘリウムを利用しない 20 K 冷凍機型冷却マグネットシステムも開発されている．

超電導の大電流を抵抗ゼロで流せるという特徴を活かし，エネルギー分野での応用が期待される．発電，送電，変電に関わる技術として，**超電導電力貯蔵装置**（**SMES**：superconducting magnetic energy storage），超電導電力ケーブル，超電導変圧器などが挙げられる．Bi–2223 線材を用いた送電ケーブルは，米国，ニューヨーク州のオールバニ（Albany）市における超電導送電プロジェクトに使用され，1 年以上にわたり 7 万家庭に電力を供給した実績が報告されている．

表7.2 超電導線材により実現される機能と応用機器

機能	機器	超電導線材の適用箇所
発電	核融合炉（ITER）	プラズマ閉込め用磁場巻線
	超電導発電機	界磁巻線
送電	送電ケーブル	導線
	限流器	限流素子
変電	変圧器	変圧器巻線
貯蔵	電力貯蔵装置 SMES	磁気エネルギー蓄積用超電導巻線
	フライホール	超電導磁気軸受
省エネ	電動機	界磁，電気子巻線
	単結晶引上装置	シリコン融液の滞留抑制用強磁場マグネット
輸送	磁気浮上式鉄道	推進，浮上用磁界発生用マグネット
その他	高エネルギー加速器	加速器ビームの偏向用強磁場マグネット
	医療・研究用強磁場マグネット	超電導巻線

超電導変圧器のメリットは，装置の小型化，軽量化にある．超電導マグネットをエネルギー貯蔵装置として使う SMES も盛んに研究されている．揚水発電に変わるような電力貯蔵用の大規模 SMES，電力変動負荷補償用や電力系統安定用あるいはパルス負荷用の中型および小型 SMES などの検討がされている．

輸送分野では，超電導を用いた磁気浮上式鉄道の実現はすでに視野に入っている．JR 東海が東京と名古屋を結ぶ超電導リニア中央新幹線計画に 2014 年に着工し，2027 年までに開業する計画が進められている．

7章の問題

☐ **7.1 ロンドン方程式**　(1)　ロンドン方程式 (7.6) 式より，(7.9) 式を導きなさい．このとき，ベクトル恒等式

$$\nabla \times \nabla \times \boldsymbol{B} = \nabla(\nabla \cdot \boldsymbol{B}) - \nabla^2 \boldsymbol{B}$$

および

$$\nabla \cdot \boldsymbol{B} = 0$$

などの関係を用いてもよい．

(2)　ロンドンの侵入深さ λ_L を見積もりなさい．

☐ **7.2 磁束フロー状態**　(1)　輸送電流による磁束量子に働く力について (7.13) 式を用いて説明しなさい．

(2)　磁束量子の運動により生じる電圧降下について (7.14) 式を用いて説明しなさい．

第8章
オプトエレクトロニクス材料

オプトエレクトロニクスは，半導体レーザや光ファイバの開発を契機に発達し，情報通信や光記録の分野で今日の情報社会を支えている．光通信の要素として，発光・受光機能，光伝搬機能，および光変調機能がある．

近年は，青紫色 LD が開発され，光記録密度は飛躍的に向上した．また，照明光源が LED に置き換わりつつあるなど，我々の生活を大きく変えてゆくことが予想される．

8.1 光の粒子性と波動性

8.1.1 光と物質の相互作用

光には粒子性と波動性がある．電磁波を量子化したものを**光子**（フォトン，photon）と呼ぶ．光の粒子性（光子エネルギー E，運動量 p）と波動性（振動数 ν，波数 k）は次式で関係づけられる．

$$E = h\nu \tag{8.1}$$

$$p = \hbar k \tag{8.2}$$

物質中の原子・分子に束縛された電子は離散的なエネルギー準位を有し，その準位間の遷移により光の吸収・放出が生じる．光の吸収および放出は

$$E_2 - E_1 = h\nu = \frac{hc}{\lambda} \tag{8.3}$$

と表せる．ここで，E_1 および E_2 は電子の基底状態と励起状態におけるエネルギーである．したがって，オプトエレクトロニクスの観点から，所望の機能を得るには，光の物質との相互作用を考慮に入れて，たとえば，禁制帯幅の適切な材料を選択する必要がある．

8.1.2 電磁波としての光

光ファイバなどにおいて光の伝搬を議論するためには，光を光波として扱うことが必要とされる．光を電磁波と考えると，その周波数は可視光の領域（波長 400〜750 nm）で 10^{14} オーダーの周波数（Hz）を有する．電磁界の基本法則を表す**マクスウェル方程式**は，次式で表される．

$$\text{rot}\,\boldsymbol{H} = \frac{\partial \boldsymbol{D}}{\partial t} + \boldsymbol{J}_\text{c} \tag{8.4a}$$

$$\text{rot}\,\boldsymbol{E} = -\frac{\partial \boldsymbol{B}}{\partial t} \tag{8.4b}$$

$$\text{div}\,\boldsymbol{D} = \rho \tag{8.4c}$$

$$\text{div}\,\boldsymbol{B} = 0 \tag{8.4d}$$

ここで，$\boldsymbol{J}_\text{c}$ は電流密度 $[\text{A}\cdot\text{m}^{-2}]$，$\rho$ は電荷密度 $[\text{C}\cdot\text{m}^{-3}]$ である．また，電磁界は，一般に空間座標 r と時刻 t の関数であり，$\boldsymbol{E}\,[\text{V}\cdot\text{m}^{-1}]$，$\boldsymbol{D}\,[\text{C}\cdot\text{m}^{-2}]$，$\boldsymbol{H}\,[\text{A}\cdot\text{m}^{-1}]$，$\boldsymbol{B}\,[\text{T}]$ の MKSA 単位系で表す．誘電率 ε，透磁率 μ が一定であ

り，導電率 $\sigma = 0$ である理想的な誘電体で空間電荷が存在しない場合，以下の波動方程式が導かれる．

$$\nabla^2 \boldsymbol{E} - \frac{1}{v^2} \frac{\partial^2 \boldsymbol{E}}{\partial t^2} = 0 \quad (8.5a) \qquad \nabla^2 \boldsymbol{H} - \frac{1}{v^2} \frac{\partial^2 \boldsymbol{H}}{\partial t^2} = 0 \quad (8.5b)$$

ここで，v は波の伝わる**位相速度**であり，次式で表せる．

$$v = \frac{1}{\sqrt{\varepsilon \mu}} \tag{8.6}$$

真空の場合，$\varepsilon_0 = 8.854 \times 10^{-12}\,[\text{F} \cdot \text{m}^{-1}]$，$\mu_0 = 1.257 \times 10^6\,[\text{H} \cdot \text{m}^{-1}]$ を代入して，次の真空中の光速度 c が求められる．

$$c = \frac{1}{\sqrt{\varepsilon_0 \mu_0}} = 2.998 \times 10^8\,[\text{m} \cdot \text{s}^{-1}] \tag{8.7}$$

光学媒質中での位相速度 v と c の比を**屈折率**とし次式で表せる．

$$n = \frac{c}{v} = \sqrt{\varepsilon_\text{r} \mu_\text{r}} \tag{8.8}$$

ここで波動方程式 (8.5a) を満たす解として，z 方向への平面波

$$E_x(z, t) = E_0 \cos(\omega t - kz + \phi) \tag{8.9}$$

を仮定する．ここで $E_x(z, t)$ は座標 z，時刻 t における x 方向の電界成分であり，ω および k はそれぞれ角振動数および波数を表す．

(8.4b) 式より

$$\frac{\partial E_x}{\partial z} = -\mu \frac{\partial H_y}{\partial t} \quad (8.10) \quad \text{すなわち} \quad H_y = -\frac{1}{\mu} \int \frac{\partial E_x}{\partial z} dt \quad (8.10')$$

である．したがって電界 E_x に直交する磁界成分 H_y として，次式が得られる．

$$H_y(z, t) = \frac{k}{\mu \omega} E_0 \cos(\omega t - kz + \phi) = H_0 \cos(\omega t - kz + \phi) \tag{8.11}$$

(8.6), (8.11) 式および $v = \frac{\omega}{k}$ の関係から，$\boldsymbol{E}$ と $\boldsymbol{H}$ の大きさの比は

$$\frac{|\boldsymbol{H}|}{|\boldsymbol{E}|} = \sqrt{\frac{\varepsilon}{\mu}} = \varepsilon v \tag{8.12}$$

である．電磁波のうちで特に等位相面が平面である電磁波を**平面電磁波**といい，**図 8.1** に示すように $\boldsymbol{E}, \boldsymbol{H}, \boldsymbol{v}$ の順序で右手系をなす．そのエネルギー密度 $w\,[\text{J} \cdot \text{m}^{-3}]$ は，電気的および磁気的エネルギーの和で表され

$$w = \frac{1}{2} \varepsilon E_x^2 + \frac{1}{2} \mu H_y^2 = 2 \left(\frac{1}{2} \varepsilon E_x^2 \right) \tag{8.13}$$

となる．電磁波のエネルギーの流れ $\boldsymbol{S}\,[\mathrm{W\cdot m^{-2}}]$ と電磁波のエネルギー w の間には

$$\boldsymbol{S} = w\boldsymbol{v} \tag{8.14}$$

という関係がある．この電磁波のエネルギーの流れはポインティングベクトル

$$\boldsymbol{S} = \boldsymbol{E} \times \boldsymbol{H} \tag{8.15}$$

に等しい．1 周期 T にわたって w の時間平均 $\overline{w}\,[\mathrm{J\cdot m^{-3}}]$ を取ると

$$\begin{aligned}\overline{w} &= \tfrac{1}{T}\int_0^T w\,dt \\ &= \tfrac{1}{2}\varepsilon E_0^2\end{aligned} \tag{8.16}$$

となるので，光の強度 $I\,[\mathrm{W\cdot m^{-2}}]$ は位相速度 v を用いて，次式で表せる．

$$I = \overline{w}v = \tfrac{1}{2}\sqrt{\tfrac{\varepsilon}{\mu}}\,E_0^2 \tag{8.17}$$

図 8.1 に示すように，偏光面が 1 つの平面に限られた偏光を**直線偏光**（linear polarization）と呼ぶ．z 軸に垂直なある平面で見た電界（または磁界）ベクトルが時間とともに回転するような偏光を**楕円偏光**（elliptic polarization）という．白熱電球から放射される光の振動方向は，任意の方向に一様に分布しており，時間的にみると不規則に揺らいでいる．また，レーザ光は直線偏光しているものが多い．

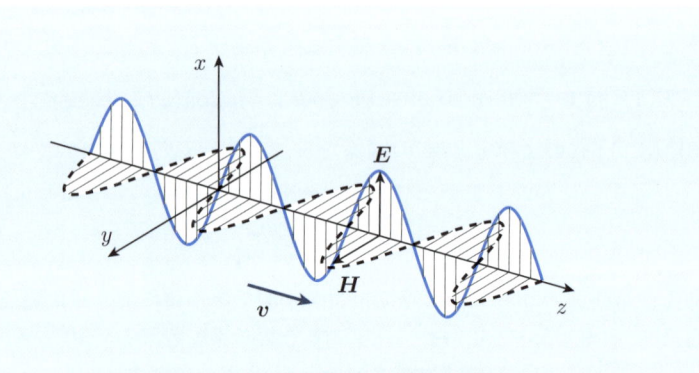

図 8.1 z 方向に進行する平面電磁波

8.2 光導波路材料

8.2.1 光ファイバ通信

オプトエレクトロニクス技術を支えるのは，情報を光信号として長距離にわたり減衰させることなく伝えることのできる光ファイバである．本節では，光ファイバを例に光伝送機能を支える材料について説明する．光導波路には，図8.2 に示す，スラブ型導波路，光ファイバ，チャネル導波路がある．

光ファイバ通信（optical fiber communication）は，信号光源である**半導体レーザ**（電気・光変換），伝送路である**光ファイバ**，**受光素子**（光・電気変換）の 3 要素で構成される．光ファイバ通信の幕開けは 1970 年に発表された GaAs 系 850 nm 半導体レーザの室温連続発振と $20\,\mathrm{dB\cdot km^{-1}}$ という低損失の石英系光ファイバの報告で始まった．

現在，光ファイバ通信用に用いられている波長帯は，主に 1300～1610 nm である．この波長帯は，石英系光ファイバの伝送特性から決定される．図8.3 に石英系光ファイバの伝送損失の概形を示す．技術革新により光ファイバの伝送損失は抑制され，1979 年には $0.2\,\mathrm{dB\cdot km^{-1}}$ という低損失が波長 1550 nm で達成された．これらは GeO_2 添加コア/純 SiO_2 クラッドからなるが，その後，純 SiO_2 コア/F 添加クラッド構造化により $0.15\,\mathrm{dB\cdot km^{-1}}$ 以下の極低損失光ファイバが実現された．光ファイバの伝送損失として，次式が適用できる．

$$\alpha(\lambda) = \frac{A}{\lambda^4} + B + C(\lambda) \tag{8.18}$$

上式の第 1 項は**レイリー散乱**損失であり，ガラスの微視的な誘電率の揺らぎによる散乱損失で，密度と組成の揺らぎに起因する．前者は，光ファイバ母材のガラス化の際に凍結される微視的な構造の揺らぎである．また，後者はコアに

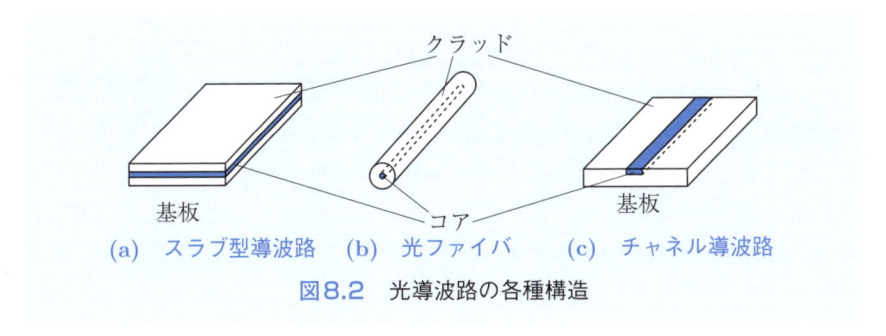

図8.2 光導波路の各種構造
(a) スラブ型導波路　(b) 光ファイバ　(c) チャネル導波路

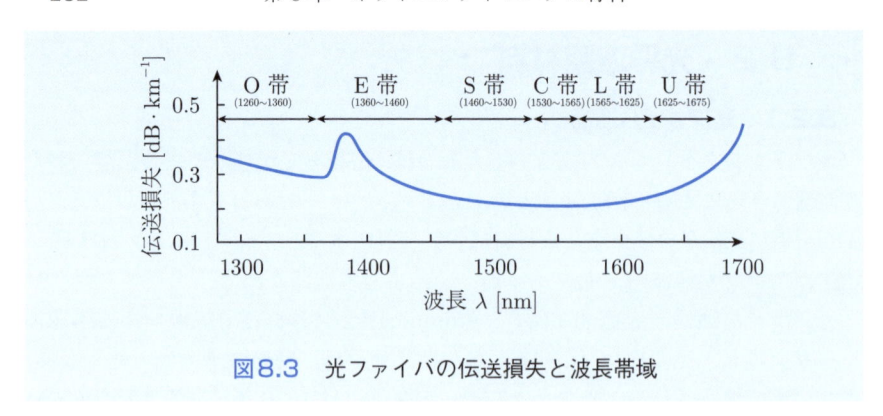

図8.3 光ファイバの伝送損失と波長帯域

添加した GeO_2 の揺らぎによるもので，純 SiO_2 コア化により低減できる．第2項は**構造不整**による損失でコアとクラッド界面の凹凸による散乱が原因とされる．第3項の原因として，波長 $1.38\,\mu m$ に存在する OH 基吸収や，SiO_2 の赤外吸収などが挙げられる．

8.2.2 光ファイバの構造

光ファイバはガラスなどの誘電体からなる光導波路の一種で，その基本構造は **図8.4** のように高い屈折率を有するコアを低い屈折率を有するクラッドで覆ったものである．

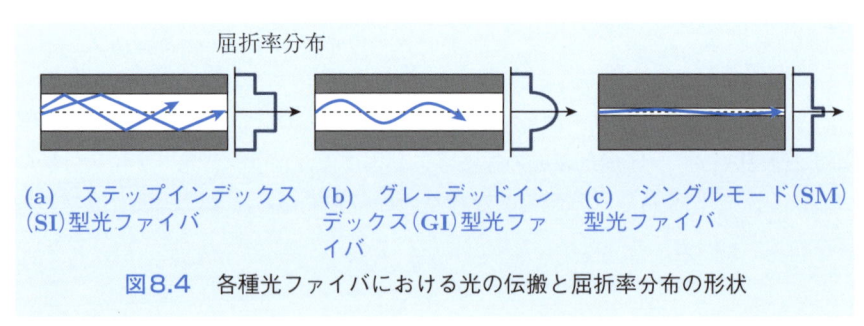

図8.4 各種光ファイバにおける光の伝搬と屈折率分布の形状

(a) **ステップインデックス(SI)型光ファイバ** (b) **グレーデッドインデックス(GI)型光ファイバ** (c) **シングルモード(SM)型光ファイバ**

図8.4 (a) に示す，最も単純な構造の**ステップインデックス (SI) 型光ファイバ**における光の導波は，コアとクラッドの境界面で光線が全反射を繰り返しながら遠方まで伝わることで可能となる．ファイバ軸に対して，入射光がどの程度傾いた角度の光線まで受け入れられるかを示す指標として**開口数（NA）**が用いられ

8.2 光導波路材料

$$\mathrm{NA} = n_1\sqrt{2\Delta} \tag{8.19}$$

で表される．ここで，n_1 および n_2 はコア，クラッドの屈折率である．Δ は比屈折率差と呼ばれるコア，クラッド間の相対屈折率差であり，次式で表される．

$$\Delta = \frac{n_1^2 - n_2^2}{2n_1^2} \tag{8.20}$$

光ファイバ中の光の伝搬を厳密に説明するには波動光学的な取扱いが必要であり，伝搬状態は離散的なモードで記述される．光ファイバ中の伝搬可能なモード数を示す目安として，次式で表される規格化周波数 V が使用される．

$$V = \frac{2\pi a}{\lambda}\sqrt{n_1^2 - n_2^2} = \frac{2\pi a n_1}{\lambda}\sqrt{2\Delta} \tag{8.21}$$

ここで，λ は光の波長，a はコア半径である．図8.4 **(a)** のように SI 型でコア半径 a が大きく，すなわち V が大きく，数多くのモードが伝搬可能なファイバを**マルチモードファイバ**（多モードファイバ）と呼ぶ．図8.4 **(b)** のグレーデッドインデックス（GI）型光ファイバもマルチモードファイバの一種であるが，屈折率分布が放物線型で光線は蛇行して進む．

図8.4 **(c)** のように実質的にただ 1 つの伝搬モードを持つ光ファイバを**シングルモード**（SM）型光ファイバ（**SMF**，単一モードファイバ）と呼ぶ．SI 型屈折率分布のファイバでは，$V < 2.4$ でシングルモード伝送が理論的に保証される．これらの光ファイバの比屈折率差 Δ は，SI 型や GI 型が 0.01%程度，SM 型が 0.002〜0.003%程度である．

光ファイバの伝送帯域を制限する要因を**分散**と呼び，時間幅の狭い光パルスを光ファイバに入射したとき，出射端における光パルスの時間広がりをもたらす要因となる．分散はマルチモード分散，材料分散，導波路分散，偏波分散などに分類される．マルチモードファイバではマルチモード分散が支配的であるが，GI 型の構造を取ることで抑制できる．SMF では，光源波長のスペクトル幅に依存して材料分散と導波路分散の影響を受ける．両分散の単純和が全分散となるので，1.3 μm にあるゼロ分散波長を，導波路分散により特定波長へとシフトすることも可能である．石英ガラスの最低損失波長帯は 1.55 μm にあり，この波長域で分散がゼロとなるようにファイバ構造を設計した長距離大容量伝送用 SMF を**分散シフトファイバ**と呼ぶ．

8.2.3 光ファイバの製造法

石英系光ファイバは，四塩化系ケイ素（$SiCl_4$）などの金属ハロゲン化物を原料として用い，これらを酸水素バーナー（$H_2 + O_2$）により，気相で酸化，ガラス化する．このような工程により，伝送特性に悪影響を与える遷移金属の混入が防止される．この過程の反応式は以下の通り，加水分解反応である．

$$SiCl_4 + 2H_2O \longrightarrow SiO_2 + 4HCl \tag{8.22}$$

焼結時の脱水工程により，近赤外域での伝送損失につながる残存 OH 基も除去される．屈折率分布は，四塩化ゲルマニウム（$GeCl_4$）などを同時に気相で反応させ，SiO_2 よりも屈折率を上げる GeO_2 の濃度を径方向に調整し制御する．

8.2.4 光ファイバ増幅器

光通信技術の開発は大容量化と長距離伝送化に向けた開発の歴史である．1987 年に Er 添加光ファイバ増幅器（**EDFA**：erbium-doped fiber amplifier）が報告された．低雑音，低ひずみ，高効率，かつ信号光の偏波に依存しない増幅特性を持つ EDFA の開発により，損失限界の課題が克服された．さらに多重化された光信号を一括増幅できるために，**波長多重光通信方式**（**WDM**：wavelength division multiplexing）による超大容量光通信システムが実現された．

光ファイバ増幅器を中継器として使用する WDM システムにおいては，その増幅帯域の広帯域化が図られている．現在，通信用の光増幅器として実用に供されている光ファイバ型の増幅器は，コア部分に希土類イオンを添加した光ファイバを増幅媒質とする**希土類添加光ファイバ増幅器**とファイバ用ホストガラス自身の持つ誘導ラマン散乱現象を利用した**ファイバラマン増幅器**がある．

図 8.5 **(a)** に光ファイバ増幅器の基本構成を示す．光ファイバ増幅器は励起光のエネルギーを，**(b)** に示す**誘導放出**あるいは**誘導散乱現象**を介して信号光に変換するデバイスである．励起光源と励起光と信号光とを合波するための合波器，高利得動作時に光増幅器がレーザ発振することを防止するための一方向のみに光を通過させる光アイソレータから構成される．

図 8.6 に希土類添加光ファイバ増幅器に用いられている希土類イオン Er^{3+}，Pr^{3+}，Tm^{3+} のエネルギー準位図を示す．Er^{3+} イオンのエネルギー準位において，$^4I_{13/2}$ を始準位，基底準位である $^4I_{15/2}$ を終準位とした反転分布状態を用いることで，$1.55\,\mu m$ 帯にて光増幅が可能である．ここで反転分布状態を形成するための光励起には，基底状態から $^4I_{13/2}$ 準位へ直接励起する $1.48\,\mu m$

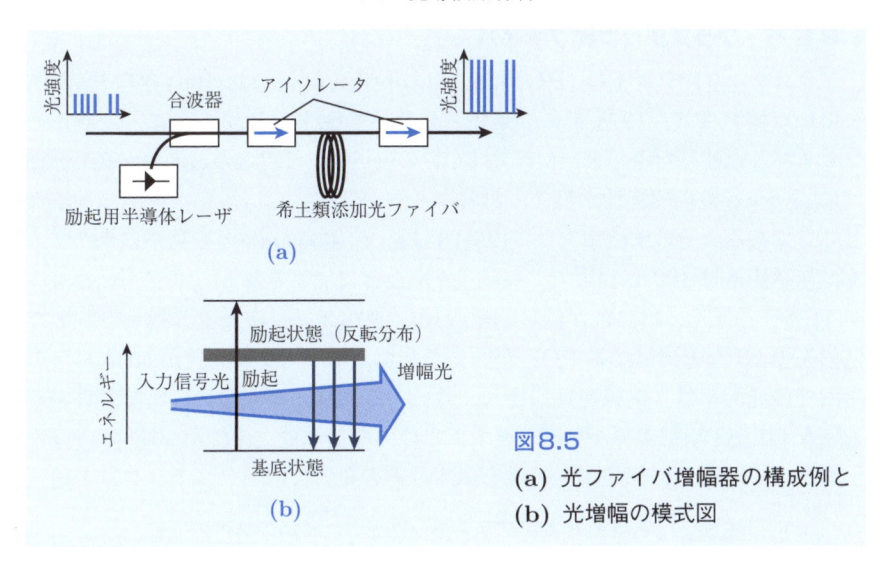

8.2 光導波路材料

図8.5
(a) 光ファイバ増幅器の構成例と
(b) 光増幅の模式図

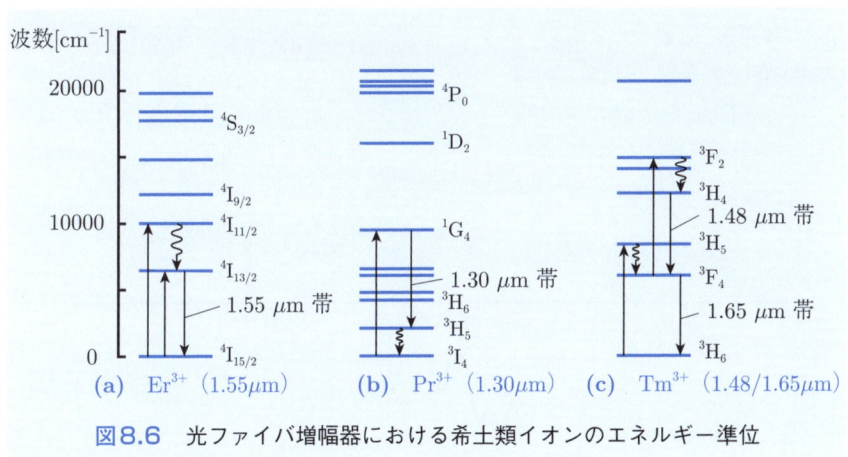

図8.6 光ファイバ増幅器における希土類イオンのエネルギー準位

(a) Er^{3+} $(1.55\mu m)$
(b) Pr^{3+} $(1.30\mu m)$
(c) Tm^{3+} $(1.48/1.65\mu m)$

帯,あるいは $^4I_{11/2}$ 準位へ励起する $0.98\,\mu m$ 帯の励起用光源を利用する.Er^{3+} イオン以外にも Pr^{3+} や Tm^{3+} イオンが,それぞれ図8.3 に示す $1.3\,\mu m$ 帯(O帯)および $1.48\,\mu m$ 帯(S帯)/$1.65\,\mu m$ 帯(U帯)に対応している.波長間隔をより狭くしたWDMを特に **DWDM**(dense WDM)と呼ぶ.

たとえば,広帯域化された光ファイバ増幅技術を用いて,$1550\,nm$ 帯において $50\,GHz$ の $0.4\,nm$ 間隔で分割することに相当するから,図8.3 のS帯からL帯まで($1460\,nm \sim 1625\,nm$)を約 400 波長に分割して多重化できる.

8.2.5 プラスチック光ファイバ

プラスチック光ファイバ（**POF**：plastic optical fiber）は，1964 年に PMMA を用いて開発され，1978 年に工業化された．表8.1 に示すように，石英系光ファイバと比較した際の PMMA 系 POF の特徴は，可視域の透過性が高く，曲げに強いなど機械的特性が高く，材料コストが低い，大口径化が可能であるなどの点である．その伝搬損失は，$125\,\mathrm{dB\cdot km^{-1}}$（650 nm）と石英系に比べて高く，伝送距離は 100 m 程度で，屋内 LAN などに使用される．ガラス転移温度が 110°C と低く，耐熱性が低い．その後，1991 年にはモード分散を抑制した低損失の GI 型 PMMA 系 POF が開発された．ネットワーク長が 50 m 以下の屋内での光配線は，機械特性に優れ，敷設や端末加工が非常に容易で，材料が安価な GI 型 PMMA 系 POF が適するため，今後の更なる普及が期待される．

図8.7 に POF の伝送損失特性を示す．その要因にはプラスチックコアの電

表8.1 石英系およびプラスチック光ファイバの特徴の比較

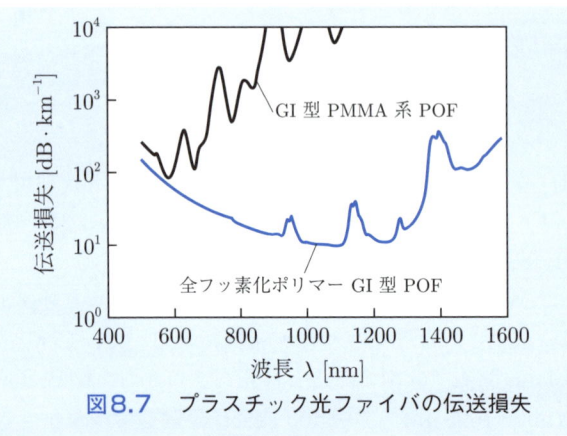

特徴	石英系	PMMA
伝送損失	$0.2\,\mathrm{dB\cdot km^{-1}}$（1550 nm）	$125\,\mathrm{dB\cdot km^{-1}}$（650 nm）
使用波長域	可視～赤外	可視
開口数	0.1～0.25	0.3～0.6
機械的性質	曲げに弱い	柔軟で曲げに強い
ファイバ直径	0.1～0.01 mm	～1 mm
比重	2.4	1.2
耐熱性	150°C	80°C 以下
価格	高い	低い

図8.7 プラスチック光ファイバの伝送損失

子遷移吸収，レイリー散乱および分子振動吸収が挙げられる．PMMA の場合，電子遷移吸収とレイリー散乱による損失の短波長側からの裾と C–H 結合の基本分子振動の倍音による吸収との重ね合わせにより，波長 525 nm と 570 nm および 650 nm に「低損失の窓」ができる．波長 650 nm でのその損失の理論限界は約 $100\,\mathrm{dB\cdot km^{-1}}$ となる．

水素原子をより重い原子である，重水素やフッ素に置き換えて，C–H 結合による分子振動吸収の振動数をより高波長へとシフトさせることが可能である．そこでコアに全フッ素化ポリマーを用いた GI 型 POF が開発された．図 8.7 に示すように 650〜1300 nm にわたり，伝搬損失が $20\,\mathrm{dB\cdot km^{-1}}$ と PMMA の理論的な損失限界に比べ $\frac{1}{5}$ と低損失で，使用波長域が広い．全フッ素化ポリマーは，材料分散が PMMA や石英よりも小さいため，広い波長範囲で広帯域性を有する．全フッ素化 GI 型 POF は 2010 年に実用化され，波長 1550 nm，100 m 長で 40 Gbps 以上の高速伝送が報告されている．

● 伝送損失と dB（デシベル） ●

ここで光ファイバの損失の指標となる伝送損失について説明する．$\mathrm{dB\cdot km^{-1}}$ という単位は，入射端，出射端での光のパワーをそれぞれ P_in, P_out とすると

$$\mathrm{dB} = 10\log_{10}\frac{P_\mathrm{out}}{P_\mathrm{in}}$$

を光ファイバの伝送路長で割ったものであり

$$\frac{P_\mathrm{out}}{P_\mathrm{in}} = 10^{-(\mathrm{dB}/10)}$$

で計算できる．すなわち，表 8.1 に示した石英系の $0.2\,\mathrm{dB\cdot km^{-1}}$ ということは，1 km 進むごとに $\frac{P_\mathrm{out}}{P_\mathrm{in}} = 10^{-0.02} = 0.955$ と 95.5%の強度とあまり減衰することなく伝えることができる．一方で，PMMA 系の $125\,\mathrm{dB\cdot km^{-1}}$ の場合，約 24 m 程度で 50%，すなわち 3 dB 減衰する．

dB 自体はパワーの比を表す単位であるので，たとえば光を分波・合波する構造として用いられる光ファイバの Y 分岐構造は，その分岐比が 1：1 のものは光パワーが半分に分割されるので，「**3 dB カップラ**」などと呼ばれる．

8.3 光半導体による受発光素子

8.3.1 光半導体の特徴

表8.2に光半導体の特徴と応用例を示す．光半導体を用いたフォトダイオード（PD）や半導体レーザ（LD）などの受発光素子は光通信や光記録などの情報分野を中心に多くの分野で使われている．受光素子では，他の電子デバイスと同様にSi半導体も用いられるが，発光素子では主にIII–V族の化合物半導体が用いられている．

表8.2　光半導体の特徴と応用例

用途		波長帯（μm）	混晶/基板
通信用	幹線系LD（laser diode）	1.3/1.55	GaInAsP/InP
	加入者系LD	1.3	GaInAsP/InP
			GaInNAs/GaAs
			GaInAs 量子ドット/GaAs
	光ファイバ増幅器用励起光源	0.98	GaInAs/GaAs
		1.48	GaInAsP/InP
	受光素子	1.3/1.55	GaInAs/InP
記録用	光ディスク再生，書込み		
	CD	0.8	GaAlAs/GaAs
	DVD	0.65	GaAlInP/GaAs
	BD	0.4	GaInAlN/サファイア, GaN
	固体レーザ励起，医療，加工用半導体レーザ	0.8	GaAlAs/GaAs
	受光素子（PD），撮像素子（CCD）	0.4〜1.1	Si/Si
表示用	発光ダイオード（LED）	0.8	GaAlAs/GaAs
		0.5	GaAlInP/GaP
		0.4	GaInAlN/サファイア, GaN

■ 例題8.1 ■

受光素子にはSiやGeなどの間接遷移型半導体が用いられるが，発光素子については直接遷移型半導体が用いられる．この理由を述べなさい．

【解答】　受光素子は原理的に禁制帯幅よりエネルギーが大きい光を吸収するため，禁制帯幅を合わせる必要はない．また，間接遷移型であっても受光層を厚く

することで受光素子として十分な吸収が得られる．このため受光素子では，プロセス技術が成熟した Si などが多く用いられる．たとえば，可視領域では PD や CCD などの受光素子が Si で作られている．一方，発光素子では，バンド端付近のキャリアの再結合が発光波長を決め，その再結合効率が発光効率につながる．そこで，GaAs や InP などの直接遷移型の化合物半導体の混晶半導体の組成により禁制帯幅を制御して，所望の発光波長を得る．

8.3.2 光半導体の種類と構造

(1) **化合物半導体** 今日，光通信や光記録分野での応用の拡大に伴って，光半導体が用いられる波長領域は近紫外領域から近赤外領域（400～1600 nm）にわたる．この波長領域をカバーするため，長波長側では 0.7 eV 付近，短波長側では 3 eV 付近までの禁制帯幅を持った半導体材料が必要となる．III–V 族などの化合物半導体では，複数の元素を用いることで，比較的容易に混晶半導体を作ることができる．

(2) **混晶半導体によるダブルヘテロ構造** GaAs と AlAs の結晶は格子定数差が 0.13% とわずかで，GaAlAs の混晶系はすべての組成で格子定数がほぼ一致する．このため GaAs 基板上に任意組成の GaAlAs の混晶が形成可能で，Al の

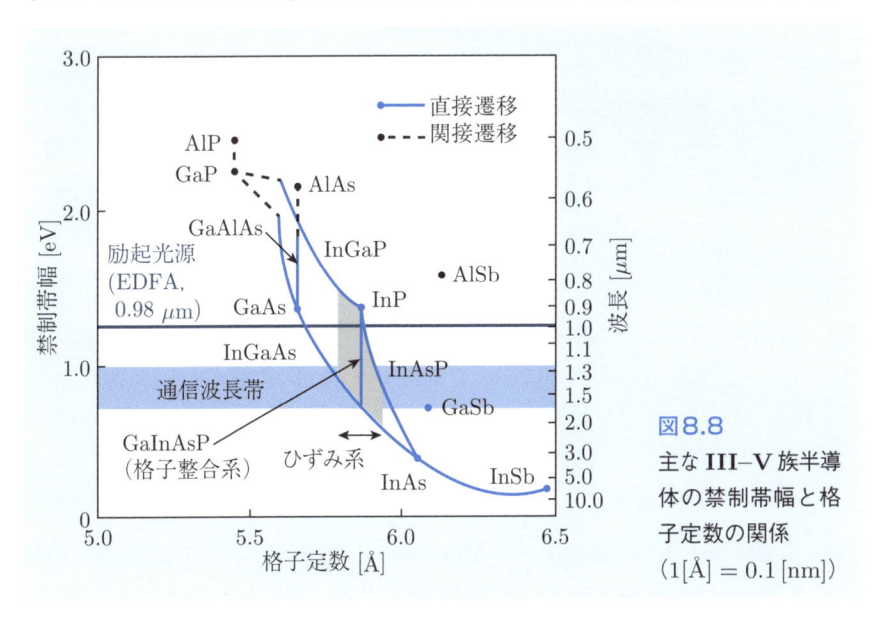

図8.8 主な III–V 族半導体の禁制帯幅と格子定数の関係
（1[Å] = 0.1 [nm]）

組成比を x として $Ga_{1-x}Al_xAs$ が形成される．図8.8 に各種 III–V 族半導体の格子定数と禁制帯幅の関係を示す．図中の実線で示される領域では混晶が形成可能で，たとえば $Ga_{1-x}Al_xAs$ 系の場合，組成比 x を変えることで発光波長 $0.7 \sim 0.9\,\mu m$ に対応した禁制帯幅が制御できる．

(3) **ダブルヘテロ構造による発光素子**　ダブルヘテロ構造とは図8.9 (a) および (b) に示すように，禁制帯幅 E_g の小さい活性層を禁制帯幅の大きいクラッド層で挟んだ構造である．これにより注入されたキャリアを閉じ込め，発光素子として必要な再結合確率を高めることができる．また，活性層の屈折率はクラッド層よりも高く，光の閉じ込め効果がある．

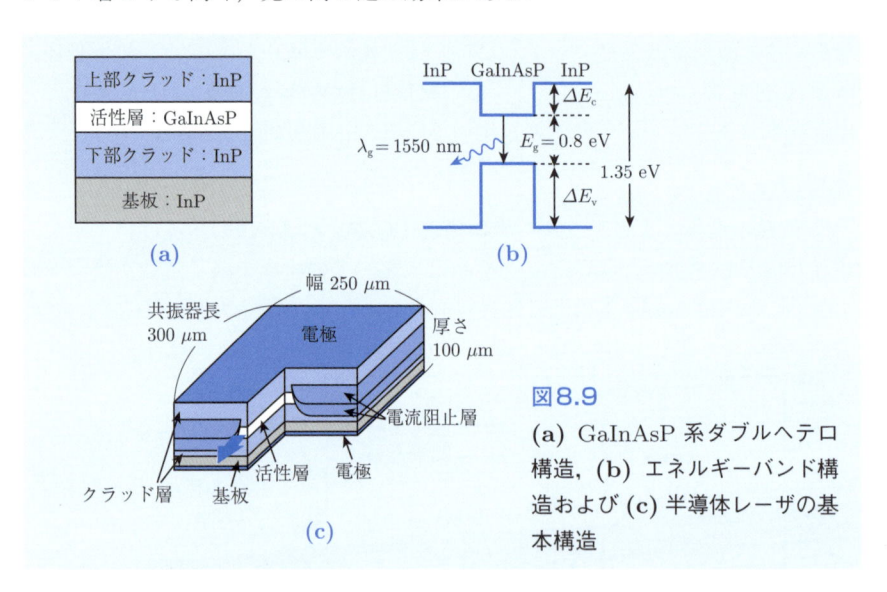

図8.9 (a) GaInAsP 系ダブルヘテロ構造，(b) エネルギーバンド構造および (c) 半導体レーザの基本構造

光ファイバの最低損失波長およびゼロ分散波長が $1.5\,\mu m$ 付近に移り，通信用レーザの主流は，活性層が GaInAsP 系の四元混晶に移った．表8.2 に示すように，光通信用の $1.3 \sim 1.6\,\mu m$ の波長帯は，InP と GaAs の混晶である，$Ga_xIn_{1-x}As_yP_{1-y}$ の四元混晶でカバーできる．四元混晶では III 族，V 族それぞれの組成比のパラメーター x, y を変えて，InP 基板との格子整合を保ったまま，発光波長 $0.9\,\mu m$ から $1.7\,\mu m$ に対応して禁制帯幅を変えることができる．

(4) **半導体レーザ**　半導体レーザ（**LD**：laser diode）の基本構造は図8.9 (c) に示すダブルヘテロ構造である．活性層に注入され，閉じ込められた電子正孔対

8.3 光半導体による受発光素子

が反転分布を形成し，誘導放出により光増幅が生じる．活性層には光導波路が形成され，閉じ込められた光波は結晶の劈開面(へきかいめん)の2つの鏡で構成される共振器の中を往復し増幅され，レーザ発振により光が出射する．

歴史的には，まず1970年にベル研究所の林らによりGaAs系850nm LDの室温連続発振が達成された．近赤外領域を利用する光通信波長帯のLDは，前述の通り，GaInAsP系半導体の開発により大きく進展した．1982年にはCDプレーヤー用の光源として，GaAlAs系LD（波長780nm帯）が量産，実用化された．その後，CD-Rやレーザプリンタへの高速書込み，EDFA励起用光源（GaInAs系980nm帯）として，高出力・高信頼性化が進展した．

また，808〜830nm帯のマルチモードGaAlAs系LDはワット級の大出力で，光加工や固体レーザ励起や直接刷版を作製する印刷用光源として，さらに高出力・高信頼性化が進んだ．また，光ディスク技術の記録密度向上に伴い，光源の短波長化が進められ，DVD用として赤色LD（GaAlInP系650nm）が開発された．1995年にGaInAlN系青色LDの室温パルス動作が報告された後，1996年に室温連続発振などの急速な進展がなされ，ブルーレイディスク（BD）による高密度記録につながった．レーザディスプレイの実現の観点からは，RGBの三原色が必要とされており，GaAlInP系の緑色LD（530nm）が2009年に報告され，2012年には光出力100mW以上のLDが実現している．

(5) <u>発光ダイオード</u>　発光ダイオード（**LED**：light emitting diode）は，pn接合からの自然放出光を効率よく取り出して光源とする．面発光型と端面発光型がある．表示用LEDには，発光波長に応じて表8.2に示すような種々の化合物半導体が用いられる．

ディスプレイ用にはシングルヘテロ構造，光通信用には高輝度のダブルヘテロ構造が用いられる．LEDはLDに比べて寿命が長く，高い信頼性や経済性に裏付けられ，通信やディスプレイ，プリンタなどに多用されている．

また，LED照明は炎から電球，電球から蛍光灯へと推移してきた照明技術に続く第4世代のあかりとして期待されている．現在の主な用途は薄型テレビ，携帯電話やデジタルビデオカメラ，PDAなどの電子機器のバックライト，大型ディスプレイ，道路表示器などの表示用を中心として普及している．地球環境問題への社会の関心の高まりとともに省エネルギー，長寿命といったメリットを活かし，白色LEDは自動車ランプや室内照明への普及が進んでいる．

(6) シリコンフォトニクス　近年，発光素子も含め Si を光デバイスや集積回路として活用する，いわゆるシリコンフォトニクスが盛んに研究されている．Si を光学材料として見た場合，光通信波長帯の 1.31 μm や 1.55 μm では透明である．その他に，単結晶 Si の屈折率は波長 1 μm 以上では 3.45 程度であり，石英ガラスなどの約 1.45 程度に比べて大きい．図8.10 (a) にチャネル型の導波路の断面図を示す．光通信波長帯で単一モード伝搬を得るための Si コアの断面サイズは，厚さ 200〜300 nm，幅 300〜600 nm 程度となる．これらの導波路は **SOI**（silicon-on-insulator）基板上に形成されるが，下部クラッドには Si 基板への光の漏れ出しを防ぐため 1 μm 以上の埋め込み酸化膜がある．

　Si 細線光導波路はコアへの光閉じ込めの強さを表す指標となる比屈折率差 Δ の値が 40% 以上ある．そのため数 μm の曲率半径で曲げても損失は十分に小さく，高密度光配線が可能となる．Si による光導波路デバイスでは，石英系光導波路デバイスには無いさまざまな機能を実現できる．チップ間光インタコネクト用光電子融合システムのコンセプトを図8.10 (b) に示す．光源，光変調器，受光器，光導波路などの光回路と電子回路が Si 基板上に集積される．

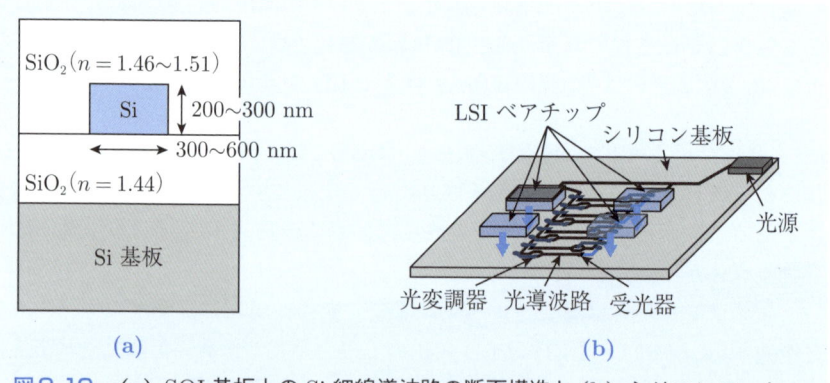

図8.10　(a) SOI 基板上の Si 細線導波路の断面構造と (b) シリコンフォトニクスによる光電子融合（フォトニクス・エレクトロニクス融合システム基盤技術開発機構提案）の概念図
出典：賣野 豊：『シリコンフォトニクス─何に使うの？』，応用物理，Vol. 80, No. 12, pp. 1085-1088 (2011)

8.4 受光素子

受光素子の例を**表8.3**に示す．光電変換の原理は，半導体内部での内部光電効果と真空中への光電子放出で代表される外部光電効果とに大別される．

表8.3 各種の受光素子

原理	種類	素子	材料	特徴
内部光電効果	光起電力型	フォトダイオード フォトIC イメージセンサ	Si, InGaAs, GaAs, InAs, InSb	感度波長：紫外〜近赤外，高速応答 (1 ns〜1 μs)，小型，集積化可能
内部光電効果	光導電型	光伝導素子	CdS, PbS, PbSe, InSb	感度波長：可視〜赤外域，応答速度が遅い (10 μs〜100 ms)
外部光電効果	光電子放出型	光電管 光電子増倍管 ストリーク管	CsTe, バイアルカリ (Sb–Rb–Cs, Sb–K–Cs)，マルチアルカリ (Na–K–Sb–Cs)，GaAs, InGaAs	真空紫外〜近赤外，高感度，高速応答 (0.06〜10 ns, 0.1〜20 ns, 0.5〜20 ps)，受光面積大型化可能
熱電変換	熱起電力型	サーモパイル	Bi–Sb, Fe-コンスタンタン, Co-コンスタンタン	波長依存性がない，応答が遅い．
熱電変換	導電型	ボロメータ	C, Si, Ge	
熱電変換	表面電荷型	焦電素子	Pb($Zr_x Ti_{1-x}$)O_3, LiTaO$_3$, PVDF	

8.4.1 光起電力型

図8.11 (a) にフォトダイオード (**PD**：photo diode) の構造例を示す．n型シリコン基板にp型不純物を選択拡散させた受光面を形成し，裏面側のn層とpn接合を形成する．pn型においては，PDに入射した光は表面層であるp$^+$層を透過した後，空乏層で吸収され，電子–正孔対の電気信号に変換される．**図8.11 (b)** のように電圧 V_r にて逆バイアスされた PD の pn 接合の空乏層にて，光吸収により電子–正孔対が発生すると，空乏層電界により電子と正孔が逆向きに走行し，光電流が取り出せる．

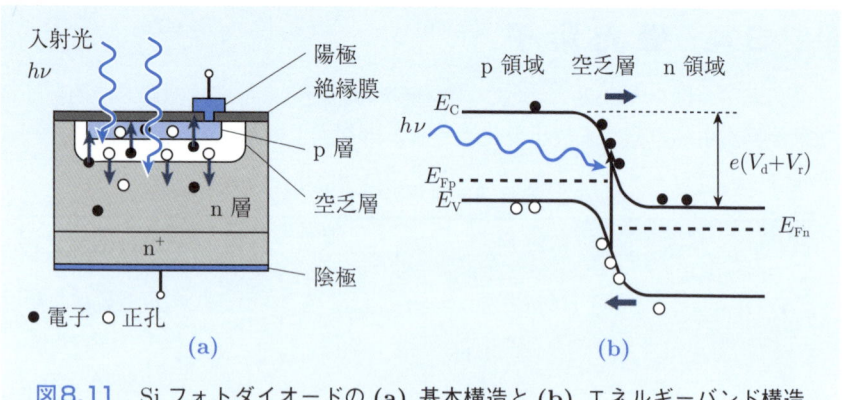

図8.11 Siフォトダイオードの (a) 基本構造と (b) エネルギーバンド構造

8.4.2 光導電型

光導電型の受光素子に光が入射すると，禁制帯幅 E_g より大きなエネルギーの光の吸収により電子や正孔などのキャリア Δn や Δp が生じる．次式に従い導電率の変化 $\Delta\sigma$ がもたらされ，光は電流の変化として検出される．

$$\Delta\sigma = e(\Delta n \mu_e + \Delta p \mu_h) \tag{8.23}$$

表8.4 に示す E_g から決まるカットオフ波長 λ_c から，光導電センサの材料としては，可視用の CdS から赤外用の PbS, PbSe, InSb などがある．λ_c は (8.3) 式で $E_2 - E_1 = E_g$ とおくことで決めることができる．

表8.4 典型的な半導体の禁制帯幅とカットオフ波長

	E_g [eV]	λ_c [μm]
Si	1.12	1.11
Ge	0.68	1.82
InAs	0.33	3.75
PbS	0.42	3.0
PbSe	0.26	4.77
GaAs	1.43	0.87
CdS	2.4	0.52
CdSe	1.74	0.70
$Hg_{1-x}Cd_x Te$ ($x = 0.2$)	0.09	14
$Pb_{1-x}Sn_x Te$ ($x = 0.2$)	0.083	15

8.4.3 光電子増倍管

外部光電効果を利用したセンサにおいて重要なのは，**光電面**と呼ばれる陰極材料である．図8.12 **(a)** に示すように，光吸収により禁制帯幅 E_g と電子親和力 χ の和を超えるエネルギーを与えると，電子が励起され，真空中に放出される．

光電子増倍管（**PMT**：photomultiplier tube）は，ガラス管に封じられた真空管で，図8.12 **(b)** に示すように入射窓，光電面，電子増倍部より構成する．光子の入射により光電面から光電子を放出する．光電子は集束電極で第一ダイノードに収束され，2次電子増倍された後，各ダイノードで2次電子放出を繰り返し，数十万倍から一千万倍程度まで増倍される．最終ダイノードより放出された2次電子群は陽極より取り出され，外部回路へ信号として出力される．

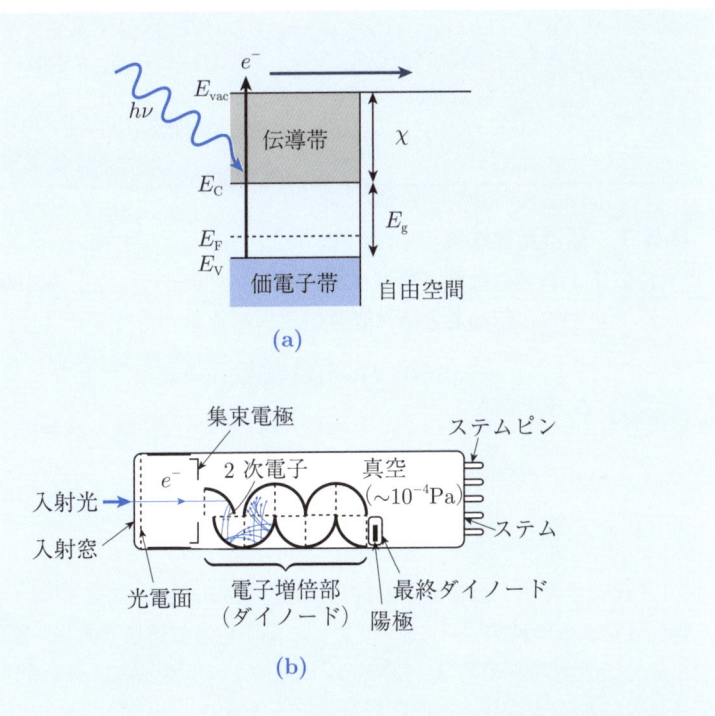

図8.12 (a) 光電面のバンド構造と光電子放出，(b) 光電子増倍管の構造

8.5 光制御素子

光制御素子の機能として，光偏向，光変調，光スイッチ機能などがある．表8.5に代表的な音響光学材料，電気光学材料，および磁気光学材料を示す．

表8.5　各種の光機能素子用材料

分類	材料	応用例
音響光学材料	a-SiO$_2$, TeO$_2$, PbMoO$_4$, LiNbO$_3$, LiTaO$_3$	光変調器，光偏向器
電気光学材料	LiNbO$_3$, LiTaO$_3$, BaTiO$_3$, KH$_2$PO$_4$（KDP），Sr$_{0.5}$Ba$_{0.5}$Nb$_2$O$_6$（SBN）	光変調器，光スイッチ
磁気光学材料	Y$_3$Fe$_5$O$_{12}$（YIG），R$_3$Fe$_5$O$_{12}$（R：希土類），Gd$_{1.8}$Bi$_{1.2}$Fe$_5$O$_{12}$, Yb$_{0.3}$Tb$_{1.7}$Bi$_1$Fe$_5$O$_{12}$, Cd$_x$Mn$_{1-x}$Te, Tb$_3$Al$_5$O$_{12}$（TAG，A:Al, Ga），(RBi)$_3$(FeA)$_5$O$_{12}$（BIG, R=Tb, Gd），HgCdMnTe	光アイソレータ，磁界センサ

8.5.1　音響光学材料

(1) 音波による光の散乱　音波は材料中を密度変化として正弦波的に伝搬する．音速 v_s で粗密波が伝わるとき，媒質の屈折率変化は密度変化に比例するとして

$$\Delta n(z, t) = \Delta n \sin(\omega_s t - k_s z) \tag{8.24}$$

と表現される．ここで ω_s, k_s はそれぞれ音波の角周波数と波数で

$$\frac{\omega_s}{k_s} = v_s$$

と表される．

(2) 音響光学素子　音響光学効果（**AO**：acousto-optic effect）は，物質を伝搬する弾性波による機械的歪みにより，屈折率が変化する効果である．図8.13 (a)に示す超音波光偏向素子では，LiNbO$_3$ などのトランスデューサに印加する高周波正弦信号の振幅を変化させ，回折光強度を変える．波長 λ_s の音波による周期的な屈折率変化により，角度 θ で入射した波長 λ の光がブラッグ回折する条件は

$$2\lambda_s \sin\theta = \frac{\lambda}{n} \tag{8.25}$$

と表せる．n は材料の屈折率である．図8.13 (b)に示す運動量保存則から，散

8.5 光制御素子

乱光，入射光，および音波の波数ベクトル $\boldsymbol{k}_\mathrm{d}$, $\boldsymbol{k}_\mathrm{i}$, および $\boldsymbol{k}_\mathrm{s}$ について

$$\boldsymbol{k}_\mathrm{d} = \boldsymbol{k}_\mathrm{i} + \boldsymbol{k}_\mathrm{s} \tag{8.26}$$

が成り立つ．また，回折されたビームの角周波数 ω_d は，入射光および音波の角周波数 ω_i と ω_s を用いてエネルギー保存則により

$$\omega_\mathrm{d} = \omega_\mathrm{i} + \omega_\mathrm{s} \tag{8.27}$$

である．このとき音波の周波数 $f = \frac{\omega}{2\pi}$ が $10\,\mathrm{GHz}$ 以下で光の周波数は $10\,\mathrm{THz}$ 以上であるから，その変化は無視できるほど小さく，$f_\mathrm{i} \simeq f_\mathrm{d}$ と見なせる．

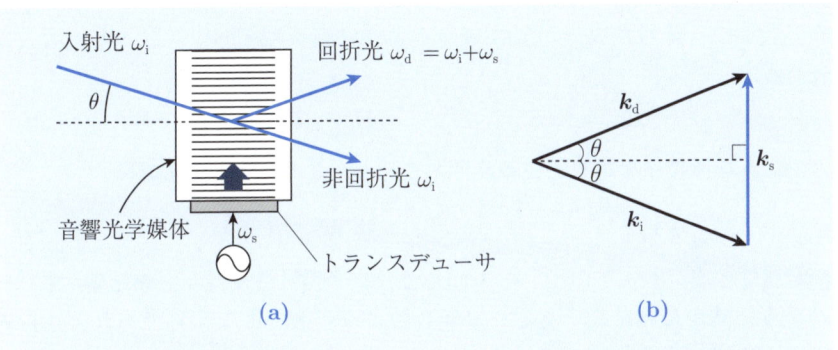

図8.13 音響光学光偏向素子の (a) 構造と (b) 音波による光波の回折条件

■ 例題8.2 ■

屈折率 n の音響光学素子において $\frac{\lambda}{n} = 500\,[\mathrm{nm}]$ の光が，$f_\mathrm{s} = 500\,\mathrm{MHz}$ の音波により回折されるときの偏光角を求めなさい．ここで，媒質中の音速を $v_\mathrm{s} = 3 \times 10^3\,[\mathrm{m\cdot s^{-1}}]$ としなさい．

【解答】 $\lambda_\mathrm{s} = \frac{v_\mathrm{s}}{f_\mathrm{s}} = \frac{3 \times 10^3}{500 \times 10^6} = 6 \times 10^{-6}\,[\mathrm{m}]$ となるから，(8.25) 式により，以下の偏向角 θ を得る．

$$\begin{aligned}
\theta &\simeq \frac{\lambda}{2\lambda_\mathrm{s} n} \\
&= \frac{500 \times 10^{-9}}{2 \times 6 \times 10^{-6}} \\
&= 4 \times 10^{-2}\,[\mathrm{rad}] = 2.3\,[°]
\end{aligned}$$

ここで，$\theta \ll 1$ において $\sin\theta \simeq \theta$ であることを利用した．

8.5.2 電気光学効果材料

(1) **複屈折と電気光学効果**　結晶は原子配列により異方性を有し，電界を印加した際に，その分極は

$$D_x = \varepsilon_{11}E_x + \varepsilon_{12}E_y + \varepsilon_{13}E_z$$
$$D_y = \varepsilon_{21}E_x + \varepsilon_{22}E_y + \varepsilon_{23}E_z$$
$$D_z = \varepsilon_{31}E_x + \varepsilon_{32}E_y + \varepsilon_{33}E_z \tag{8.28}$$

とテンソルで表される．このとき，ε_{ij} ($i, j = 1, 2, 3$) を**誘電率テンソル**と呼ぶ．エネルギー保存則より，誘電率テンソルは対称 ($\varepsilon_{ij} = \varepsilon_{ji}$) である．ここで，非対角成分がゼロになるように座標軸を適切に取ると，次式で表せる．

$$D_x = \varepsilon_x E_x, \quad D_y = \varepsilon_y E_y, \quad D_z = \varepsilon_z E_z \tag{8.29}$$

このような座標系を**電気的主軸座標系**と呼ぶ．このとき，**主屈折率**

$$n_x = \left(\frac{\varepsilon_x}{\varepsilon_0}\right)^{1/2}, \quad n_y = \left(\frac{\varepsilon_y}{\varepsilon_0}\right)^{1/2}, \quad n_z = \left(\frac{\varepsilon_z}{\varepsilon_0}\right)^{1/2} \tag{8.30}$$

が定義できる．3つの主屈折率のうち，2つが一致する結晶が**一軸結晶**，すべて異なる結晶が**二軸結晶**である．ガラスのように等方的な物質であれば進行方向によらず伝搬の様子は変わらず $\varepsilon_x = \varepsilon_y = \varepsilon_z$ で $n_x = n_y = n_z$ と表せる．

ここで，結晶中を伝搬する平面波を伝搬方向の波数ベクトルを $\boldsymbol{k}$ として

$$\boldsymbol{E} = \boldsymbol{E}_0 \exp\{i(\omega t - \boldsymbol{k} \cdot \boldsymbol{r})\} \tag{8.31a}$$
$$\boldsymbol{D} = \boldsymbol{D}_0 \exp\{i(\omega t - \boldsymbol{k} \cdot \boldsymbol{r})\} \tag{8.31b}$$
$$\boldsymbol{H} = \boldsymbol{H}_0 \exp\{i(\omega t - \boldsymbol{k} \cdot \boldsymbol{r})\} \tag{8.31c}$$

と表す．これらを (8.4a) 式および (8.4b) 式に代入すると，次式を得る．

$$\begin{aligned}\boldsymbol{k} \times \boldsymbol{H}_0 &= -\omega \boldsymbol{D}_0, \\ \boldsymbol{k} \times \boldsymbol{E}_0 &= \omega \mu_0 \boldsymbol{H}_0\end{aligned} \tag{8.32}$$

各ベクトルの関係を**図8.14 (a)** に図示すると，$\boldsymbol{D}, \boldsymbol{H}, \boldsymbol{k}$ は右手系をなす．また，$\boldsymbol{E}_0$ と $\boldsymbol{D}_0$ と $\boldsymbol{k}$ は同一平面内にある．一般に $\boldsymbol{D}$ と $\boldsymbol{E}$ は平行ではなく，(8.15) 式で示されるポインティングベクトル $\boldsymbol{S}$ と $\boldsymbol{k}$ の向きは一致しない．

与えられた $\boldsymbol{k}$ に対して，結晶中を伝搬する光の振動面は，次式で示される**屈折率楕円体**を用いて説明できる．

$$\frac{x^2}{n_x^2} + \frac{y^2}{n_y^2} + \frac{z^2}{n_z^2} = 1 \tag{8.33}$$

屈折率が $n_x = n_y = n_o$ および $n_z = n_e$ なる一軸対称性を有する屈折率楕円体にて，z 軸と角度 θ をなす波数ベクトル $\boldsymbol{k}$ が与えられたとき，それに垂直な断面は，図8.14 (b) のように楕円になる．この楕円の長軸と短軸方向に $\boldsymbol{D}$ が振動する 2 つの直線偏光だけが結晶中を伝搬する．長軸と短軸の半分の長さが，それぞれの直線偏光に対する屈折率に相当する．この 2 つの直線偏光は結晶中を異なる位相速度で伝搬する．これが**複屈折**（birefringence）と呼ばれる現象である．z 軸に対して垂直な $\boldsymbol{D}$ を有する直線偏光の場合，常に屈折率は n_o となり，**正常光線**（ordinary ray）と呼ぶ．もう一方の直線偏光を**異常光線**（extraordinary ray）と呼び，屈折率は角度 θ に依存して n_o と n_e の間で変化する．$\boldsymbol{k}$ の向きが z 軸と一致するとき屈折率楕円体の断面は円となり，2 つの偏光の屈折率が一致する．この方向を**光学軸**と呼び，前述の一軸結晶に相当する．

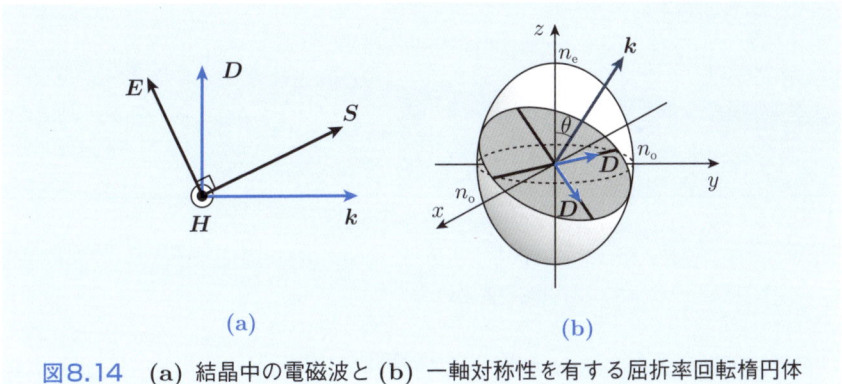

図8.14 (a) 結晶中の電磁波と (b) 一軸対称性を有する屈折率回転楕円体

(2) 電気光学光変調器 屈折率の変化が電界の 1 乗に比例する場合を**ポッケルス効果**，2 乗に比例する場合を**カー効果**と呼ぶ．カー効果は結晶構造によらないが，ポッケルス効果は反転対称性を持たない結晶にのみ現れる．

表8.6 に示す KDP（KH_2PO_4）やニオブ酸リチウム（$LiNbO_3$）などの強誘電体結晶は，大きなポッケルス効果を示す．電界の印加による屈折率楕円体の変化は

$$\left(\frac{1}{n_x^2} + \delta_1\right) x^2 + \left(\frac{1}{n_y^2} + \delta_2\right) y^2 + \left(\frac{1}{n_z^2} + \delta_3\right) z^2$$
$$+ 2\delta_4 yz + 2\delta_5 zx + 2\delta_6 xy = 1 \tag{8.34}$$

と表せる．ここで，δ_i は E_n $(n=x,y,z)$ を電界の関数，r_{ij} $(j=1,2,3)$ を ポッケルス定数として

$$\delta_i = r_{i1}E_x + r_{i2}E_y + r_{i3}E_z \quad (i=1,2,3,\ldots,6) \tag{8.35}$$

と表せる．表8.6にポッケルス定数の例を示す．仮にKDP結晶に z 軸方向の電界を印加したとすると，表8.6の r_{63} の値を参照して(8.34)式を表すと次式を得る．

$$\frac{x^2}{n_0^2} + \frac{y^2}{n_0^2} + \frac{z^2}{n_e^2} + 2r_{63}E_z xy = 1 \tag{8.36}$$

表8.6 ポッケルス定数の値（代表値）

物質	波長* [nm]	ポッケルス定数 $(10^{-12}\,[\mathrm{m\cdot V^{-1}}])$ **	屈折率
KDP (KH_2PO_4)	633	$r_{41}=r_{52}=8,\quad r_{63}=11$	$n_0=1.507,$ $n_e=1.467$
ニオブ酸リチウム (LiNbO$_3$)	633	$r_{13}=r_{23}=9.6,\quad r_{22}=-r_{12}=-r_{61}=6.8,$ $r_{33}=30.9,\quad r_{51}=r_{42}=32.6$	$n_0=2.286,$ $n_e=2.200$
チタン酸バリウム (BaTiO$_3$)	546	$r_{51}=r_{42}=1640,$ $r_{33}-\left(\frac{n_0}{n_e}\right)^3 r_{13}=108\quad (r_{13}=r_{23})$	$n_0=2.437,$ $n_e=2.365$

A. Yariv：『光エレクトロニクス展開編』，丸善（2000）
*：ポッケルス定数の値は波長に依存するので，特定の波長の値を示す．
**：非ゼロ要素のみ示す．その他の要素は全てゼロ．

電気的主軸を得るため，z 軸周りに45度回転した新しい座標系 (x',y',z) に変換すると（$x=\frac{x'+y'}{\sqrt{2}},\ y=\frac{-x'+y'}{\sqrt{2}}$ を代入）

$$\left(\frac{1}{n_0^2} - r_{63}E_z\right)x'^2 + \left(\frac{1}{n_0^2} + r_{63}E_z\right)y'^2 + \frac{z^2}{n_e^2} = 1 \tag{8.37}$$

となり，これが主軸座標系となることがわかる．通常の条件下では，x' 軸，y' 軸方向の主屈折率が $r_{63}E_z \ll \frac{1}{n_0^2}$ であることに留意すると次式を得る．

$$n_{x'} \simeq n_0 + \frac{n_0^3 r_{63} E_z}{2},\quad n_{y'} \simeq n_0 - \frac{n_0^3 r_{63} E_z}{2},\quad n_z = n_e \tag{8.38}$$

光の伝搬方向に対し電界を横方向に印加する電気光学変調器を図8.15に示す．入射側と出射側に**偏光子**と呼ばれる，特定の直線偏光のみを透過する性質を持った光学素子を配置する．x' 方向と z 方向の偏光間の位相差 $\delta\phi$ は

8.5 光制御素子

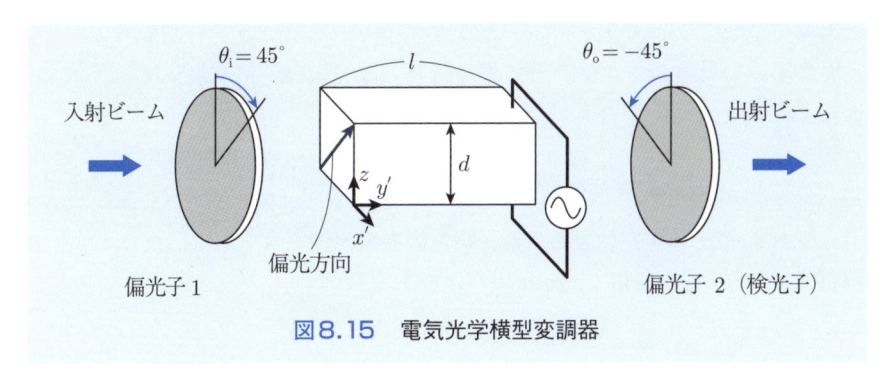

図8.15 電気光学横型変調器

$$\delta\phi = \delta n k l = (n_{x'} - n_z)kl$$
$$= kl\left\{(n_0 - n_e) + \frac{n_0^3 r_{63}}{2}\frac{V}{d}\right\} \tag{8.39}$$

で与えられる．このような位相差を**光学的遅延**と呼ぶ．

入射する偏光角を z 軸に対し $\theta_i = 45°$ とした場合，振幅が等しい円偏光の x' 方向と z 方向の成分は異なる屈折率を感じながら伝搬する．結晶から出た光は一般に楕円偏光となるが，特に $\delta\phi = \frac{\pi}{2}$ の場合，円偏光となる．

$\delta\phi = \pi$ の場合，入射偏光面から 90° 回転した直線偏光となると $\theta_o = -45°$ とした検光子を通る振幅は最大となる．このときの電圧を**半波長電圧** V_π と呼ぶ．V が増加し，$\delta\phi = 0$ となると，検光子に対して垂直な偏光となり変調器から出る振幅はゼロとなる．半波長電圧 V_π を振幅とする変調信号を与えれば変調光が得られる．

8.5.3 磁気光学効果材料

磁気光学効果は物質の光学応答が磁化に依存する効果の総称で，光磁気ディスクの再生，光通信用アイソレータ，磁界センサなどとして用いられる．

(1) <u>磁気光学効果</u>　ファラデー配置（磁化ベクトル M と光の波数ベクトル k とが平行となる配置）における物質の磁化に基づく旋光性（直線偏光の傾きが回転する効果）と円二色性（直線偏光が楕円偏光になる効果）を合わせて**ファラデー効果**という．ファラデー効果は，磁化を持つ物質において左右円偏光に対する応答に違いがあるとき生じる．たとえば，ガラス棒にコイルを巻き電流を流し，その長手方向に磁界を加え，ガラス棒に直線偏光を通すと磁界の強さとともに偏面面が回転する．この磁気旋光効果を発見者ファラデー（Faraday）

に因んでファラデー効果と呼ぶ．磁気旋光角 θ_F を**ファラデー回転角**という．磁界が小さいとき，ファラデー効果は材料の厚さ l，磁界の強さ H に比例し，次式で表せる．

$$\theta_F = VlH \tag{8.40}$$

上式で V は**ヴェルデ定数**と呼ばれ，物質固有の比例係数である．たとえば，溶融石英（25°C，$\lambda = 546.1\,[\mathrm{nm}]$）のヴェルデ定数は

$$V = 2.175 \times 10^{-2}\,[\mathrm{min \cdot A^{-1}}]$$

である．

(2) **光アイソレータ** 光ファイバ通信においては，線路からの戻り光が半導体レーザに入射すると雑音源となる．これを防ぐため光を一方向のみ通過させるのが**光アイソレータ**である．図8.16 に示すように，偏光方向が互いに 45° 傾いた 2 つの偏光子に光透過性の磁性材料を置く．(8.40) 式により，ファラデー回転角 θ_F が 45° になるように素子の長さ l と永久磁石により H を調整する．戻り光は偏光子 2 を透過するが，さらに 45° 偏光面が回転するので，偏光子 1 を透過できない．

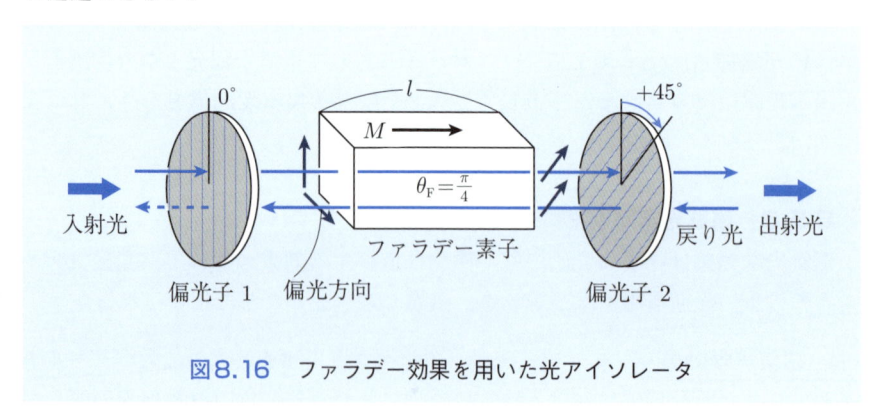

図8.16 ファラデー効果を用いた光アイソレータ

光通信では $1.3\,\mu\mathrm{m}$ および $1.55\,\mu\mathrm{m}$ 帯 LD が用いられ，この波長帯で透明な Bi 置換希土類鉄ガーネットのファラデー効果が利用される．磁性ガーネットはフェリ磁性体であり，永久磁石を用いて光の進行方向に磁界を印加して磁化する．

8.6 光メモリ材料

8.6.1 光メモリの構造

1982年にCDが音楽ソフトの配信に用いられて以来,光ディスクは高速アクセスが可能で,非接触でほこりや傷に強い,リムーバブル性などの特長により,再生専用から,追記型,書換え型の記録媒体として普及した.光ディスクは音楽用CDから,映像記録用DVDやハイビジョン画像の記録用のBDへと進化した.1990年に実用化された書換え可能な相変化光ディスクの記録容量は500 MBであったが,2011年に実用化されたBDXL-RE規格では100 GBにも達する.

光ディスク表面は,再生専用型の場合,ピットと呼ばれる凸形状が透明樹脂に鋳型加工される.一方,追記型や書換え型の場合,**ランド**および**グルーブ**と呼ばれる凹凸形状が形成される.

図8.17に書換え型光ディスクの断面構造の一例を示す.表面に信号記録用のトラックを設けた樹脂基板上に誘電体膜,記録膜,誘電体膜,反射膜の順に積層し,さらに保護膜が形成される.

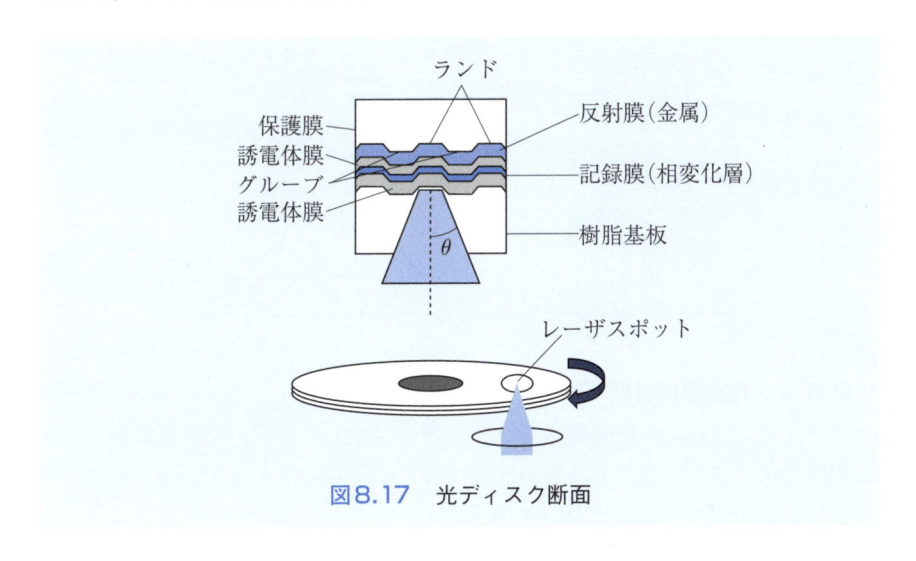

図8.17 光ディスク断面

8.6.2 光記録の原理

追記型の場合，有機色素（シアニン系，フタロシアニン系，アゾ系）が用いられる．記録時に高いレーザパワーで色素の不可逆反応により光学特性を変えるため，読出し時に反射率の変化したマークとして記録は1回のみ可能である．

これに対して**書換え型**は可逆的な**相変化**を利用する．表8.7のようにレーザ照射によって**非晶質状態（相）**と**結晶状態（相）**の間で状態変化を起こすことで信号が記録される．結晶相をレーザ光で加熱溶融し，急激に冷却すると原子は安定状態に戻る前に無秩序な状態で固化して非晶質状態となる．

非晶質は，結晶より内部エネルギーが高く，レーザ光で加熱すると，原子が再配列して結晶状態に戻る．記録層の状態変化はレーザ光を強いパワーと弱いパワーで交互に照射することで可逆的に再現できる．非晶質と結晶状態では光学定数（屈折率，吸収係数）が異なり，反射率の差で信号を読み取る．

表8.7 相変化記録の原理

	非晶質 （アモルファス）	結晶
構造		
変態方向	アニール ⇄	溶融・急冷
特性（光学定数） 例：反射率	小さい	大きい
温度プロセスによるアモルファス化と結晶化		

8.6.3 光記録用材料

相変化記録膜には，短時間のレーザ照射（～100 ns以下）で非晶質から結晶に状態変化する一方で，非晶質の記録マークは室温では安定といった特性が要求される．1987年にGeSbTe系が発見され，相変化記録膜のブレイクスルーにつながった．

GeSbTe系は化合物（たとえば$Ge_2Sb_2Te_5$）の近傍組成で，非晶質が高速に結晶化する特性を利用するもので，**化合物系**と呼ばれる．その後開発されたIn-

AgSbTe 系は，Sb と Te の共晶組成に In と Ag を添加したもので**共晶系**と呼ばれる．共晶系は書換え回数では化合物系に劣るが，消去特性に優れ，書換え型 CD（CD-RW）に採用された．現在では化合物系と共晶系がそれぞれの特徴を活かして利用されている．

DVD-RAM の記録膜には，GeSbTe 系は化合物（$Ge_2Sb_2Te_5$, $Ge_4Sb_2Te_7$）の組成近傍で結晶化速度が速いという特性を利用している．GeSbTe 系材料における Sb と Te は V 族元素と VI 族元素であり，網目構造の非晶質状態を形成し，狭い禁制帯幅によりレーザ光を吸収する役割がある．Ge の役割は 4 個の価電子により，共有結合の結合手を増して構造を安定化させることにある．

また，DVD-RW の記録膜には，Sb を 70%近く含む共晶組成として知られる組成付近の Ge–Sb–Te や InAgSbTe などの，共晶系の記録膜が用いられる．

8.6.4 高密度化技術

光ディスクでは，集光可能なレーザスポットが小さいほど，より小さなマークが記録できるので，高密度化が達成できる．スポット径は**回折限界**の式により

$$d \propto \frac{\lambda}{NA} \tag{8.41}$$

と表される．この式よりレーザスポット径は，レーザ波長 λ に比例するとともに，レンズの開口数 NA = $\sin\theta$ に反比例することもわかる（θ は**図8.17**参照）．そして記録密度はスポット径の 2 乗に反比例するため，**表8.8** に示すように，光源の短波長化と高 NA レンズの導入が図られてきた．

表8.8　光記録技術の発達に伴う波長と NA の変化

メディアの種類	動作波長 λ [nm]	NA
CD	780	0.45
DVD	650	0.6
BD	405	0.85

8章の問題

8.1 光子エネルギーと周波数 1 eV の光子エネルギーを有する光波の周波数 ν [Hz]，波長 λ [nm]，波数 k [m^{-1}] を求めなさい．

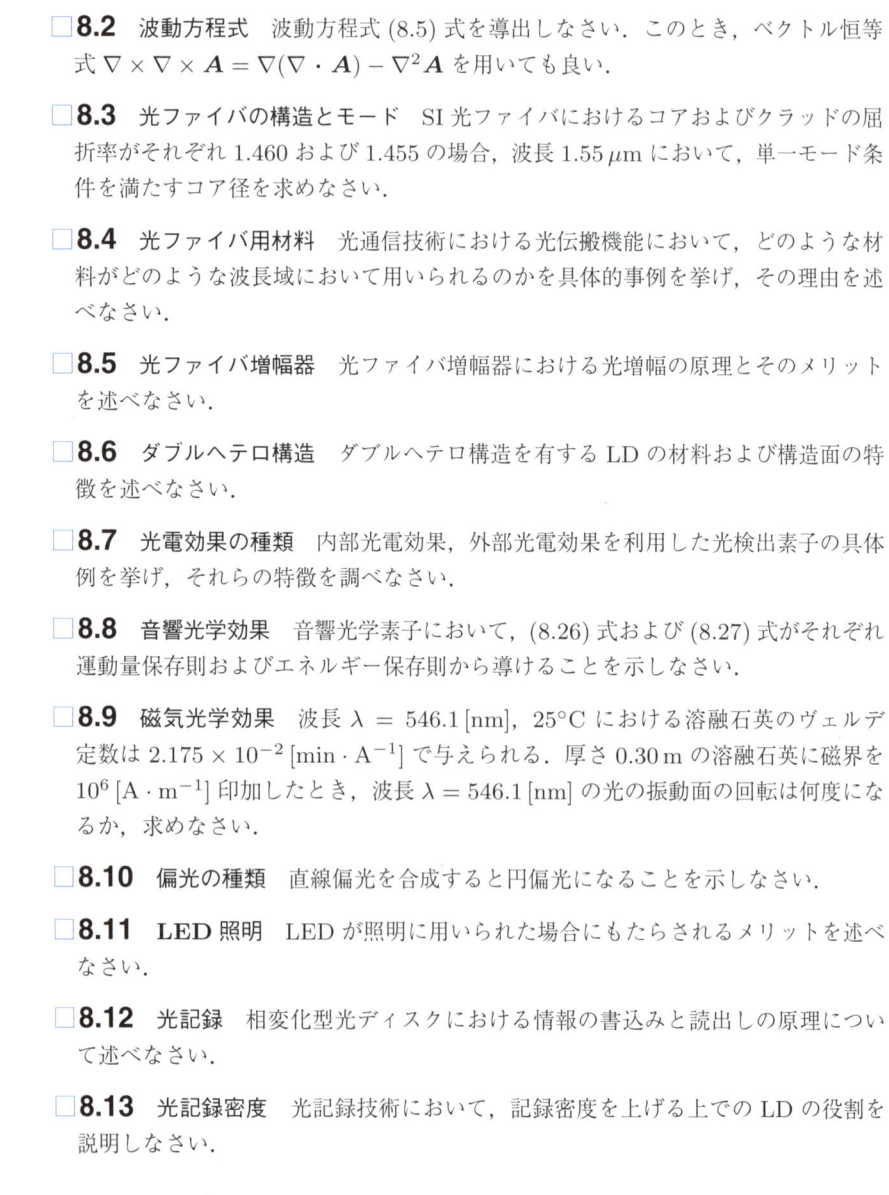

8.2 波動方程式 波動方程式 (8.5) 式を導出しなさい．このとき，ベクトル恒等式 $\nabla \times \nabla \times \boldsymbol{A} = \nabla(\nabla \cdot \boldsymbol{A}) - \nabla^2 \boldsymbol{A}$ を用いても良い．

8.3 光ファイバの構造とモード SI 光ファイバにおけるコアおよびクラッドの屈折率がそれぞれ 1.460 および 1.455 の場合，波長 1.55 μm において，単一モード条件を満たすコア径を求めなさい．

8.4 光ファイバ用材料 光通信技術における光伝搬機能において，どのような材料がどのような波長域において用いられるのかを具体的事例を挙げ，その理由を述べなさい．

8.5 光ファイバ増幅器 光ファイバ増幅器における光増幅の原理とそのメリットを述べなさい．

8.6 ダブルヘテロ構造 ダブルヘテロ構造を有する LD の材料および構造面の特徴を述べなさい．

8.7 光電効果の種類 内部光電効果，外部光電効果を利用した光検出素子の具体例を挙げ，それらの特徴を調べなさい．

8.8 音響光学効果 音響光学素子において，(8.26) 式および (8.27) 式がそれぞれ運動量保存則およびエネルギー保存則から導けることを示しなさい．

8.9 磁気光学効果 波長 $\lambda = 546.1$ [nm]，25°C における溶融石英のヴェルデ定数は 2.175×10^{-2} [min $\cdot$ A^{-1}] で与えられる．厚さ 0.30 m の溶融石英に磁界を 10^6 [A $\cdot$ m^{-1}] 印加したとき，波長 $\lambda = 546.1$ [nm] の光の振動面の回転は何度になるか，求めなさい．

8.10 偏光の種類 直線偏光を合成すると円偏光になることを示しなさい．

8.11 LED 照明 LED が照明に用いられた場合にもたらされるメリットを述べなさい．

8.12 光記録 相変化型光ディスクにおける情報の書込みと読出しの原理について述べなさい．

8.13 光記録密度 光記録技術において，記録密度を上げる上での LD の役割を説明しなさい．

参考文献

[1] 国立天文台編:『理科年表 平成25年』, 丸善出版 (2012)
[2] 応用物理学会編:『応用物理ハンドブック 第2版』, 丸善 (2002)
[3] 電気学会編:『電気工学ハンドブック 第6版』, 電気学会 (2001)
[4] 木村忠正, 奥村次徳, 八百隆文, 豊田太郎:『電子材料ハンドブック』, 朝倉書店 (2006)
[5] 大場勇治郎, 池崎和男, 桑野博, 松本智:『電子物性基礎』, 電気学会 (1990)
[6] 櫻井良文, 吉野勝美, 小西進, 松波弘之:『電気電子材料工学』, 電気学会 (1997)
[7] 大木義路, 石原好之, 奥村次徳, 山野芳昭:『電気電子材料』, 電気学会 (2006)
[8] H.Ibach, H.Luth 著, 石井力, 木村忠正訳:『固体物理学 改訂新版』, シュプリンガージャパン (2008)
[9] 日本学術振興会透明酸化物光・電子材料第166委員会編:『透明導電膜の技術』, オーム社 (2006)
[10] 高木俊宜:『電子・イオンビーム工学』, 電気学会 (1995)
[11] 一ノ瀬昇編:『電気電子機能材料 改訂2版』, オーム社 (2003)
[12] 岩本光正:『電気電子物性工学』, 数理工学社 (2012)
[13] B.L.Anderson, R.L.Anderson 著, 樺沢宇紀訳:『半導体デバイスの基礎』, シュプリンガージャパン (2008)
[14] S.M.Sze 著, 南日康夫, 川辺光央, 長谷川文夫訳:『半導体デバイス』, 産業図書 (1987)
[15] 日本学術振興会情報科学用有機材料第142委員会C部会:『有機半導体デバイス』, オーム社 (2010)
[16] Ioffe Physical: "New Semiconductor Materials, Characteristics and Properties", Technical Institute (電子アーカイブ), http://www.ioffe.ru/SVA/NSM/
[17] 黒沢達美:『物性論 改訂版』, 裳華房 (2002)
[18] 小田哲治:『電気材料基礎論』, 数理工学社 (2012)
[19] Y.Taur 著, 芝原健太郎, 宮本恭幸, 内田建監訳:『最新VLSIの基礎』, 丸善出版 (2002)
[20] 高梨弘毅:『磁気工学入門』, 共立出版 (2008)
[21] 井上順一郎, 伊藤博介:『スピントロニクス 基礎編』, 共立出版 (2010)
[22] C.Kittel 著, 宇野良清, 津屋昇, 新関駒二郎, 森田章, 山下次郎共訳:『キッテル固体物理学入門 第8版』, 丸善 (2005)
[23] A.Yariv:『光エレクトロニクス展開編 原書5版』, 丸善 (2000)
[24] 砂川重信:『理論電磁気学 第3版』, 紀伊國屋書店 (1999)
[25] 大木義路編著:『EE Text 電磁気学』, オーム社 (2007)

索　引

あ 行

アイソトープ　2
アインシュタインの関係式　77
アクセプタ　54
浅い不純物準位　58
アボガドロ数　11
アモルファス磁性体　150
アルカリ金属元素　9
アルニコ磁石　152
アンチフェロ磁性　135

イオン結合　14
イオン分極　88
異常光線　199
位相速度　179
一軸結晶　198
移動度　31
移動度端　68
異方性磁気抵抗　158
イレブンナイン　69
陰極降下部　74
陰極材料　49
インプリント法　157

ウィーデマン–フランツの法則　36
ヴェルデ定数　202
渦電流損失　142

永久磁石　141
永久双極子　20

永久電流　164
液晶ディスプレイ　47
液体封止チョクラルスキー法　71
エネルギーバンドモデル　108
エネルギーバンド理論　10
エポキシ樹脂　115
エンジニアリングプラスチック　118
エンプラ　118
円偏光　201

オイルレスコンデンサ　99
オーム則　31
オプトエレクトロニクス材料　10
音響光学効果　196
温度依存性　66

か 行

カー効果　199
開殻構造　9
開口数　182
回折限界　205
回転　167
外部光電効果　195
化学結合　13
書換え型　204
架橋ポリエチレン　117
拡散長　78

拡散電位　76
化合物系　204
化合物極細多芯線　172
化合物半導体　54, 55
可視　46
過剰キャリア　77
加速器　2
可塑性　112
活性化エネルギー　108
価電子帯　14, 22, 55
カプトン　118
下部臨界磁束密度　169
ガラス材料　119
ガラス状高分子　112
ガラス繊維　117
ガラス転移点　112
間接遷移型　63
完全反磁性　166
緩和時間　31

希ガス元素　9
気相化学堆積法　72
基礎吸収端　46
軌道　7
軌道角運動量　7
軌道角運動量の凍結　132
軌道確率密度　5
希土類金属　9
希土類磁石　153
希土類添加光ファイバ増幅器　184
逆スピネル型　148
逆方向飽和電流密度　79

索引

キャパシタ 96
キャパシタ型 FeRAM 103
キャリア 23
キャリアの寿命 56
キャリアの捕獲 109
キャリアの捕獲中心 59
キャリアの補償 60
球晶 117
キュリー温度 136
キュリー定数 130
キュリーの法則 130
キュリー–ワイスの式 136
強磁性 25, 132, 135
共重合 112
共重合体 112
共晶系 205
共有結合 14
強誘電体 101
強誘電体メモリ 103
局在準位 46, 108
局在状態 68
局所電界 90
曲線因子 81
巨大磁気抵抗 158
許容帯 22, 55
記録トラック 155
禁制帯 22, 55
近赤外 46
金属 21, 22
金属結合 14
金属元素 10
金属皮膜抵抗体 40
金属（級）シリコン 69
ギンツブルク–ランダウ理論 168

空間電荷 109
空間電荷制限電流 109
クーパーペア 168
空乏層 76
鎖状構造 117
屈折率 179
屈折率楕円体 198

クラウジウス–モソッティの式 90
クラスター 13
グラフェン 18
グループ 203
グレーデッドインデックス型光ファイバ 183
ケイ酸塩ガラス 119
ケイ酸塩類 119
形状磁気異方性 144
ケイ素鋼板 146
結合軌道 17
結晶 11, 68
結晶磁気異方性 143
結晶状態 204
結晶性高分子 112
結晶相 204
原子 2
原子核 3
原子間力顕微鏡 12
原子番号 2
原子量 11
元素 2
元素半導体 54

高温超電導 165
光学軸 199
光学的遅延 201
光学的領域 92
交換エネルギー 138
交換相互作用 138
光起電力 80
合金 147
光子 178
格子振動 36
硬磁性材料 141, 151
構造相転移 101
構造敏感性 54
構造不整 182
抗電界 101
光電面 195
高透磁率材料 146
高分子 11
高密度ポリエチレン

117
高誘電体膜 122
硬ろう 48
コーテッドコンダクタ 174
ゴス方位 147
5大エンプラ 118
固体電解コンデンサ 98
ゴム状高分子 112
固溶体 38
混合状態 170
コンスタンタン 38
困難軸 143

さ 行

再結合過程 56
再結合中心 59
最大透磁率 141
残留磁化 139
残留分極 101
3dBカップラ 187

シーメンス法 69
磁化 126
紫外 46
磁化曲線 139
磁化率 126
磁器 120
磁気異方性 143
磁気異方性定数 143
磁気光学効果 201
色素増感太陽電池 83
磁気抵抗比 158
磁気トンネル接合 158
磁気ヒステリシス 141
磁気ひずみ 145
磁気モーメント 126
磁気ランダムアクセスメモリ 161
磁気量子数 7
磁区 139
磁性 10
磁性体 10
磁束のピン止め 171
磁束フロー状態 171

索　引

磁束密度　126
磁束量子　170
質量数　2
自発分極　101
磁壁　139
周期的ポテンシャル　61
周期表　2
重合　112
重合体　112
自由電子　30
自由電子近似　65
充てん密度　27
縮合　112
縮合重合　112
縮重合　112
主屈折率　198
受光素子　181
出払い領域　67
ジュリエールの式　159
主量子数　7
シュレーディンガーの波動方程式　5
消磁状態　139
常磁性　25, 128
少数キャリア　77
少数キャリアの連続の式　78
少数の過剰キャリア　77
状態密度関数　64
状態密度有効質量　60
常電導　164
上部臨界磁束密度　169
常誘電体　101
ジョゼフソン効果　166
ショットキー効果　50, 109
ショットキー電流　110
ショットキープロット　110
ショットキー放出電子銃　51
初透磁率　141
シリコーン樹脂　117
シロキサン結合　117
磁歪　145

磁歪定数　145
真空準位　4
真空蒸着法　72
シングル接合型太陽電池　81
シングルモード型光ファイバ　183
真性半導体　54
真性領域　67

垂直磁化記録方式　155
垂直磁化方式　156
スーパーエンジニアリングプラスチック　118
スーパーマロイ　147
スケーリング則　59, 121
スコッチテープ法　18, 40
ステップインデックス型光ファイバ　182
ステブラー–ロンスキ効果　82
スパッタリング　74
スパッタリング法　73
スピネル型　148
スピネル型フェライト　148
スピノーダル変態　152
スピン注入磁化反転　161
スピントロニクス　10, 125, 158
スピン量子数　7
スピンRAM　161

正孔　54
正常光線　199
ゼーベック効果　42
石英ガラス　119
積層セラミックコンデンサ　99
絶縁紙　112
絶縁体　11, 21, 22
遷移金属　9
センダスト　146

双極子分極　88
走査型電子顕微鏡　50
走査型プローブ顕微鏡　12
層状ケイ酸塩鉱物　119
相対質量　11
相変化　204
素電荷　3

た　行

第1種超電導体　169
体心立方格子　15
体積抵抗率　35
第2種超電導体　169
太陽電池技術　47
楕円偏光　180
多結晶　11, 68
多結晶シリコン　71
多電子原子　7
ダブルヘテロ構造　190
多モードファイバ　183
タングステン鋼　152
単結晶　68
炭素皮膜抵抗体　40
タンタル固体電解コンデンサ　98
タンデム型　82
単量体　112

秩序磁性　135
秩序・無秩序型　102
チップインダクタ　40
チップコンデンサ　40
チップ抵抗体　40
着磁　151
着磁コイル　151
中間温度の法則　42
中間金属の法則　42
中性子　3
注入律速　109
超交換相互作用　148
超高周波プラズマCVD法　81
超電導　164
超電導体　21

索　引

超電導電力貯蔵装置　175
直接遷移型　63
直接トンネリング　111
直線偏光　180
チョクラルスキー法　70

追記型　204
ツェナー機構　79

抵抗材料　38
抵抗率　21
定質量温度係数　36
低密度ポリエチレン　117
低誘電率薄膜　122
デバイ型の分散　93
電解コンデンサ　97
電界放出　51
電気陰性度　20
電気感受率　87
電気双極子　86
電気的主軸座標系　198
電気的領域　92
電気二重層　76
電子　3
電子なだれ　79
電子分極　87
電束密度　87
伝導帯　22, 55
伝導電子　15
伝導有効質量　60

同位元素　2
等価酸化膜厚　122
等価直列抵抗　98
透磁率　126
導体　21
導電率　21
透明電極材料　43
ドナー　54
トリレンマ　157
ドルーデの式　44
ドルーデのモデル　30
トンネル効果　79

トンネル酸化膜　123
トンネル磁気抵抗　159
トンネル電流　111

な　行

長手磁化方式　156
なだれ機構　79
ナノカーボン　18
ナノ結晶　13
ナノ磁性体　150
軟磁性材料　141, 146
軟ろう　48

ニクロム　38
二軸結晶　198

ネール温度　137
ネオジム磁石　154
熱陰極材料　49
熱可塑性　117
熱可塑性樹脂　117
熱硬化性樹脂　115
熱速度　31
熱電子銃　50
熱電子放出　49
熱電対　42
熱伝導率　36
熱力学的臨界磁束密度　169
熱励起過程　56
熱 CVD 法　74

は　行

ハーフメタル　160
パーマロイ　146, 147
パーミアンス係数　151
パーミアンス直線　151
パーメンジュール　146
パイレックス　119
パウダーインチューブ法　165, 173
パウリ常磁性　134
パウリの排他原理　131
パウリの排他律　7, 17

薄膜　72
薄膜太陽電池　81
薄膜抵抗体　39
バスバー　47
波長多重光通信方式　184
発光ダイオード　55, 191
波動関数　7
バルク　13
バルク型 Si 太陽電池　81
バルク抵抗体　39
ハロゲン化アルカリ　9
ハロゲン元素　9
反強磁性　135
半金属元素　10
反結合軌道　17
反磁界係数　144
反磁性　25
はんだ　48
半導体　21, 22
半導体レーザ　181, 190
半波長電圧　201

光アイソレータ　202
光電子増倍管　195
光ファイバ　181
光ファイバ通信　181
引上げ法　70
非局在状態　68
非金属元素　10
比屈折率差　183
非結晶　11
非晶質状態　204
非晶質相　204
非晶性高分子　112
ヒステリシス損失　142
ビスフェノール A　117
ビット線　103
ヒューズ　48
比誘電率　87
表皮効果　34
比例縮小則　121
ピン止め力　171

ファイバラマン増幅器

索　引

184
ファウラー–ノルドハイム　111
ファウラー–ノルドハイムトンネリング　51
ファラデー回転角　202
ファラデー効果　201
ファンデルワールス結合　14
フィルムコンデンサ　99
フェノール樹脂　115
フェライト　148
フェライト磁石　152
フェリ磁性　135, 148
フェルミ–ディラックの分布関数　65
フェロ磁性　135
フォトダイオード　193
フォトン　178
深い不純物準位　59
不活性ガス　9
複屈折　199
複素導電率　34
不純物　36
不純物半導体　54
フッ素樹脂　114
物理気相堆積法　72
プラスチック　112
プラスチック光ファイバ　186
プラズマ角周波数　44
プラズマCVD法　68, 75
ブラッグ回折　196
ブラッグ反射　61
フラッシュメモリ　123
ブリッジマン法　71
ブリルアン関数　130
プレート線　103
プレポリマー　117
フローティングゾーン法　71
フロゴパイト　119
ブロックコポリマー　157

分極　86
分極率　87
分散　183
分散シフトファイバ　183
分子　11
分子場　135
分子量　11
フントの規則　131
閉殻構造　9
並進対称性　11
平面電磁波　179
ベークライト　115
ペロブスカイト構造　102
変位型　102
変位分極　88
偏光子　200
変性ポリフェニレンエーテル　118
方位量子数　7
方向性ケイ素鋼板　147
飽和磁化　139
ボーア磁子　24
保磁力　139
ポッケルス効果　199
ホッピング　108
ホッピング伝導　68
ホッピングモデル　108
ポリアミド　118
ポリイミド　118
ポリエステル　118
ポリエチレン　117
ポリエチレンテレフタレート　112
ポリ塩化ビニル　118
ポリオキシメチレン　118
ポリカーボネート　118
ポリスチレン　118
ポリプロピレン　117
ポリメタクリル酸　118
ボルツマン分布　65

ボンド磁石　153

ま　行

マイカ　119
マイスナー効果　166
マクスウェル方程式　178
マグネトロン方式　74
マスコバイト　119
マティーセンの法則　36
マルチモードファイバ　183
マルテンサイト組織　152
マンガニン　38

ムーアの法則　59
無極性分子　20
無秩序磁性　137
無方向性ケイ素鋼板　147

面心立方格子　15
面内磁気記録方式　155
モル数　12
漏れ電流　107

や　行

有機ガラス　118
有機金属化合物気相成長法　75
有機薄膜太陽電池　83
有極性分子　20
有効質量　60
有効ボーア磁子数　131
誘電正接　94
誘電体　85, 86
誘電分散　92
誘電率テンソル　198
誘導散乱現象　184
誘導放出　184
輸送律速　109

索引

容易軸　143
陽極酸化　97
陽子　3
溶融石英ガラス　119

ら 行

ラーモア歳差運動　128
ラザフォード型ケーブル　172
ラングミュア　72
ランデの g 因子　128
ランド　203
ランベルト–ベールの法則　45

リチャードソン–ダッシュマンの式　49
量子サイズ効果　13
量子数　7
量子ホール抵抗標準　38
量的　11
臨界温度　164
臨界磁束密度　166
臨界電流密度　170
リン酸二水素カリウム　102

レアメタル　43
冷陰極材料　49
レイリー散乱　181

ろう付け　48
ローレンツ数　37
ローレンツ–ローレンツの式　91
六方細密格子　15
ロンドンの侵入深さ　168
ロンドン方程式　167

わ 行

ワード線　103

ワイドバンドギャップ半導体　22

欧 字

AMR　158
AO　196
a-Si 太陽電池　68

BCS 理論　168
Bi-2212　173
Bi-2223　173

CIGS　82
CRT　47
CV ケーブル　117
CV 値　98
CVD 法　74
CZ 法　70

DWDM　185

EDFA　184
Er 添加光ファイバ増幅器　184
ESR　98
$E\text{-}B$ 対応　126
$E\text{-}H$ 対応　126

FeRAM　103

GMR　158

HIT　68

IBAD 法　174
IG 効果　71
III–V 族化合物半導体　55
II–VI 族化合物半導体　55
ITO 膜　43

KDP　102
KS 鋼　152

LD　190
LED　191
LHC　175
LS 結合　128

MK 磁石　152
MOCVD　75
MOSFET　120
MRAM　161
MTJ　158

n 型半導体　57

p 型半導体　58
PD　193
PIT 法　173
PLD 法　174
PMT　195
pn 接合　76
POF　186

$SmCo_5$ 化合物　153
SMES　175
SMF　183
Sm_2Co_{17} 化合物　153
SOI 基板　192
sp 混成軌道　9
sp^2 混成軌道　17
sp^3 混成軌道　17
STT　161
STT-RAM　161
SW 効果　82

TMR　159

VHF プラズマ CVD 法　81

WDM　184

著者略歴

西川　宏之
（にしかわ　ひろゆき）

- 1988 年　早稲田大学理工学部電気工学科卒業
- 1993 年　早稲田大学大学院理工学研究科電気工学専攻
　　　　　　博士課程修了　博士（工学）
- 1993 年　東京都立大学工学部助手
- 2000 年　芝浦工業大学工学部電気工学科講師
- 2003 年　同助教授
- 2009 年　芝浦工業大学工学部電気工学科教授

主要著書
EE Text 電磁気学（共著，オーム社）2007 年

電気・電子工学ライブラリ＝UKE–B1
電気電子材料工学

2013 年 9 月 25 日 ⓒ	初 版 発 行
2024 年 4 月 10 日	初版第 6 刷発行

著者　西川宏之　　　発行者　矢沢和俊
　　　　　　　　　　印刷者　小宮山恒敏

【発行】　株式会社　数理工学社
〒151-0051　東京都渋谷区千駄ヶ谷 1 丁目 3 番 25 号
☎ (03) 5474-8661（代）　サイエンスビル

【発売】　株式会社　サイエンス社
〒151-0051　東京都渋谷区千駄ヶ谷 1 丁目 3 番 25 号
営業 ☎ (03) 5474-8500（代）　振替 00170-7-2387
FAX ☎ (03) 5474-8900

印刷・製本　小宮山印刷工業（株）

≪検印省略≫

本書の内容を無断で複写複製することは，著作者および
出版者の権利を侵害することがありますので，その場合
にはあらかじめ小社あて許諾をお求め下さい．

ISBN978-4-86481-005-0

PRINTED IN JAPAN

サイエンス社・数理工学社の
ホームページのご案内
https://www.saiensu.co.jp
ご意見・ご要望は
suuri@saiensu.co.jp まで．